## 特　集

### フリーの回路シミュレータで動かしながら検証する
# D級パワー・アンプの回路設計

　一般に電力増幅回路は，その動作級（operating class）によってA級，B級，C級に大別されてきました．A級動作は低ひずみですが効率が低く，C級動作は高効率ですがひずみが多いというようなトレードオフがあり，これらは用途によって使い分けられてきました．低ひずみ特性が重要な高級オーディオ・アンプにはA級，効率を考慮するならB級，位相特性などを重要視しない高周波パワー・アンプなどではC級…といった具合です．ところが近年，「D級アンプ」という新しい動作級による電力増幅方式が普及してきています．D級アンプの設計に際しては，従来の「電力増幅回路」という考えかたではなく，出力部を「電力変換回路」としてとらえる必要があります．特集では，このD級パワー・アンプの各種回路方式を取り上げて解説し，それぞれの動作をシミュレーションで検証しながら比較していきます．シミュレーションには，付属CD-ROMに収録している回路シミュレータ"SIMetrix/SIMPLIS Intro"を使用します．

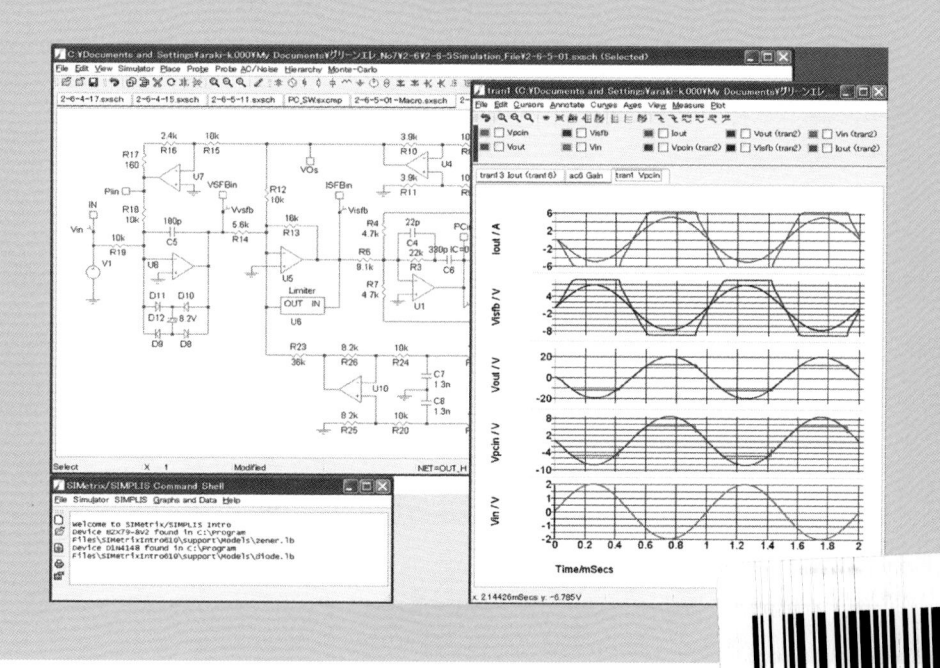

| | | |
|---|---|---|
| 第1章 | パワー・エレクトロニクスのシミュレーション技術 | |
| 第2章 | PE系回路シミュレータ"SIMPLIS"入門 | |
| 第3章 | 増幅器から変換器への転換 | |
| 第4章 | PWM方式D級パワー・アンプの変調方式を検討する | |
| 第5章 | デッド・タイムと高調波ひずみとPSRR | |
| 第6章 | 電流モードのハーフ・ブリッジD級パワー・アンプ | |
| 第7章 | 電源電圧が変動するパンピング現象とその対策 | |
| 第8章 | フル・ブリッジ方式D級パワー・アンプの設計 | |
| Appendix-A | SIMetrix/SIMPLIS Introのインストール手順と制限事項 | |
| Appendix-B | 付属CD-ROMの内容と使用方法 | |

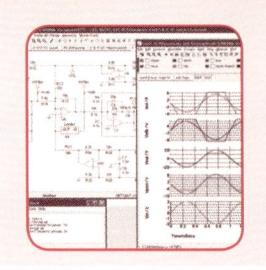

# グリーン・エレクトロニクス No.7

フリーの回路シミュレータで動かしながら検証する
## 特集 D級パワー・アンプの回路設計

### ■ 第1部 準備編 ■

**第1章** シミュレータの種類から正しい使用法まで
**パワー・エレクトロニクスのシミュレーション技術** 荒木 邦彌 …………… 4
- PEシステムの特徴 —— 5
- PEシステムで使えるシミュレータ —— 6
- PEシステムでシミュレータを使いこなす方法 —— 8

**第2章** DC-DCコンバータの解析を例にして…
**PE系回路シミュレータ"SIMPLIS"入門** 荒木 邦彌 …………… 10
- シミュレーション回路の作成 —— 10
- シミュレーションの実行 —— 13

**第3章** A級,B級,C級アンプとD級アンプの相違
**増幅器から変換器への転換** 荒木 邦彌 …………… 17
- D級アンプは電力変換器 —— 19
- シミュレーションで損失を比較する —— 21
- コラム B級アンプの効率計算 —— 23

### ■ 第2部 実践編 ■

**プロローグ** シミュレーションによる動作検証を行うまえに
**PWM方式D級パワー・アンプの構成と方式** 荒木 邦彌 …………… 24

**第4章** PWM波形のスペクトラム分析
**PWM方式D級パワー・アンプの変調方式を検討する** 荒木 邦彌 …………… 27
- 三角波比較型とのこぎり波比較型の変調ノイズ ～ハーフ・ブリッジPWM波形のスペクトラム分析～ —— 27
- フル・ブリッジの変調ノイズを調べる ～フル・ブリッジPWM波形のスペクトル分析～ —— 32

**第5章** ハーフ・ブリッジD級パワー・アンプで検証する
**デッド・タイムと高調波ひずみとPSRR** 荒木 邦彌 …………… 37
- デッド・タイムで生じるひずみを自励発振式と三角波比較型他励発振式で比較 —— 37
- 自励発振式と他励発振式のPSRRを比較する —— 41
- 方形波比較型他励式と三角波比較型他励式のPSRR —— 44
- 電圧モード自励発振型のスイッチング周波数の変動を小さくする —— 45

**第6章** 基本特性を電圧モードと比較しながら検討する
**電流モードのハーフ・ブリッジD級パワー・アンプ** 荒木 邦彌 …………… 51
- 電流モード自励発振式の基本特性 —— 51
- 電流モード三角波比較他励式の基本特性 —— 55
- 電流モードと電圧モード自励発振式のPSRR —— 58
- 電流モード自励発振式を定電圧出力に変換する —— 60

**第7章** 波形ひずみや素子の破壊を招く
**電源電圧が変動するパンピング現象とその対策** 荒木 邦彌 …………… 64
- パンピングのメカニズム —— 64
- パンピングの対策方法 —— 67

表紙デザイン　アイドマ・スタジオ（柴田 幸男）

# CONTENTS

### 第8章　制御部の設計が損失やEMCを左右する
### フル・ブリッジ方式D級パワー・アンプの設計　荒木 邦彌 …… 68
- フル・ブリッジ電力変換部の変換効率 —— 70　　電力変換部を簡易モデル化する —— 72
- 電流シャント・モニタとOPアンプの簡易モデル化 —— 74　　制御部の設計 —— 78
- 過電流保護特性を改善する —— 86
- **コラム**　位相余裕とゲイン余裕 —— 81

### Appendix-A　SIMetrix/SIMPLIS Introのインストール手順と制限事項　高橋 謙司 …… 90
- インストールの手順 —— 90　　イントロ版の制限事項 —— 91

### Appendix-B　付属CD-ROMの内容と使用方法　編集部 …… 94

# GE Articles

### 研究　ディジタル・パワー・アンプへの応用も可能な
### ディジタル選択方式スイッチト・キャパシタ電源の設計　大田 一郎 …… 96
- 寄生素子による電圧降下 —— 96　　各種スイッチト・キャパシタ電源と特性解析 —— 97
- 2倍昇圧スイッチト・キャパシタ電源の試作 —— 100
- ディジタル選択方式スイッチト・キャパシタ電源 —— 102
- ディジタル・パワー・アンプへの応用 —— 104

### デバイス　高耐圧ならではの熱対策やサージ・ノイズ対策
### 100～1200V耐圧のゲート・ドライバICの使い方　西村 康 …… 107
- ブリッジ回路も1チップで簡単に駆動できる高耐圧ゲート・ドライバIC —— 107
- ドライバIC 一般のトラブル例：起動しない！ —— 108
- ドライバIC 一般のトラブル例：出力波形が発振している！ —— 109
- 大電力を扱う際のトラブル例：チップ温度が定格温度以上になってしまう —— 110
- 高耐圧ならではのトラブル例：サージ電圧で定格電圧を超えてしまう —— 111

### 解説　太陽電池の発電エネルギーを安定化して商用電源ラインに流し込む
### 太陽電池用パワー・コンディショナの基礎知識　梅前 尚 …… 113
- 働き —— 113　　分類 —— 114　　特有の機能 —— 115
- 太陽電池の発電能力を100％引き出すMPPT制御 —— 116
- 電力系統を保護するために —— 117
- 動作電圧の異なる太陽電池モジュールを接続する方法 —— 118

### 解説　発光のしくみから寿命の長さまで
### 照明用LEDの基礎知識　汲川 雅一 …… 120
- 人工光源のいろいろ —— 120　　LEDの構造と発光のメカニズム —— 121
- 高効率化の技術 —— 122　　寿命の長さ —— 123

### 解説　放熱の必要性から故障率の考え方まで
### 照明用LEDの発熱と寿命　汲川 雅一 …… 124
- LEDの効率 —— 124　　LEDの発熱と放熱 —— 124　　LEDのパッケージ —— 126
- LEDの故障しにくさ —— 126　　一般照明用LEDパッケージの規格化 —— 127

# 第1部 準備編

# 第1章

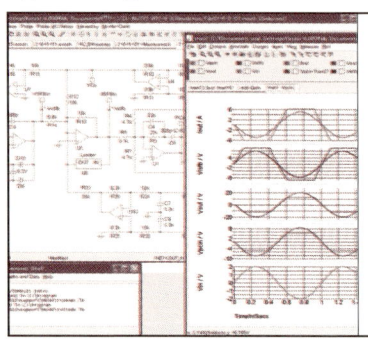

シミュレータの種類から正しい使用法まで
## パワー・エレクトロニクスの
## シミュレーション技術

荒木 邦彌
Araki Kuniya

　パワー・エレクトロニクス(Power Electronics, 以下PE)のシステムは，電力，電子および制御技術を統合した技術分野です．D級パワー・アンプもPEシステムの仲間です．ここでは，シミュレーション技術からPEシステムの特徴を見てみます．

　PEシステムの主役は，**半導体スイッチを使った電力変換回路**です．スイッチング装置を含む回路を解析的に解くのは非常に困難で，数値計算解析法，すなわちシミュレーションに頼らざるをえないと言われています[1]．

　シミュレーションは，実験，試作の代わりとして非常に有効であり，アイデアをすぐに試せます．実回路を組み立ててデバッグするのに比べて，素子の定数や特性の変更，回路動作の確認が容易であり，短時間で結果を出すことができます．実験，試作に比べて，安全で安価，そして短納期であると言えます．

　シミュレーションでの電圧，電流のデータは，実機が動作不良の場合の指標にすることができ，実機デバッグの能率向上に役立ちます．シミュレーションで動作確認が済んでいれば，自信をもって実機の製作に入れます．

　プロジェクト管理の面からは，試作工程の不確定性を下げる有用な手段として評価されています．今や，シミュレーションなしで実機の製作に入るのは無謀と言えます．

　しかし，シミュレータは万能ではありません．シミュレータの特性とPE回路の動作に習熟していないと，誤った結果を信用してしまう危険があります．例えば，図1(a)に示すフィードバック回路のAC解析(周波数応答解析)では，DCの位相(極性)が反転していて実機では絶対動かない回路でも，シミュレーションでは図1(b)のようなもっともらしい結果を出力することがあります．図1(c)のように過渡解析などを併用して，正常に動作しているかどうかを確認することが必

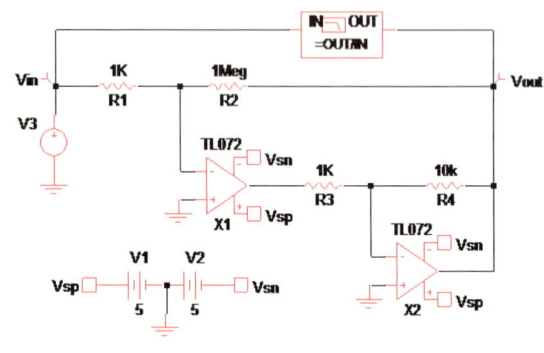

(a) 正帰還となっている，誤ったシミュレーション回路

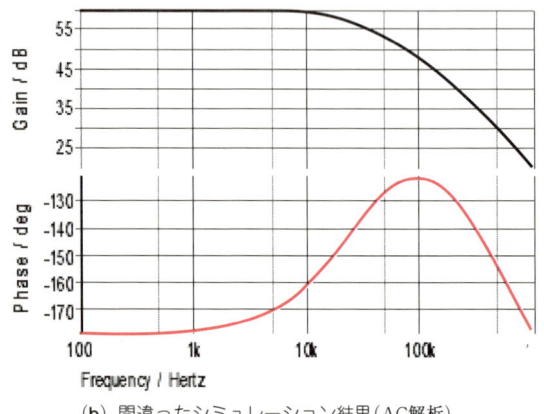

(b) 間違ったシミュレーション結果(AC解析)

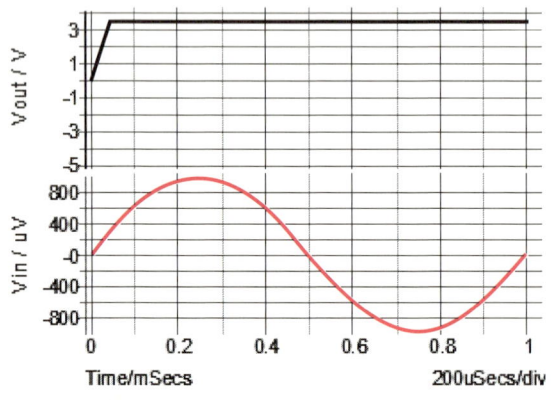

(c) 正しいシミュレーション結果(過渡解析)

〈図1〉シミュレータが間違った結果を出すこともある
AC解析では正帰還でも，もっともらしい負帰還の結果を出す．過渡解析などを併用して正常動作を確認する

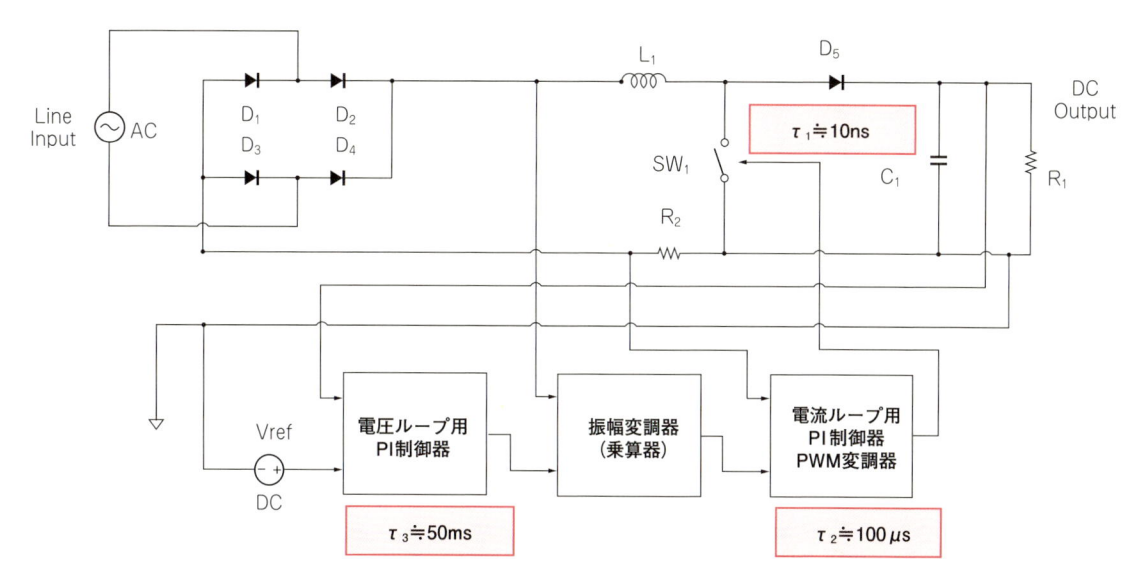

〈図2〉PFC整流回路
パワー・エレクトロニクスはスティフなシステム．SW₁は昇圧コンバータのスイッチング動作をしており，時定数($\tau_1$)は10ns程度である．電流ループの時定数($\tau_2$)は100μs，電圧ループの時定数($\tau_3$)は50ms程度である．数値積分の刻み幅は最小時定数の10分の1，マクロな動きを観測するには最大時定数の10倍が必要とすると，このシステムでは5secを1nsの刻みで演算しなければならず，そのステップ数は$5 \times 10^9$と膨大な数になる

要です．

また，理論的に深く考えず回路の切り貼りに終始してしまい，思いつきばかりで理論的考察が二の次になる危険もあります．実機での経験の浅い技術者は注意が必要です．

## PEシステムの特徴

PEシステムをシミュレーション技術から見ると，
（1）システムのハイブリッド性
（2）スイッチングの動作
（3）スティフネス（stiffness；剛直性）
に特徴があります

### ● システムのハイブリッド性

PEシステムは電力，電子，制御の統合技術です．ここで，すでにハイブリッド技術であると言えます．

負荷装置を見ると，LCRの線形電気回路，整流回路の非線形回路，電動機（モータ）の電気→機械エネルギー変換装置，バッテリは電気→化学エネルギー変換装置と，マルチ・フィジックスの分野にまたがっています．

制御システムでは，アナログ要素，ディジタル要素，そしてファームウェア，ソフトウェアに広がっています．システムを表現するには，回路図，ブロック線図，微分方程式，差分方程式，伝達関数，状態方程式などが使われています．

### ● スイッチングの動作

PEシステムは，電力半導体をスイッチング動作で使用し，スイッチの開閉時間を制御して電力変換を行います．

非常に急峻な過渡現象であるスイッチング動作は，非線形性と不連続性が伴うため，解の不連続性，不安定性が原因の，収束エラーの発生による計算の中断，数値積分法に関連した数値的振動，計算誤差の蓄積，計算速度の極端な低下などの不具合をシミュレータに発生させます．

特に連続性を前提としたSPICE系の回路シミュレータは，収束エラーの発生による計算の中断，数値積分法に関連した数値的振動が発生する場合があります．

### ● スティフネス

速い動作と遅い動作が混在しているシステムをスティフなシステムと呼びます．PEシステムは代表的なスティフなシステムです．マクロな動作とスイッチング素子の急峻な動作間の時間的乖離が大きいからです．

シミュレーションの数値積分の刻み幅は，速いスイッチング周期に合わせて決めなくてはなりません．一方，マクロな動作全体を観測するには，システムに含まれる最も長い時定数の10倍程度の時間を必要とします．その結果，シミュレーションには膨大にステップ数が必要になるわけです．これは，システムに動きが緩慢で大きな時定数をもつ，機械や熱システムを含む場合，顕著なものとなります．

図2に，スティフなPEシステムの例として，代表

的なPFC(Power Factor Correction；力率改善)整流回路を示します．この回路は平均値制御電流モード昇圧コンバータです．制御ループには電流ループと電圧ループがあります．

$SW_1$ のスイッチング回路の時定数は10ns，電流ループの時定数は $100\mu s$，電圧ループの時定数は50ms程度です．数値積分の刻み幅は最小時定数の10分の1，マクロな動きを観測するには最大時定数の10倍が必要とすると，このシステムでは5secを1nsの刻みで演算しなければならず，そのステップ数は $5 \times 10^9$ と膨大な数になります．

このPEシステムのスティフネスは本質的な問題であり，一種類のシミュレータでは解決困難です．解決法は，マクロな動作解析用とミクロな動作解析用のシミュレータを使い分けるのが最良と思われます．

なぜなら，図2における電圧ループのマクロ解析時には，$SW_1$ のスイッチング波形などのミクロな情報は不要で，数回のスイッチング動作電流の平均値データで十分です．一方，$SW_1$ のスイッチング波形のリンギングなどを確認する場合は5秒間もの観測は不用で，動作条件が異なる時点の2～3周期のスイッチング波形で十分だからです．

## PEシステムで使えるシミュレータ

PEシステムの解析で使われているシミュレーションは，
(1) 大型システム(マルチ・フィジックス)用シミュレータ
(2) 回路シミュレータ
(3) パワー・エレクトロニクス用回路シミュレータ
の3種類に大別できます．

● 大型システム用シミュレータ

大型システム用シミュレータは電気系，電磁気系，機械系，熱系など複数の物理系のシミュレータを連成し，大きなシステム全体を一括してシミュレーションできます．

例えば，回路シミュレータと有限要素法を用いた電磁界解析システムを連成して，制御装置，インバータ，電動機とその負荷などからなる複雑なシステム全体を解析できるシミュレーション・システムがあります．SIMPLORER[1]，SABER[2]，MATLAB/SIMULINK[3]などがこの範疇に分類されます．MATLAB/SIMULINKは，制御系設計を目的に開発されましたが，スイッチング素子や回転機を含むシステム解析ができるようになりました．

● 回路シミュレータ

回路シミュレータと言えばSPICEが代表的です．"SPICE"は回路シミュレータの代名詞として使われています．1975年にカリフォルニア大学バークレー校でIC設計用に開発された，SPICE-2が起源と言われています．

これをベースにして，H_SPICE[4]，P_SPICE[5]，SIMetrix[6]，LTspice[7]など多くの商品が開発されています．これらの商用SPICEは，OPアンプなどの素子モデルが充実しており，回路図入力，グラフ出力

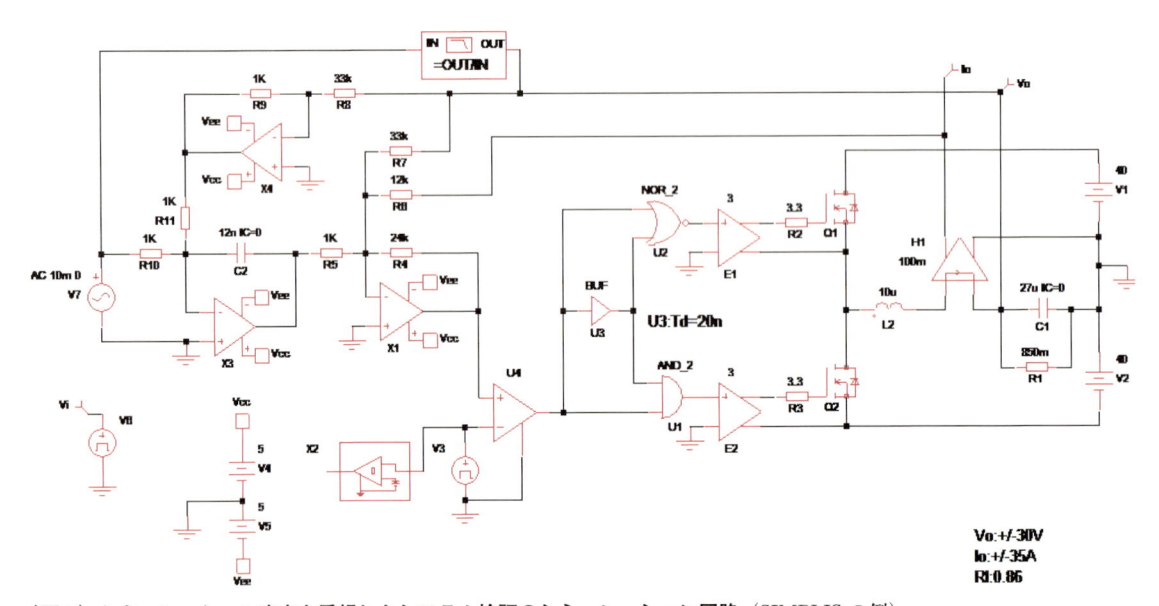

〈図3〉シミュレーション速度を重視したシステム検証のシミュレーション回路（SIMPLISの例）
$Q_1$，$Q_2$ のMOSFETはオン抵抗/オフ抵抗のみを規定した単純なスイッチ・モデルである．MOSFETドライバの $E_1$ と $E_2$ は電圧制御電圧源で代行している

などのマン-マシン・インターフェースも充実しています．

MOSFETなどの電力用半導体のモデル化が進んでいますので，PEシステムにも多く用いられています．素子の詳しい特性を組み込んだ電力用半導体（ダイオード，MOSFET，IGBTなど）のモデルが，多くの半導体メーカから供給されていますので，スイッチングに関連する諸現象も精密に解析することができます．

同じSPICE-2をベースに開発された商用SPICEも，演算法などに各社独特の工夫が施されています．その結果，収束性などに大きな差が見られます．簡単なPWMスイッチング・アンプのシミュレーション所要時間を比較すると，2倍程度の開きが見られる場合もあります．

▶ SPICEはスイッチング回路が苦手

SPICE系をPEシステムに使用する場合の最大の問題は，収束性と長い計算時間です．

前者の問題は，スイッチングを含んだ回路では収束しない場合がたびたび発生することです．オプション・パラメータの設定変更で解決することもありますが，計算ステップが小さくなりすぎて自動停止することがよく発生します．

後者の問題は，スイッチがON/OFFする遷移時に計算ステップが非常に小さくなるため，スイッチ回路が多いPEシステムではシミュレーションの所要時間が非常に長くなることです．

また，多くのSPICE系はスイッチング回路を含んだシステムのAC解析（ゲインと位相の周波数特性解析）ができません．この解析が必要な場合は，スイッチング回路の電力変換部を線形化した平均化モデルに変換して，システムに組み込んで解析しなければなりません．

● パワー・エレクトロニクス用回路シミュレータ

パワー・エレクトロニクス用に特化したシミュレータに，PSIM[8]，SCAT[9]，SIMPLIS[10]，回路解く蔵（TAP-T）[11]などがあります．

PSIMはモータ制御などのパワー・エレクトロニクス回路用に開発されたシミュレータで，3相インバータやPWM制御モジュールなどのライブラリが用意されています．また，電磁界解析システムと連成し，モータとそれを制御するインバータなどを一括してシミュレーションできるオプションが用意されています．

SCAT，SIMPLISはスイッチング電源解析用として開発されたもので，定常解を高速に得ることができます．スイッチング回路の場合，SIMPLISはSPICE系に比べて5～10倍速くシミュレーションができます．両者ともスイッチング回路を含むシステムのAC解析（ゲインと位相の周波数特性解析）が可能なので，スイッチング電源やスイッチング・パワー・アンプの制御部設計に最適です．

SIMPLISには，SPICE系のSIMetrixとマン-マシン・インターフェースを共通にして1本のアプリケーションにまとめたSIMetrix/SIMPLISがあります．

SIMetrix/SIMPLISは，D級パワー・アンプのシミュレータとして最適です．スイッチングに関連する高速

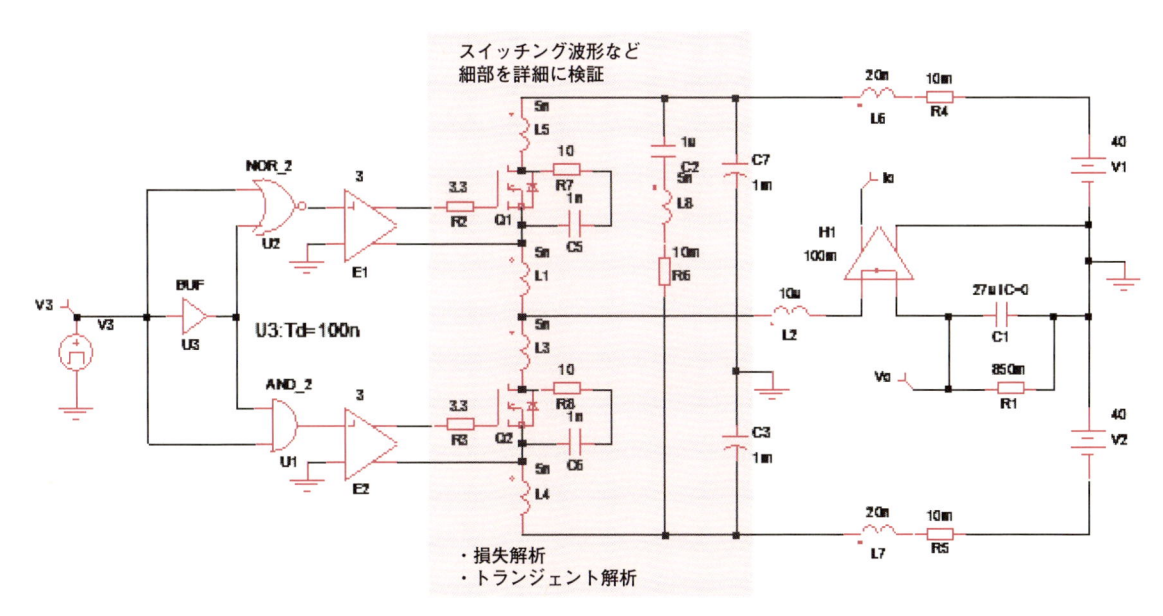

〈図4〉スイッチング波形の詳細検証用シミュレーション回路［SIMetrix（SPICE）の例］
MOSFETの$Q_1$と$Q_2$は実素子に近い精密なモデルを使う．配線の寄生インダクタ（$L_1$，$L_3$，$L_4$，$L_5$）やキャパシタの等価抵抗，等価インダクタンスも実回路に近い値を入れてシミュレーション回路を作る．目的のシミュレーションに影響しない素子（$E_1$，$E_2$，$H_1$など）はシミュレーション速度を悪化させないモデルを使う

な諸現象はSPICE系のSIMetrixで精密に，比較的低速な定常動作はスイッチング回路を含むシステムを得意とするSIMPLISで高速に解析できるからです．PEシステムのシミュレーションの本質的課題である「スティフネス」問題を解決する有力なソリューションの一つと言えます．

本書では，SIMetrix/SIMPLISでシミュレーションしながら，各種D級パワー・アンプの特性を検証していきます．

> **PEシステムでシミュレータを使いこなす方法**

効率的かつ，誤差を少なく，PEシステムをシミュレーションするには，
(1) 目的にあったシミュレータの選択
(2) 目的にあった素子モデルの選択
(3) 回路図に現れない部品に対する考慮
(4) 数値積分法の選択
(5) 適切な初期値の設定
が重要になります．

● 2種のシミュレーションが必要

前にも述べたようにPEシステムは，時定数が小さく高速なスイッチング回路と，大きな時定数の定常状態が混在しているスティフなシステムです．現状では，これを1本で高速に処理できるシミュレータは供給されていません．全体システムやトポロジー評価用と，スイッチングに関連する高速波形評価用の2本を用意するのが効率的です．

前者はスイッチング電源用などに開発されたパワー・エレクトロニクス用シミュレータ，後者は長い歴史をもち，デバイス・モデルも豊富なSPICE系回路シミュレータが最適です．

作業者の慣れの点から両者のマン-マシン・インターフェースは同じものが望まれます．できれば，同じ素子モデルが使えるものがよいでしょう．

● 目的に合致した素子モデルの選択

現実の素子に忠実なモデルがいつも最良とは言えません．素子に忠実なモデルは，複雑な構造をもっているためシミュレーションの時間が長くなるからです．

PWMパワー・アンプの制御システム検証などには，スイッチング波形の詳細な情報は必要ありません．このような場合のスイッチは，オン抵抗，オフ抵抗のみの単純なモデルで十分です．単純なモデルのみで構成したシミュレーションは高速に動きます．SIMPLISなどのPE用に開発されたシミュレータは，この方針が採用されています．

一方，スイッチング素子の損失計算，スナバ回路の最適化などを目的にするシミュレーションの場合は，現実の素子を忠実に表現するモデルを必要とします．スイッチング速度に影響の大きい電極間容量なども忠実に表現されたモデルが要求されます．そして，計算の時間刻み幅を回路の最小時定数の1/10以下にとり，シミュレーション速度は犠牲にしなければなりません．

● 回路図に現れない部品もシミュレーションに入れる

これらのスイッチング波形の細部を詳細に検証する場合に忘れてならないのは，回路図に現れない部品のモデル化と，その部品をシミュレーション回路へ反映させることです．

回路図に現れない部品とは，配線やプリント基板の銅箔の抵抗成分，パラスチック・インダクタとストレィ・キャパシタです．

35 μm厚の銅箔の場合，幅0.5 mm，長さ50 mmのパターンの抵抗値は約50 mΩです．同じ銅箔の幅1 mmのパターンは，長さ10 mmあたり約7 nHのインダクタンスをもちます．また，線径1 φ，線間1.4 mmの平行導体の容量は約0.63 pF/cmです．

配線や巻き線の抵抗成分をシミュレーションに反映すると，収束エラーの発生を少なくすることにも役立ちます．非常に小さい回路インピーダンスによる過大電流の発生を防止できるからです．

図3に速度を重視したシステム検証の例を，図4にスイッチング波形の詳細検証用シミュレーションの回路例を示します．

● 数値積分法によってシミュレーション結果に違いが出る

スイッチング回路を含むパワー・エレクトロニクス

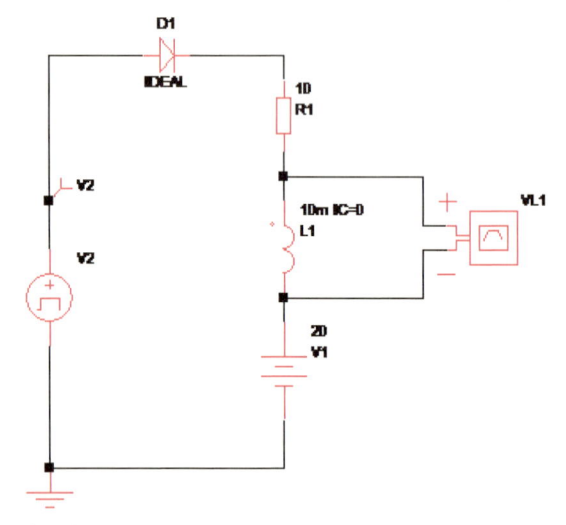

〈図5〉数値積分法に起因する振動現象テスト用のシミュレーション回路

(a) シミュレーション結果　　　　　　　　　　　　　(b) 部分拡大

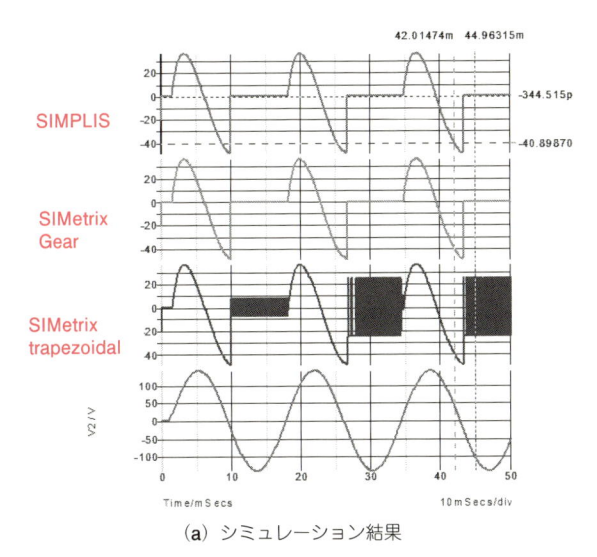

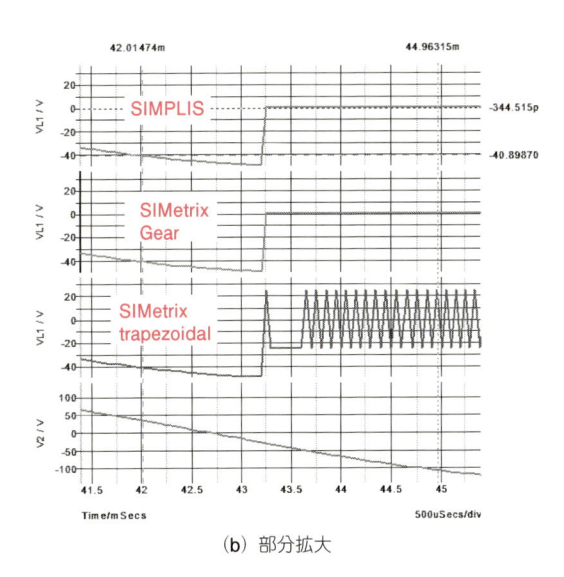

〈図6〉図5の回路の過渡解析結果
SIMetrix(SPICE系)のTrapezoidal積分(デフォルト)では振動現象が発生することがある．Gear積分とSIMPLISでは発生しない．ダイオード($D_1$)にスナバとして数kΩの抵抗器を並列に接続すると数値的振動を回避できる

のシミュレーションでは，収束エラーの発生による計算の中断や数値的振動が発生する場合があります．これらの問題は，数値積分アルゴリズムの選択やスイッチにスナバ(numeral snubber)を付加することによって対処できます．

SPICE系のシミュレータは積分法を選択することができます．デフォルトは台形積分法(trapezoidal)ですが，ギヤー積分法(Gear)をオプションで選択できます．数値的振動の発生はギヤー積分法のほうが圧倒的に少なくなります．パワー・エレクトロニクス用シミュレータのSIMPLISでは，数値的振動が発生することはありません．

図5と図6に，数値積分法の違いによるシミュレーションの結果を示します．図5の回路ではダイオードにスナバとして，数kΩの抵抗器を並列に接続すると数値的振動を回避できます．

● 初期値が不適当だとシミュレーションが始まらない

多くのシミュレータでは，キャパシタ($C$)はオープンが，インダクタ($L$)はショートが初期値のデフォルトに選ばれています．これは，電源ON時における過大な電流/電圧の発生確率が一番少ない条件と考えられるからです．

しかし，すべての条件でこのデフォルト値が最適なわけではありません．例えば，OPアンプを積分器にするためのキャパシタの初期値がオープンだと，電源ON時にOPアンプ出力に実回路ではありえない高電圧が発生し，その値を維持してしまい，シミュレーションが停止することがあります．インダクタの初期値が

ショートだと，ブースト・コンバータのシミュレーションでは不具合が発生しそうです．電源ON時に過大電流が流れるからです．

また，$LC$の初期電流値/電圧値の最適化は，電源ONから定常状態に達する時間を早めて，シミュレーション時間を短縮するのに効果があります．DC-DCコンバータなどの定常状態におけるインダクタ電流と平滑キャパシタ電圧を，あらかじめ初期値に設定しておけば，シミュレーション開始から定常状態に達する時間を劇的に短くできます．この例は，定常状態におけるAC解析のスピードアップに効果があります．

◆ 参考文献 ◆
(1) 金　東海；パワースイッチング工学，2003年8月5日，電気学会

◆ 参考ウェブ・サイト ◆
(1) http://ansys.jp/products/electromagnetics/simplorer/index.html
(2) http://www.synopsys.co.jp/products/Saber/detail.html
(3) http://www.mathworks.co.jp/index.html
(4) http://www.synopsys.co.jp/products/HSPICE/detail.html
(5) http://www.cybernet.co.jp/orcad/
(6) http://www.simetrix.co.uk/
　 http://www.intsoft.co.jp/catena/simetrix.htm
(7) http://www.linear-tech.co.jp/designtools/software/#LTspice
(8) http://www.keisoku.co.jp/pw/product/scat/toukou.html
(9) http://www.keisoku.co.jp/pw/product/scat/toukou.html
　 http://www.keisoku.co.jp/pw/product/scat/toukou.html
(10) http://www.simetrix.co.uk/
　 http://www.intsoft.co.jp/catena/simetrix.htm
(11) http://www1.gifu-u.ac.jp/~ishikawa/tokuzo.htm

# 第2章

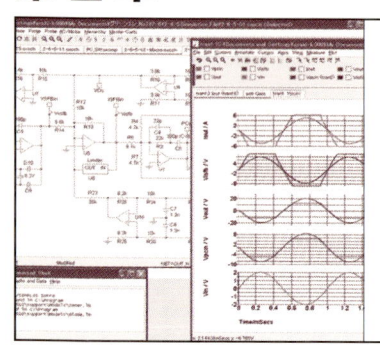

## DC-DC コンバータの解析を例にして…
## PE系回路シミュレータ "SIMPLIS" 入門

荒木 邦彌
Araki Kuniya

　SIMPLIS（シンプリス）はDC-DCコンバータ，D級パワー・アンプなどのPEシステム用に開発された回路シミュレータです．パワー・スイッチングを含む回路を解析する場合に，SPICE系の回路シミュレータがもつ，収束エラーが発生しやすい，解析時間が長い，AC解析（周波数応答解析）ができないなどの欠点を解決してくれます．

　しかし，デバイス・モデルの精度が十分とは言えません．ダイオード，ツェナー・ダイオード，BJT，MOSFETはSPICEモデルから自動変換する機能をもっていますが，基本的な要素のみをパラメータ変換するのがほとんどです．

　図1にMOSFETのSIMPLISモデルを示します．モデル・レベルに"0001"，"0011"，"1032"の3レベルがあります．シンプルな"0001"がデフォルトで最高速，"1032"は詳細ですが解析速度は遅くなります．

　SIMPLISの長所を活かすには，詳細モデルを使って解析時間を犠牲にするよりも，シンプルなモデルで高速解析を選ぶべきだと思います．そして，スイッチング波形を重視する，スナバやスイッチング素子の損失の解析などには，SPICE系のSIMetrixで詳細モデルを使うのがよいでしょう．

　本章では，Buckコンバータを例にしてSIMPLISの使いかたを説明します．シミュレータのインストール法，回路図の描きかたなどの基本的な事項は，本誌付属のCD-ROM内の『SIMetrix/SIMPLIS簡易マニュアル（第2章 すぐに始めましょう），Tutorial_2.doc』，または文献(1)を参照してください．

### シミュレーション回路の作成

#### ● 回路図の作成

　SIMetrix/SIMPLISIntro6.00が，パソコンのCドライブにインストールされているものとします．
① SIMetrix_SIMPLISを起動します．起動すると図2のようなCommand Shellがデスクトップ上に開きます．
② Command Shellのメニューから，File→New Schematicのクリックで，図3の回路図ウィンドウが開きます．
③ 回路図ウィンドウのメニューから，File→Select simulatorからSIMPLISを選びます（図4）．デフォルトはSIMetrixです．
④ 回路図ウィンドウのメニューから，File→Save

(a) LEVEL 0001 MOSFET　　(b) LEVEL 0011 MOSFET　　(c) LEVEL 1032 MOSFET

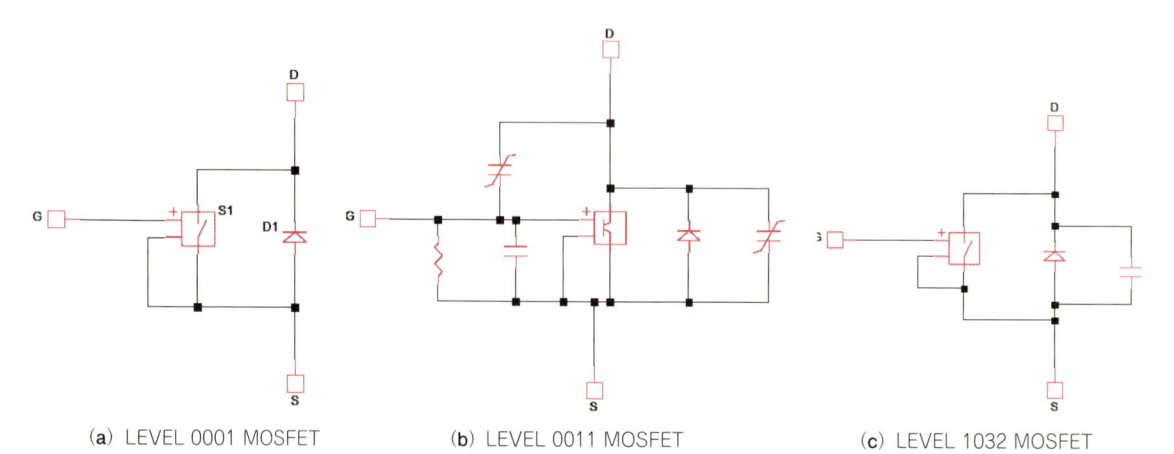

〈図1〉SIMPLISのMOSFETのデバイス・モデルには3レベルある（SPICEモデルから自動変換できる）
解析速度はLEVEL 0001が最高速，LEVEL 1032が最低速

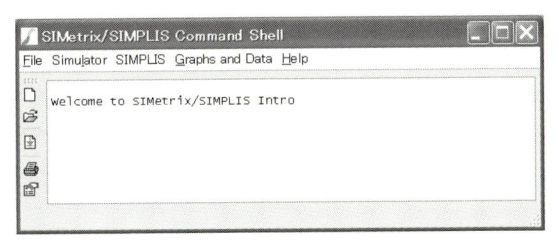

〈図2〉SIMetrix/SIMPLIS の起動が成功すると開く Command Shell(コマンド・シェル)

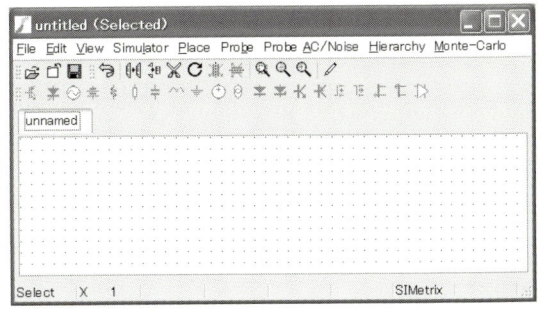

〈図3〉回路図ウィンドウ
Command Shell → File → New Schematic，または Command Shell の白紙のアイコンをクリック

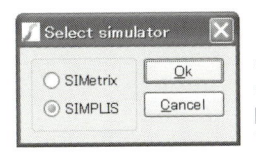

〈図4〉シミュレータ・セレクタ
回路図ウィンドウ・メニューで File → Select simulator

〈図6〉電解コンデンサのパラメータ編集ウィンドウ
LEVEL を 2～3 にすると ESR が，3 にすると ESR，ESL が有効になる．Use Initial Condition にチェックを入れて有効にし，Initial Condition は 0V に設定

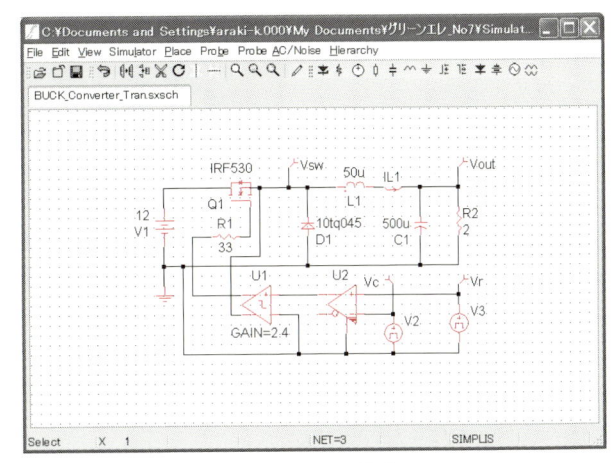

〈図5〉回路図ウィンドウに回路図を描く
必ずファイル名を付けてセーブする．ファイル名は ASCII 文字だけを使うのが無難

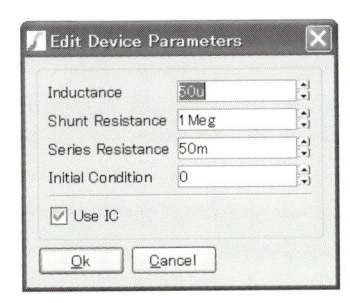

〈図7〉ロス入りインダクタのパラメータ編集ウィンドウ
Use IC にチェックを入れて有効にし，Initial Condition は 0A に設定

As... をクリックし，図に名前を付けてセーブします．セーブしないとシミュレーション動作が始まらない場合があります．セーブするフォルダ名と図名には ASCII 文字のみを使うのが無難です．

⑤ 回路図ウィンドウに図5のように回路を描きます．図5の回路は付属の CD-ROM にも添付してあります．

● 採用した部品の説明

図5の Buck コンバータに採用した部品について説明します．

▶ $C_1$：電解コンデンサ

選択先：回路図ウィンドウのメニューから，Place → Passives → Electric Capacitor(Simple)

Device Parameter：図6($C_1$ を左ダブルクリックすると開く)で設定します．

ESR を有効にするには，Level(1－3)を2以上にします．デフォルトは1です．初期値(Initial Condition)は0にし，"Use Initial Condition"にクリックを入れます．

▶ $D_1$：ショットキー・バリア・ダイオード

選択先：回路図ウィンドウのメニューから，Place → From Model Library → Select Device → Diode

▶ $L_1$：インダクタ(ロスあり)

選択先：回路図ウィンドウのメニューから，Place → Magnetics → Lossy Inductor

Device Parameter：図7($L_1$ を左ダブルクリックすると開く)で，Series Resistance を 50m に設定します．初期値(Initial Condition)は0にし，"Use IC"にクリックを入れます．

▶ $Q_1$：MOSFET

選択先：回路図ウィンドウのメニューから，Place → From Model Library → Select Device → NMOS

シミュレーション回路の作成

Device Parameter：図8(回路図の$Q_1$を左クリックのあと右クリック→Edit Additional Parameters...)で，パラメータ，モデル・レベルを変更できます．
▶ $R_1$：MOSFET ゲート抵抗
選択先：回路図ウィンドウのメニューから，Place→Passives→Register(Z shape)
Device Parameter：図9($R_1$を左ダブルクリックすると開く)で設定します．
▶ $R_2$：負荷抵抗
$R_1$に同じ
▶ $U_1$：MOSFET ゲート・ドライバ(出力電圧範囲制限付き電圧制御電圧源)

選択先：回路図ウィンドウのメニューから，Place→Controlled Source→Voltage Controlled Voltage Source w/Limiter
Device Parameter：図10($U_1$を左ダブルクリックで開く)で設定します．
▶ $U_2$：コンパレータ
選択先：回路図ウィンドウのメニューから，Place→Digital→Advanced Digital(with grand ref)→Gates→Comparator
Device Parameter：図11($U_2$を左ダブルクリックで開く)で設定します．
▶ $V_1$：DC 電源

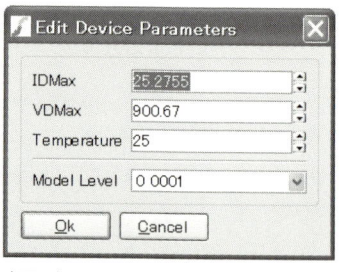

〈図8〉MOSFET のパラメータ編集ウィンドウ
Model Level を 0(0001)，1(0011)，3(1032)に選択できる(図1参照)

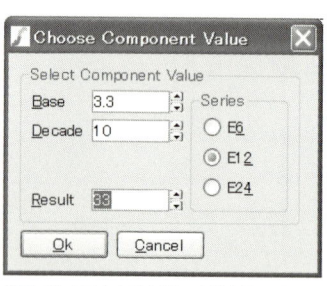

〈図9〉固定抵抗器の抵抗値選択ウィンドウ

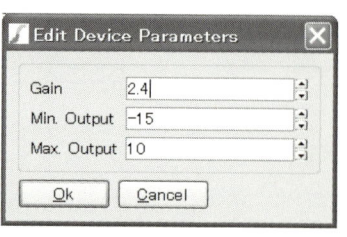

〈図10〉出力電圧範囲制限付き電圧制御電圧源のパラメータ編集ウィンドウ

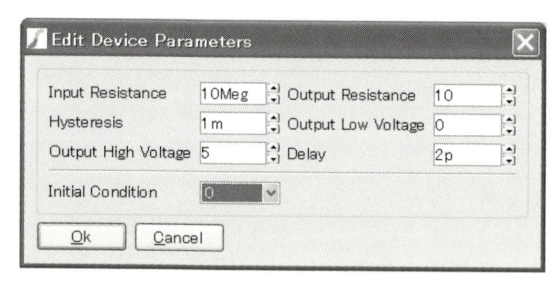

〈図11〉コンパレータのパラメータ編集ウィンドウ
ヒステリシス電圧は 1mV 以下に設定．他はデフォルト値

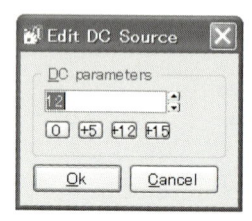

〈図12〉DC 電源のパラメータ編集ウィンドウ
編集は次の3通りある．①0，+5，+12，+15 選択，②1，2，5，10 シーケンスで選択，③電圧値をキーボードから入力

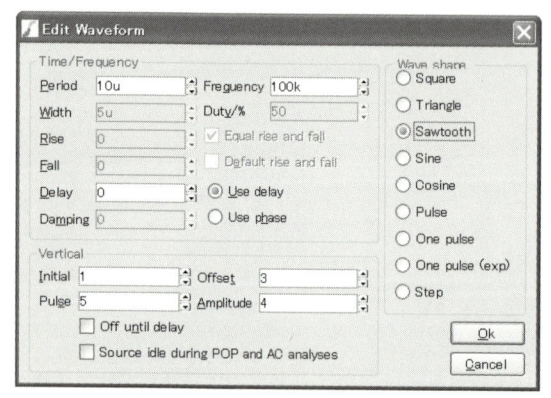

〈図13〉Waveform Generator のパラメータ設定ウィンドウ

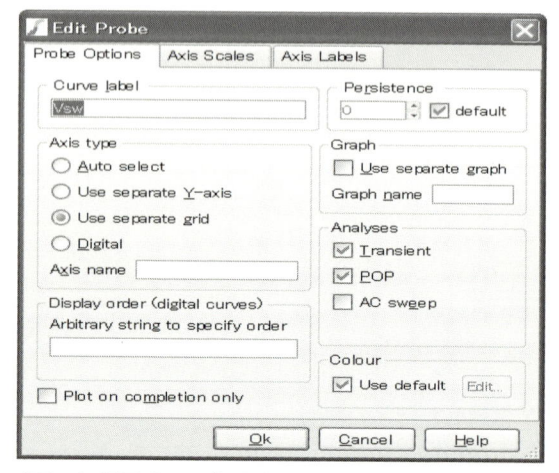

〈図14〉電圧プローブの編集ウィンドウ
Axis type で Auto select を選ぶと，グラフ中，一番下のグリッドに出力される．Use separate grid を選択すると独立したグリッドに出力される

選択先：回路図ウィンドウのメニューから，Place → Voltage Source → Power Supply
Device Parameter：図12（$V_1$を左ダブルクリックで開く）で設定します．
▶ $V_2$：PWM変調用のこぎり波
選択先：回路図ウィンドウのメニューから，Place → Voltage Source → Waveform Generator
Device Parameter：図13（$V_2$を左ダブルクリックで開く）で設定します．
▶ $V_3$：出力電圧制御信号
$V_2$に同じ
▶ $V_{sw}$，$V_{out}$，$V_c$，$V_r$：解析結果観測用電圧プローブ
選択先：回路図ウィンドウのメニューから，Probe → Place Fixed Voltage Probe
Device Parameter：図14（左ダブルクリックで開く）で設定します．
▶ $I_{L1}$：解析結果観測用電流プローブ
選択先：回路図ウィンドウのメニューから，Probe → Place Fixed Current Probe
Device Parameter：図14（左ダブルクリックで開く）で設定します．

## シミュレーションの実行

SIMPLISのシミュレーション・モードには，過渡解析（Transient Analysis），AC解析（AC）と周期的動作点解析（POP；Periodic Operating Point）があります．SPICEでおなじみのDCスイープ解析がありません．過渡解析を工夫して代行する必要があります．

● 過渡解析（Transient Analysis）
図5のBuckコンバータを過渡解析シミュレーションに設定してみましょう．
回路図ウィンドウのメニューから，Simulation → Choice Analysis で，図15のChoice SIMPLIS Analysis ウィンドウを開き，"Transient"タブをアクティブにします．
"Stop time"，"Number of plot points"などを設定し，"Select analysis"の"Transient"にチェックを入れます．
"Save options"は"All"にするのがよいでしょう．すべてのノードの電圧／電流波形を解析後でも読み取ることができます．
Simulation → Run（ショートカット・キーはF9）でシミュレーションがスタートし，シミュレーションが終了すると，図16の解析結果が表示されます．
図17は，5 ms付近をズーム・アップし，カーソルをONにし，$V_{out}$のREFカーソルとAカーソル間の平均電圧と$V_{sw}$の周波数を表示しています．$I_{L1}$の電流リプル成分を読み取るために，リプルの谷にREFカーソルを山にAカーソルを設定しています．リプルは617.7220 mVと表示されています．
測定値を表示させるには，表示希望のデータにクリックを入れて，グラフ・ウィンドウのメニューからMeasureで測定項目を選びます．カーソル内の測定値を表示させるには，グラフ・ウィンドウのメニューから，Measure → A More Function（ショートカットF3）→ Pre-defined Measurement → Pre-processで，"Cursor spun"にチェックを入れて"Mean"などの測定項目を選択します．

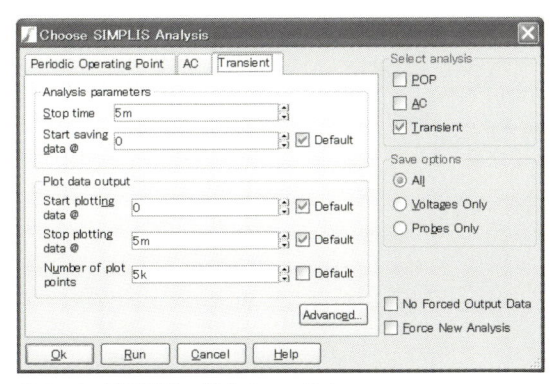

〈図15〉過渡解析の設定ウィンドウ

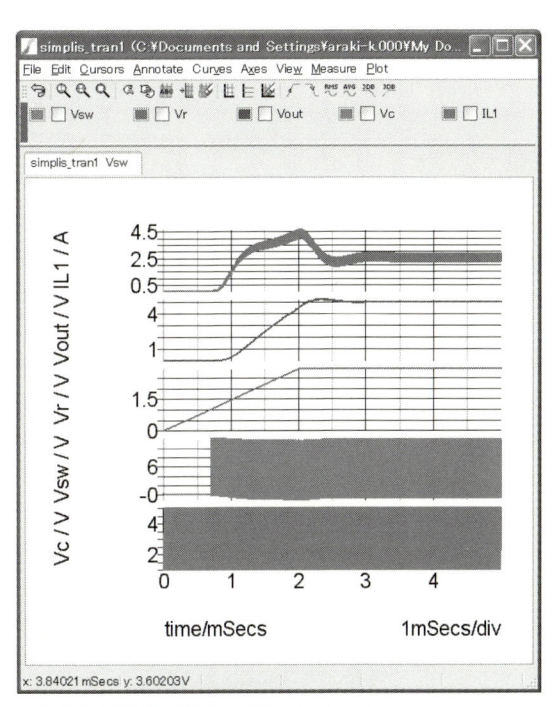

〈図16〉過渡解析結果の表示ウィンドウ
$V_c$，$V_{sw}$，…，$I_{L1}$はプローブの名称を示す

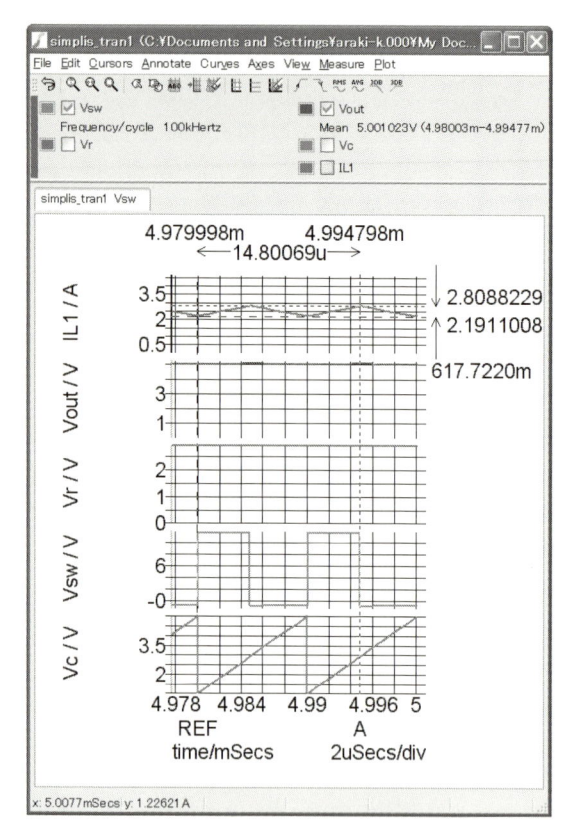

〈図17〉図16の5ms付近をズームアップ
上部,チェックされた $V_{sw}$ と $V_{out}$ には周波数とカーソル間の平均電圧が表示されている

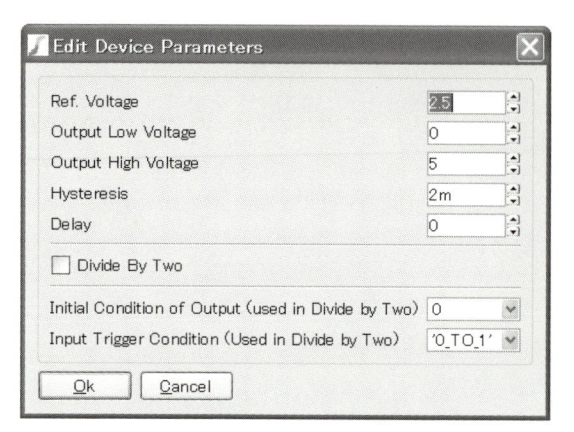

〈図19〉POP Trigger 素子のパラメータ編集画面
Ref. Voltage は入力端子の中心付近の電圧を指定する

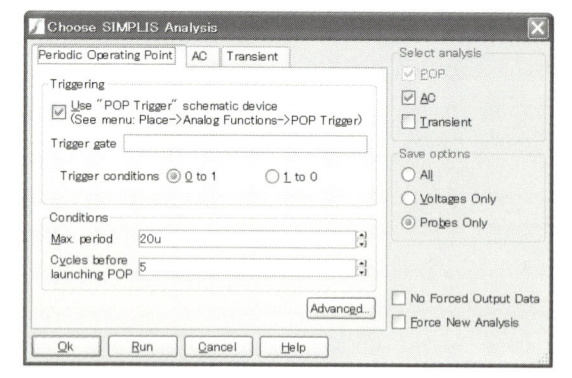

〈図20〉POP 解析の設定ウィンドウ

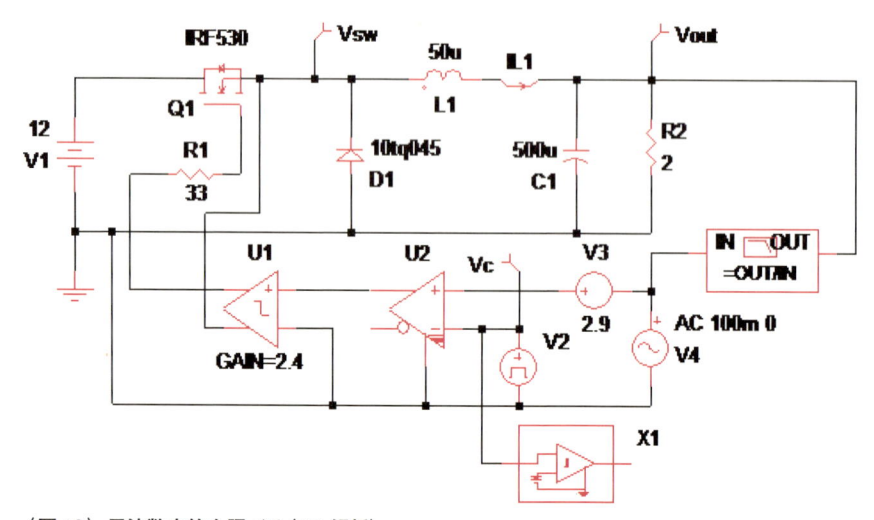

〈図18〉周波数応答を調べる(AC 解析)
AC 解析用 OSC($V_4$)とボード・プローブ(= OUT/IN の箱)を追加してコンパレータ($U_2$)+入力から $V_{out}$ までの周波数応答をボード線図で出力する.$X_1$ は POP Trigger 素子.DC-DC コンバータの動作には無関係,出力は POP 解析の同期信号として使用する

## ● 周波数応答を調べる(AC Analysis)

SIMPLISの特長の一つはこのAC解析にあります.DC-DCコンバータ,D級パワー・アンプなどスイッチング回路を含むシステムの周波数応答のボード線図を高速に出力できるからです.多くのSPICE系シミュレータでは不可能です.

図18は,PWMコンパレータ($U_2$)の入力から出力($V_{out}$)までの周波数応答のボード線図を出力するシミュレーション回路です.過渡解析からの変更点は,$V_{out}$の平均電圧を指令する$V_3$にAC解析用のスイープOSCとして$V_4$を追加します.そして,ボード・プローブのIN端子を$V_4$に,OUT端子を$V_{out}$に接続します.

POPトリガ素子($X_1$)をのこぎり波発生器($V_2$)に接続します.回路図ウィンドウのメニューから,Place → Analog Faction → POP Triggerで選択できます.

このPOPトリガ素子を必ずしも必要とするわけではありませんが,POP解析のトリガ点が明確になり便利です.POP Triggerのパラメータ編集ウィンドウは図19です."Ref Voltage"は接続する点の中心電圧付近の値を設定します.

SIMPLISのAC解析は,POP解析が成功しないと実行されず,AC解析を選択すると自動的にPOP解析も選択されます.

## ● POP解析(Periodic Operating Point Analysis)

AC解析は,システム各部の電圧/電流がフラフラせず安定な状態のところに,小さな振幅のAC信号を印加してその周波数をスイープし,2点間の周波数に対するゲインと位相を測定するものです.

しかし,スイッチング動作を含むDC-DCコンバータやD級アンプは,電圧/電流がスイッチング周波数に同期して常時変動しています.そこで,ある周期で安定に繰り返されている状態を定常状態とみなして動作点と定義します.その周期的に安定な状態かどうかを判定するのがPOP解析です.

POP解析には,スイッチング周期に同期した安定なトリガ信号が必要です.トリガ源にはPWM用変調波などを使います.

回路図ウィンドウのメニューで,Simulation → Choice Analysisから"Periodic Operating Point"を選択すると,図20が開きます.

"Triggering"の"Use POP Trigger…"にクリックを入れ,POPのトリガにPOP Trigger素子を使うことにします.

"Conditions"の"Max. period"にはスイッチング周期($V_2$の周期)の2倍程度の値を入力します.

"Cycle before launching POP"はPOP解析を開始するSimulation Runからのタイミングです(詳細はAdvancedをクリック).デフォルト値は"5"です.POPが失敗するようでしたら,その値を大きくします.

解析結果は図21です.各部の電圧/電流が毎回同じ波形で安定な状態を維持していることが確認できます.

## ● AC解析(AC Analysis)

図22がAC解析用の"Sweep parameter"設定ウィンドウです.スイープのスタートとストップ周波数,

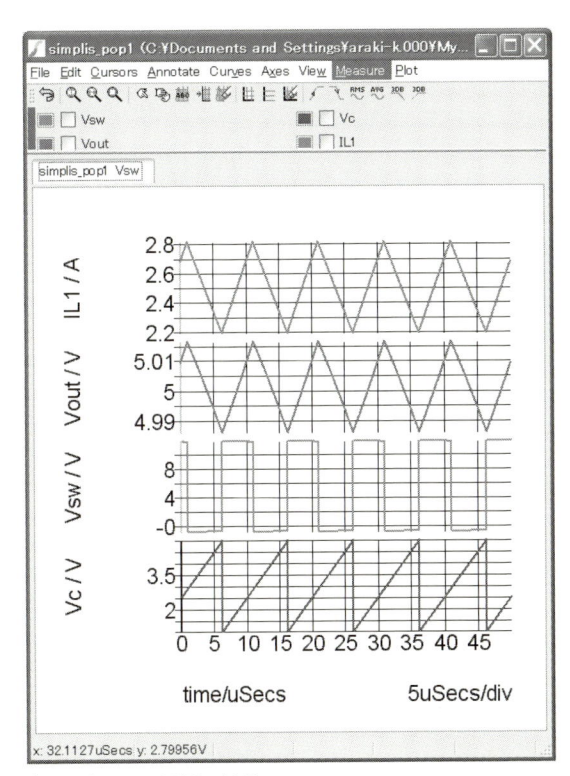

〈図21〉POP解析の結果
各プローブの波形が安定に繰り返されている状態が確認できる

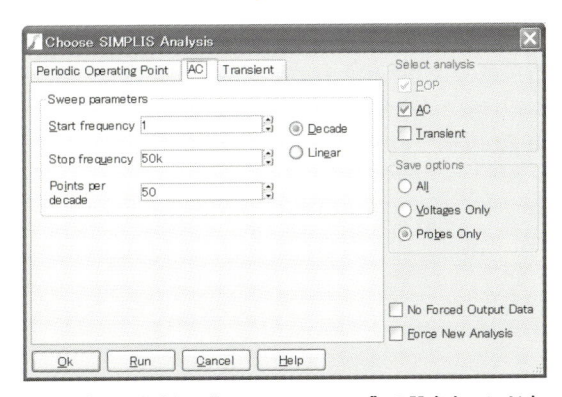

〈図22〉AC解析用"Sweep parameter"の設定ウィンドウ
測定スタートとストップ周波数,測定ポイント数を設定する.ストップ周波数の上限はスイッチング周波数の1/3~1/2に選ぶ

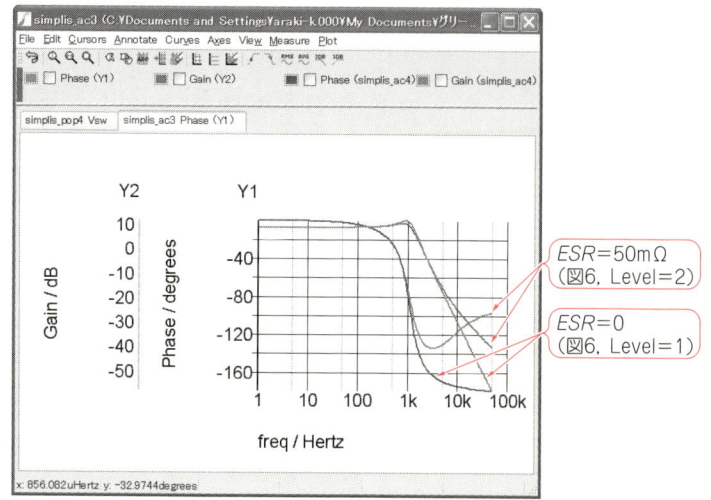

〈図23〉図18のAC解析結果
$C_1$のParametersのLevelを1($ESR = 0\ \Omega$)と2($ESR = 50\text{m}\ \Omega$)に切り換えたときの応答の違いを検証

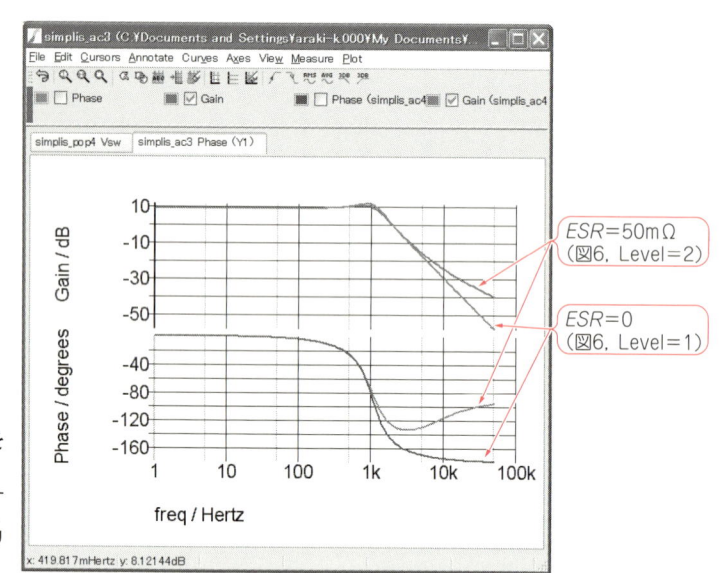

〈図24〉図23のゲイン曲線と位相のグリッドを分割して表示
上部に分離するデータにチェックを入れ，メニュー → Axes → New Grid でグリッドが新設される．Curves → Move Selected Curve で曲線が新グリッドに移動する

測定ポイント数を設定します．

Run(F9)を押すと解析を開始し，POP解析とAC解析結果(図23)を出力します．ゲイン，位相に2種ずつの曲線が描かれていますが，$C_1$の$ESR$(50 m Ω)の有無の結果です．

図24は，ゲインと位相のグリッドを分割したグラフです．上部に分離するデータにチェックを入れて，グラフ・ウィンドウのメニューから Axes → New Grid でグリッドが新設され，Curves → Move Selected Curve で曲線が新グリッドに移動します．

◆ 参考文献 ◆
(1) 黒田 徹：電子回路シミュレータ SIMetrix/SIMPLIS スペシャルパック，2005年12月1日，CQ出版社．

# 第3章

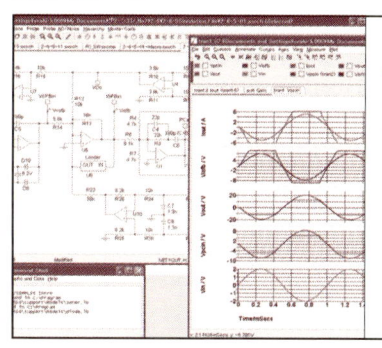

A級, B級, C級アンプとD級アンプの相違
## 増幅器から変換器への転換

荒木 邦彌
Araki Kuniya

スイッチング・パワー・アンプは，D級パワー・アンプとも呼ばれます．この呼称はリニア・パワー・アンプのA級，AB級，B級，そしてC級アンプからの連続として命名されたと思われます．

本章では，シングルエンド・プッシュプル回路でA級，AB級，B級のリニア・パワー・アンプとD級を対比しながら，回路シミュレータで効率を考察してみます．効率とは「出力電力÷電源入力電力」です．

**図1**がMOSFETを用いたA〜C級のシングルエンド・プッシュプル回路の出力段の例です．$Q_1$はNチャネル，$Q_2$はPチャネルのMOSFETで，ソース・フォロワで動作します．$V_4$，$V_5$は正負の電源，$V_1$は入力信号です．負荷$R_1$にパワーが供給されます．

A〜C級の動作級(operating class)はバイアス電流の大きさで決まり，そのバイアス電流は$V_2$，$V_3$の電圧で制御されます．

**図2**〜**図5**は，A〜C級アンプの入力信号(**図1**の$V_1$)対$Q_1$，$Q_2$のドレイン電流(**図1**のId_Q1, Id_Q2)

の特性です．

● A級動作

A級のバイアス電流は最大ドレイン電流の約1/2に設定され，各MOSFETのドレイン電流が全動作域でゼロになりません．

〈図1〉A級，AB級，B級およびC級シングルエンド・プッシュプル回路
$Q_1$はNch，$Q_2$はPchのMOSFETで，ソース・フォロワで動作する．$V_4$，$V_5$は正負の電源，$V_1$は入力信号．負荷$R_1$にパワーが供給される．A〜C級の動作級はバイアス電流の大きさで決まり，そのバイアス電流は$V_2$，$V_3$の電圧で制御される

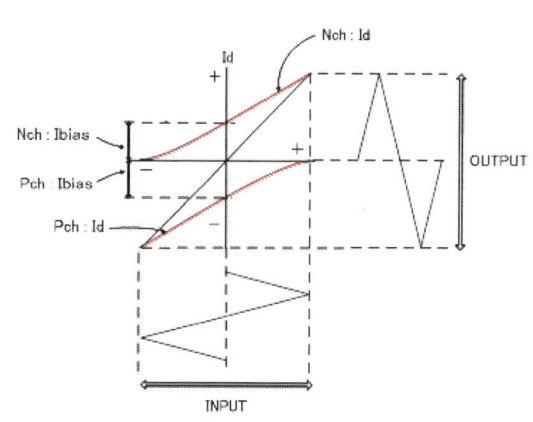

〈図2〉A級プッシュプル・パワー・アンプのバイアス・ポイントと入出力特性
直線性は一番優れている．効率は最低，無出力時と最大出力時の電源入力電力は同じ値

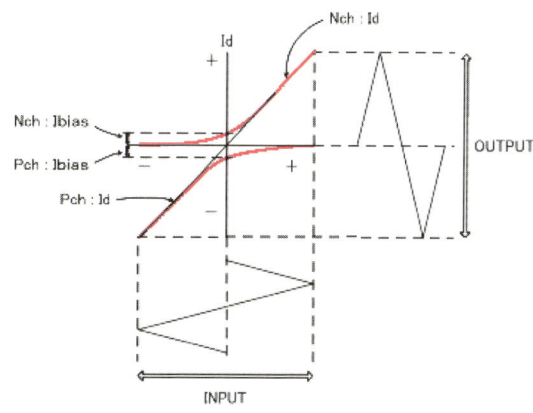

〈図3〉AB級プッシュプル・パワー・アンプのバイアス・ポイントと入出力特性
バイアス電流はなるべく少なくするが，$I_d$は全域でゼロにならず，正負の合成特性が直線となるのが理想

● **B級動作**

B級では入力信号がゼロのとき，バイアス電流もゼロに制御されます．B級は電源入力電力から出力電力への変換効率ではC級に次いで優れていますが，入力がゼロのとき，ドレイン電流をいつもゼロに保ち，かつ不感帯をゼロに維持することが困難です．

$Q_1$，$Q_2$の非直線性によるひずみは，前段の電圧増幅段や制御回路と組み合わせたネガティブ・フィードバックで改善します．不感帯も少しはネガティブ・フィードバックで改善されますが，皆無にすることはできません．

そのため，ゼロ付近の波形の不連続性が問題にならないアプリケーションに採用されます．

● **AB級動作**

AB級はA級とB級の中間のバイアス電流に制御されます．入力信号がゼロのときのバイアス電流はなるべく少なく，各ドレイン電流が全動作域でゼロにならず，かつ，正（Nチャネル）負（Pチャネル）の特性を加算した値が1，すなわち正負の合成特性が直線となるのが理想です．

● **C級動作**

C級はゼロ・バイアスで動作し，負荷電流がゼロの付近は不感帯となり，出力波形には大きなひずみが発生します．

共振回路と組み合わせて，通信用送信機の出力段な

〈図4〉B級プッシュプル・パワー・アンプのバイアス・ポイントと入出力特性路
バイアス電流はゼロで，$I_d$ゼロの付近での不感帯もゼロが理想．$V_{gs}$対$I_d$の非直線が原因の波形ひずみが大きいが制御回路で補償できる．$I_d$ゼロの付近での不感帯も制御回路で補償できるが，ゼロにはできない

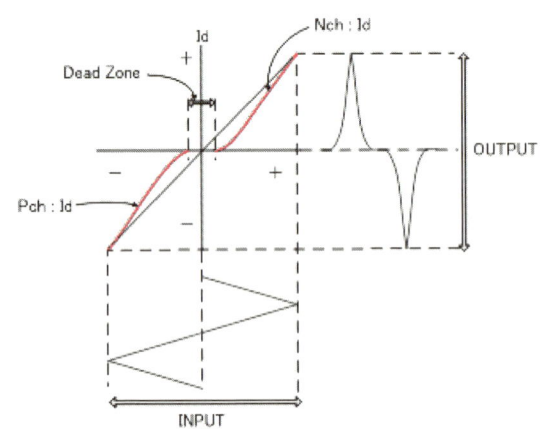

〈図5〉C級プッシュプル・パワー・アンプのバイアス・ポイントと入出力特性
負荷に共振回路をもつ通信用出力用段などに使われる．汎用アンプとしての応用は少ない

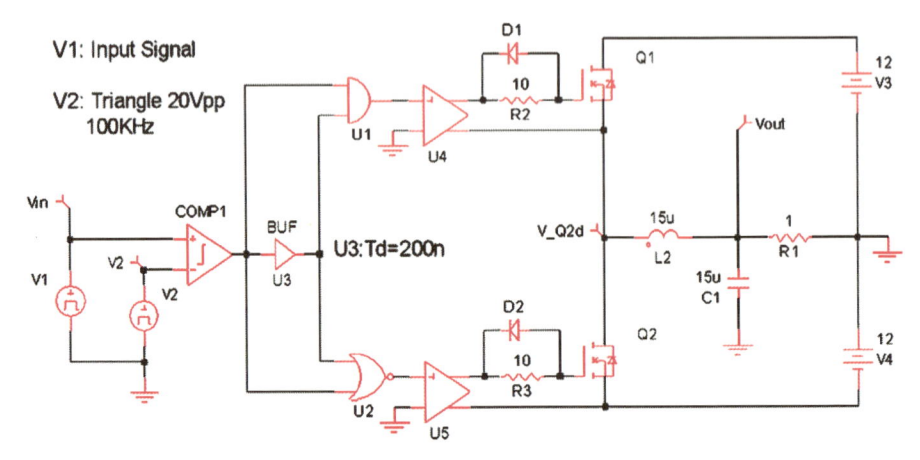

〈図6〉D級パワーアンプ（PWM方式スイッチング・アンプ）
$V_1$：入力信号，$V_2$：パルス幅変調（PWM）用三角波，$COMP_1$：PWM用コンパレータ，$U_1$，$U_2$，$U_3$：デッド・タイム発生用ロジック，$U_4$，$U_5$：MOSFETドライバ，$Q_1$，$Q_2$：主回路（出力段）MOSFETスイッチ，$C_1$，$L_1$：PWM復調用ローパス・フィルタ，$R_1$：負荷抵抗

どに使用されますが，汎用のパワー・アンプとしては使われません．

入出力の伝達特性の直線性やひずみ特性は，A級が最も優れており，高級オーディオのメイン・アンプなどに採用されています．

● これからはD級動作

従来，最も実用的で一番多く使われていたのがAB級です．オーディオ用などの多くはAB級のリニア・パワー・アンプが使われていました．しかし，これらのアンプもD級のスイッチング・アンプに置き換えられつつあります．

その理由は，電源入力電力対出力電力の変換効率がAB級，B級に比べて圧倒的に優れているからです．また，MOSFET，IGBTなどのスイッチング素子の高速化，低損失化への進展がスイッチング・アンプの高性能化をバックアップしてきました．

## D級アンプは電力変換器

D級アンプの出力段は増幅器でなく**電力変換器**と呼ばれます．

● PWM方式スイッチング・アンプの回路例

図6にD級アンプの一例として，パルス幅変調(Pulse Width Modulation；PWM)方式スイッチング・アンプの電力変換部の回路，図7にその各部の波形を示します．

$1\Omega$負荷($R_1$)に±10V，±10Aを出力することができ，正弦波出力時の出力パワーは50Wです．DC〜5kHzの周波数を出力できます．

主回路(スイッチング部)はMOSFET($Q_1$, $Q_2$)のハーフ・ブリッジです．変調は，アナログ・コンパレータ($CMOP_1$)による三角波($V_2$)方式で，変調周波数は100kHzです．$C_1$, $L_2$は100kHzキャリア除去用のローパス・フィルタです．$U_1$, $U_2$, $U_3$は$Q_1$, $Q_2$の

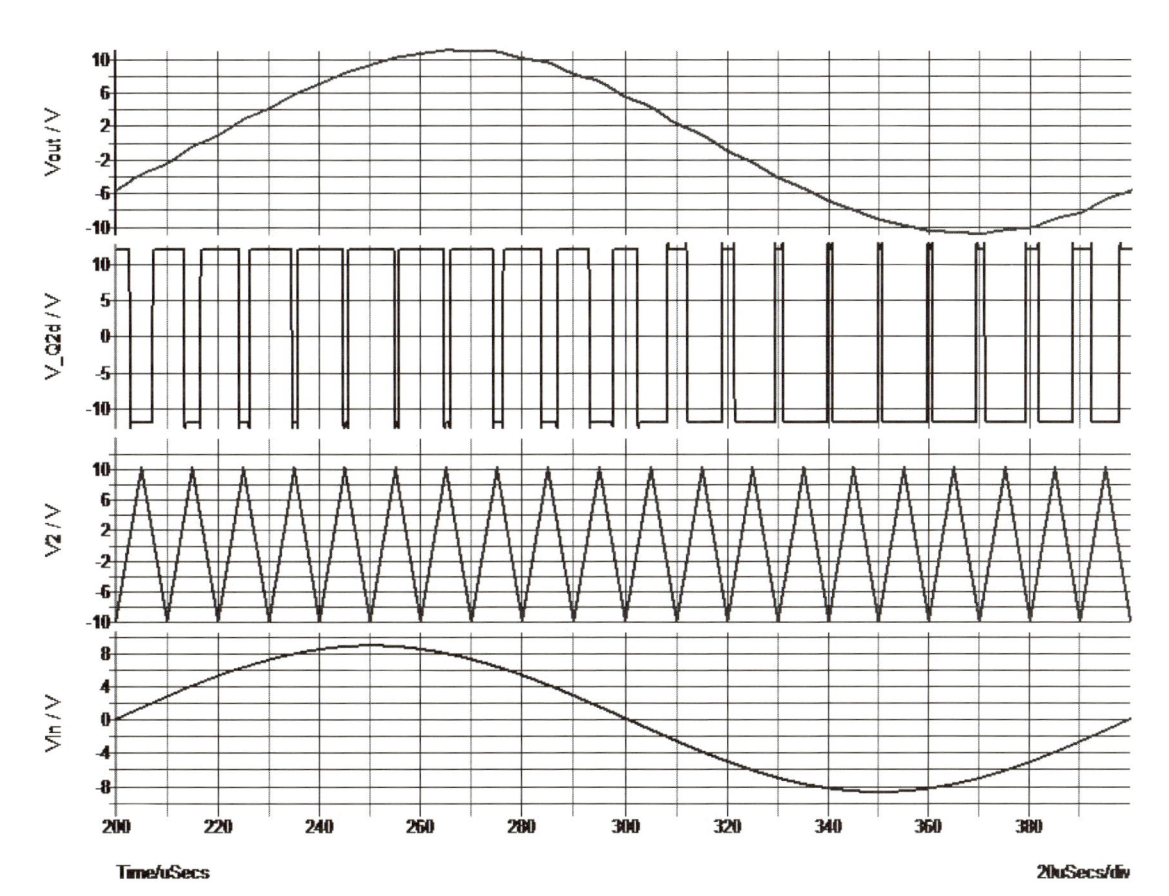

〈図7〉PWMスイッチング・パワー・アンプの各部の波形
V：入力信号，PWM用三角波，V_Q2d/V：PWMスイッチング波形，Vout/V：復調後の出力波形．入力信号(Vin/V)は，三角波(V2/V)と比較されてPWM波形(V_Q2d/V)に変換される．PWM波形はLPF(ローパス・フィルタ：図6の$C_1$, $L_2$)で復調されて出力(Vout/V)になる．出力波形は入力波形に対してLPFによる位相遅れが発生する

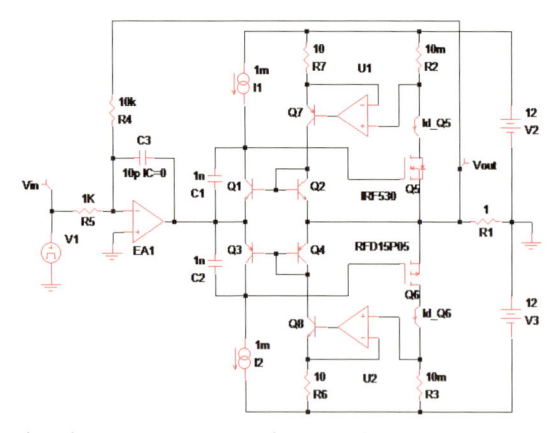

〈図8〉AB級パワー・アンプの損失評価用シミュレーション回路[$Q_5$, $Q_6$ の $I_d$ を検出し，1/1000に変流して $Q_1$〜$Q_4$ のトランスリニア除算開平回路にフィードバックする．$Q_5$, $Q_6$ のバイアス電流は，トランスリニア除算開平回路の基準電流源 $I_1$, $I_2$ の基準値1mA の電流フィードバックの係数（変流値の逆数：1000）倍，すなわち1A に制御される]
$V_1$：入力信号用 Wave Foam Generator, $V_2$, $V_3$：DC Power Supply(12V), $I_1$, $I_2$：DC Current Source(1mA), EA1：エラー・アンプ（積分器）用 Laplace Transfer Function(LAP)素子（ゲイン；100k）, U1, U2：V-I 変換用 OP アンプ用 Laplace Transfer Function(LAP)素子（ゲイン；100k）, $Q_1$, $Q_2$：トランス・リニア回路用 NPN-BJT, $Q_3$, $Q_4$：トランス・リニア回路用 PNP-BJT, $Q_5$：電流増幅用 N-MOSFET, $Q_6$：電流増幅用 P-MOSFET, $Q_7$, $Q_8$：V-I 変換 PNP-BJT/NPN-BJT, $C_1$, $C_2$：位相補償用キャパシタ, $C_3$：積分キャパシタ, $R_1$：負荷抵抗, $R_2$, $R_3$：電流検出用抵抗, $R_4$：フィードバック抵抗, $R_5$：入力抵抗(DC ゲイン＝－$V_{out}$/$V_{in}$＝－$R_4$/$R_5$), $R_6$, $R_7$：V-I 変換係数を決める抵抗($Q_7$ のエミッタ電流 IeQ7 と $Q_5$ のドレイン電流 IdQ5 の関係は，IeQ7/IdQ5 = $R_2$/$R_7$ = 0.01/10 = 1/1000 となる．すなわち，$Q_5$ のドレイン電流は 1/1000 変換され，$Q_2$ にフィードバックされる．IeQ8, IdQ6 の関係も同じ), $V_{in}$, $V_{out}$：電圧プローブ, IdQ1, IdQ2：電流プローブ

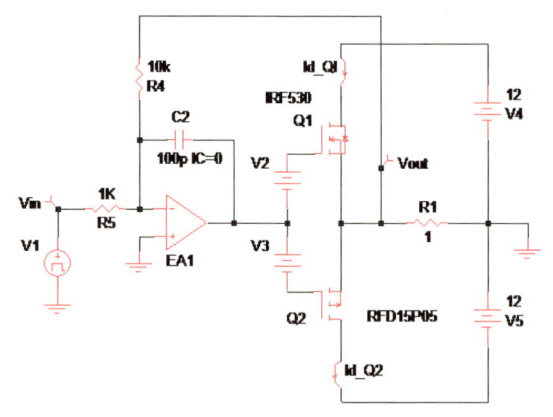

〈図9〉B 級パワーアンプの損失評価用シミュレーション回路（$V_2$, $V_3$ は $Q_1$, $Q_2$ にバイアスを与える．$V_2$ = VTHQ1, $V_3$ = VTHQ2 である）
$V_1$：入力信号用 Wave Foam Generator, $V_2$, $V_3$：MOSFET($Q_1$, $Q_2$)用バイアス電源用 DC Power Supply($V_2$ = VTHQ1, $V_3$ = VTHQ2), $V_4$, $V_5$：DC Power Supply(12V), EA1：エラー・アンプ（積分器）用 Laplace Transfer Function(LAP)素子（ゲイン；100k）, $Q_1$：電流増幅用 N-MOSFET, $Q_2$：電流増幅用 P-MOSFET, $C_2$：積分キャパシタ, $R_1$：負荷抵抗, $R_4$：フィードバック抵抗, $R_5$：入力抵抗(DC ゲイン＝－$V_{out}$/$V_{in}$＝－$R_4$/$R_5$), $V_{in}$, $V_{out}$：電圧プローブ, IdQ1, IdQ2：電流プローブ

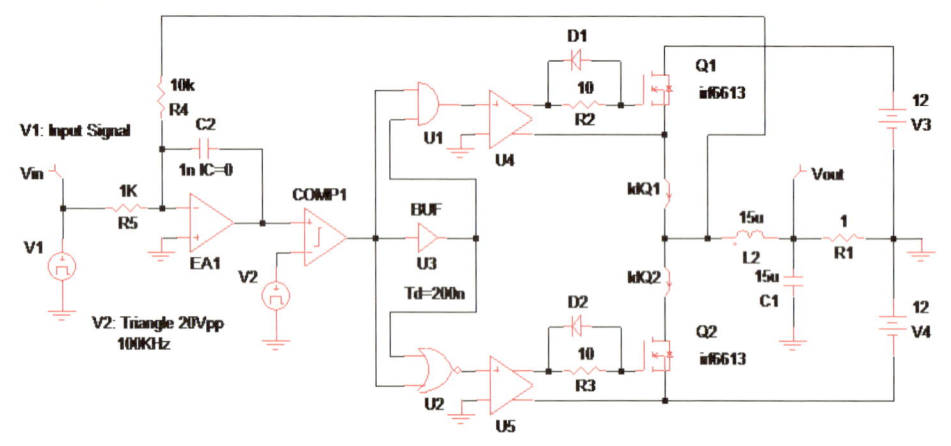

〈図10〉D 級パワー・アンプの損失評価用シミュレーション回路（他励三角波比較型ハーフ・ブリッジ PWM 方式 D 級パワー・アンプ）
$V_1$：入力信号用 Wave Foam Generator, $V_2$：PWM 用 Wave Foam Generator（三角波，100kHz，20Vp-p）, $V_3$, $V_4$：DC Power Supply(12V), EA1：エラー・アンプ（積分器）用 Laplace Transfer Function(LAP)素子（ゲイン；100k）, COMP1：PWM 用コンパレータ用 Non-linear Transfer Function(ARB)素子（式；tanh((v(n1)-v(n2))*100)*2.5+2.5）, U1：AND ゲート, U2：NOR ゲート, U3：バッファ（遅延時間＝200ns, U1, U2 とともに $Q_1$, $Q_2$ の同時 ON を回避するデッド・タイムを生成), U4, U5：MOSFET ゲート・ドライバ用電圧制御電圧源(VCVS)（ゲイン；2.2倍), $Q_1$, $Q_2$：主回路用 N-MOSFET, $C_2$：積分用キャパシタ, $D_1$, $D_2$：MOSFET ターン・オフ時間短縮用ダイオード, $L_1$：復調ローパス・フィルタ用インダクタ, $R_1$：負荷抵抗, $R_2$, $R_3$：MOSFET ゲート抵抗（寄生発振防止), $R_4$：フィードバック抵抗, $R_5$：入力抵抗(DC ゲイン＝－$V_{out}$/$V_{in}$＝－$R_4$/$R_5$), $V_{in}$, $V_{out}$：電圧プローブ, IdQ1, IdQ2：電流プローブ

同時 ON を防止するためのデッド・タイム(200 ns)を生成します．$U_4$，$U_5$ は $Q_1$，$Q_2$ のゲート・ドライバで，入出力が絶縁されています．

● 理想状態における B 級アンプと D 級アンプの損失

損失($P_D$)とは，電源入力電力($P_{in}$)から出力電力($P_{out}$)を差し引いた電力であり，熱になって消費されます．すなわち，

$$P_D[\text{W}] = P_{in} - P_{out}$$

です．効率 $\eta$ は，

$$\eta = \frac{P_{out}}{P_{in}}$$

とすると，

$$P_D = P_{out}(1 - \eta)$$

となります．

すべてが理想素子で構成された B 級アンプ出力段の効率は，正弦波出力において，出力電圧のピーク電圧を電源電圧と同じ値としたときの理論値は 78.5% で，損失は 21.5% です(Appendix 参照)．

出力波形を方形波にして，ほかの条件が同じ場合，効率は B 級アンプでも 100% になります．

一方，理想素子で構成した D 級アンプの出力段の効率は，いかなる条件でも 1.0(100%)で，損失はゼロ，すなわち無損失です．

理想素子とはスイッチング素子の場合，オン抵抗($R_{on}$)がゼロ，オフ抵抗($R_{off}$)が無限大，スイッチング・タイムもゼロの架空の素子です．理想インダクタの場合は，DC 抵抗がゼロ，磁性材料による損失もゼロの発熱のない素子です．キャパシタも同じく発熱ゼロの素子です．

## シミュレーションで損失を比較する

● 例題回路

例題とする回路は，
- AB 級パワー・アンプ：図8[1]
- B 級パワー・アンプ：図9

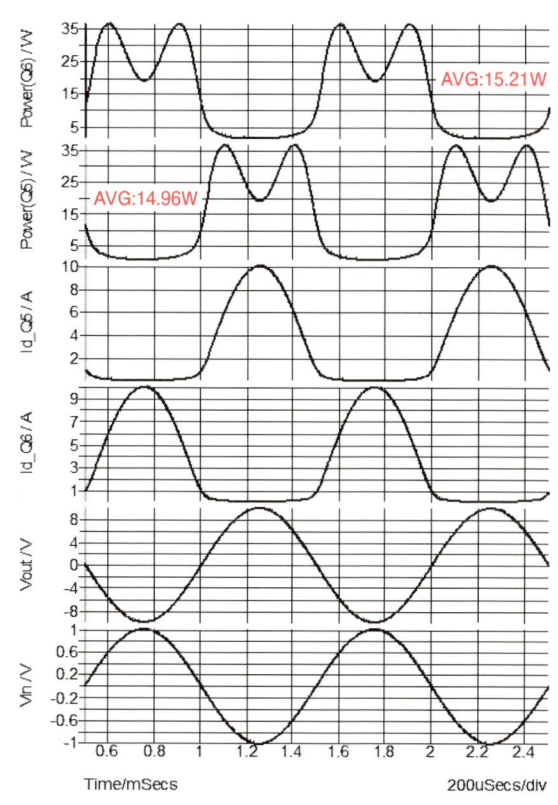

〈図11〉AB 級パワー・アンプの損失評価シミュレーションの結果
出力電圧(Vout/V)が電源電圧に対して 83.3%．$V_{out} = \pm 10\text{V}$ ($10/\sqrt{2}\,V_{RMS}$)，$I_{out}$：$\pm 10\text{A}$ ($10/\sqrt{2}\,A_{RMS}$)，$R_1 = 1.0\,\Omega$．出力電力($P_o$)は $50 = (10/\sqrt{2}\,V_{RMS}) \times (10/\sqrt{2}\,A_{RMS})$ [W]．MOSFET 損失の平均値は 15.085W

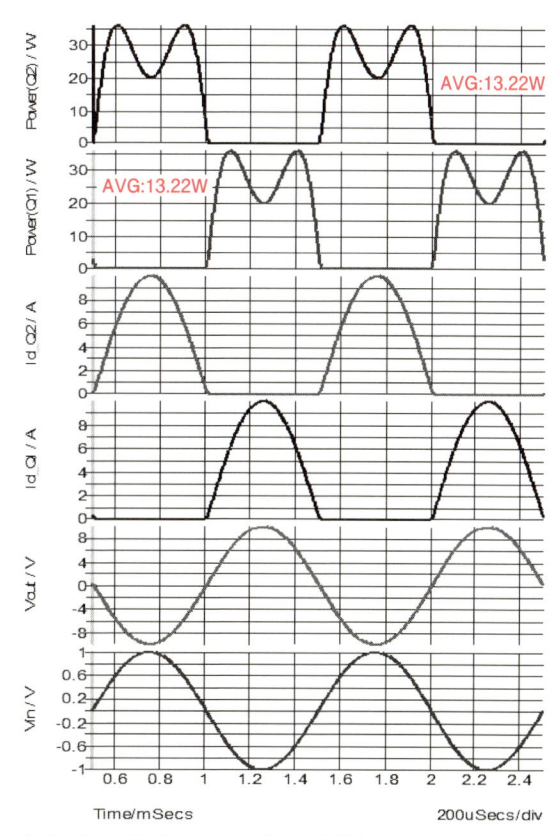

〈図12〉B 級パワーアンプの損失評価シミュレーション結果
出力電圧(Vout/V)が電源電圧に対して 83.3%．$V_{out} = \pm 10\text{V}$ ($10/\sqrt{2}\,V_{RMS}$)，$I_{out}$：$\pm 10\text{A}$ ($10/\sqrt{2}\,A_{RMS}$)，$R_1 = 1.0\,\Omega$．出力電力($P_o$)は $50 = (10/\sqrt{2}\,V_{RMS}) \times (10/\sqrt{2}\,A_{RMS})$ [W]．MOSFET 損失の平均値は 13.22W

- D級パワー・アンプ：図10

です.

使用シミュレータはSPICE系のSIMetrixです.

各回路は，実用レベルな最大出力時の条件，すなわち出力電圧を電源電圧の約83.3%（10 V/12 V）振ったときの出力電力は50W（20 V$_{p-p}$, 20 A$_{p-p}$）で，各アンプで同じです.

● シミュレーション結果

図11はAB級，図12はB級，そして図13はD級のシミュレーション結果です．各結果とも，下から入力波形，出力波形，ハイ・サイドMOSFETのドレイン電流波形，ロー・サイドMOSFETのドレイン電流波形，ハイ・サイドMOSFETの損失波形，ロー・サイドMOSFETの損失波形です．損失波形中のAVGの数値は損失電力の平均値です.

図11〜図13まででMOSFETの損失電力の平均値は，AB級が@ 15.085 W，B級が@ 13.22 W，D級はQ$_1$とQ$_2$で少し違いがありますが約@ 0.85 Wです．圧倒的にD級が優れています.

効率（$\eta$）を計算すると，

$$P_{in} = P_{out} + P_D$$

$$\eta = \frac{P_{out}}{P_{in}} = \frac{P_{out}}{P_{out} + P_D}$$

ですから，

- AB級：$\eta_{AB}$ = 50 ÷ (50 + 14.96 + 15.21) ≒ 0.624
- B級：$\eta_B$ = 50 ÷ (50 + 13.22 + 13.22) ≒ 0.654
- D級：$\eta_D$ = 50 ÷ (50 + 0.86 + 0.85) ≒ 0.967

となります.

AB級とB級の効率は，出力電圧の低下とともに低下しますが，D級ではそれほどではありません．B級の場合，出力電圧と出力電力を1/2にする（負荷抵抗$R_1$も1/2）と，効率は0.33に低下しますが，同じ条件のD級の効率は0.95とわずかな効率低下に収まります.

図13のD級アンプのドレイン電流（IdQ1/A, IdQ2/A），損失[Powor(Q1)/kW, Power(Q2)/kW]は250A$_{peak}$以上，6 kWpeak以上と非常に大きい値なのですが，図14に示すように，その波形は非常に幅の狭いパルスです．パルス幅が非常に狭いため，ピーク値が大き

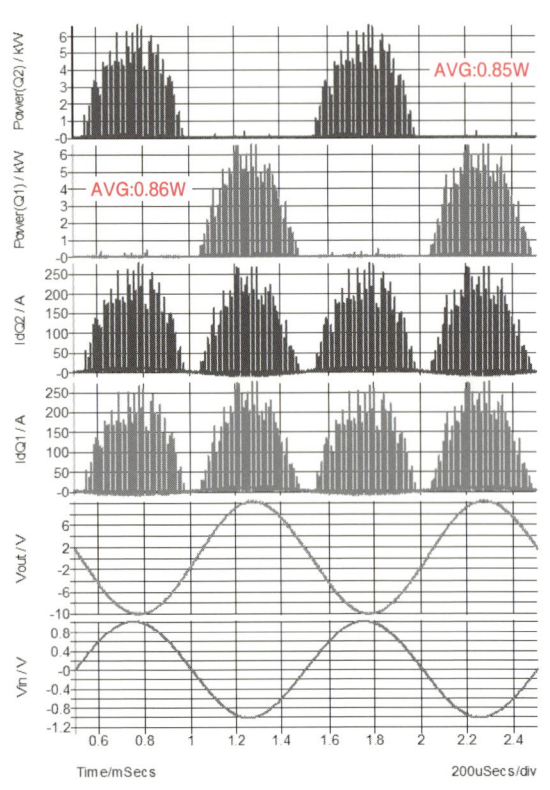

〈図13〉図13 D級パワーアンプの損失評価シミュレーション結果
出力電圧（Vout/V）が電源電圧に対して83.3%．Vout = ± 10V (10/√2 V$_{RMS}$), Iout = ± 10A (10/√2 A$_{RMS}$), $R_1$ = 1.0 Ω．出力電力（$P_o$）は 50 = (10/√2 V$_{RMS}$) × (10/√2 A$_{RMS}$) [W]．MOSFET損失の平均値は約1.1W

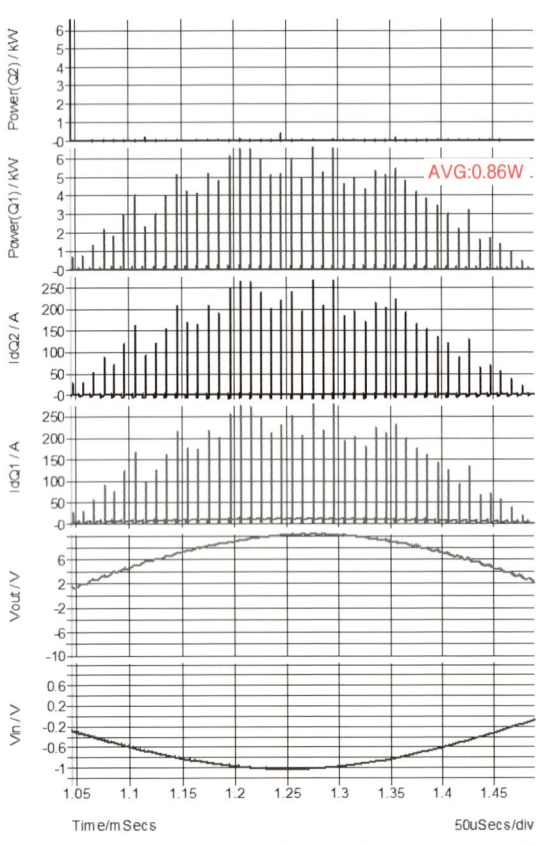

〈図14〉D級パワー・アンプの損失（図13の1.25ms付近を拡大）
D級アンプの損失（PowerQ1/W, PowreQ2/W）はパルスであり，ピーク値は大きいが，パルス幅は5〜20nsと非常に狭い．そのため平均値（AVG）は非常に小さい

くとも，その平均値は非常に小さくなるわけです．

幅の狭いパルスは，広くかつ高い周波数成分をもっています．この高い周波数成分は，ノイズとなって容易に機器外部に放出されます．D級アンプは，効率の点では優れているのですが，ノイズ対策が重要な課題になります．

● 結論

リニア・パワー・アンプのなかで最高の効率であるB級に比較して，スイッチング・アンプであるD級は1.5倍程度高効率です．電力損失で比較すると，D級アンプはB級の1/15以下です．

しかし，D級パワー・アンプは，パルス状の大きな電流が流れます．その電流は高周波ノイズ放射の原因となります．そのため，EMC対策が大きな課題になります．

◆ 参考文献 ◆

(1) 黒田　徹；TRアンプ設計講座，ラジオ技術，2006年12月号，2007年1月号〜3月号，秋葉出版．

## コラム　B級アンプの効率計算

図Aに示すB級アンプの正弦波出力時における効率$\eta$を計算します．

$$\eta = \frac{Q_1 から出力される電力}{電源 V_{sp} から供給される電力}$$

出力($V_o$)を正弦波とし，そのプラスのピーク値($V_{OP}$)は$V_{sp}$と同じ，すなわち$Q_1$は理想素子で$V_{ds}$が0Vまで振れるものとします．

$I_{sp}$は，すべて出力電流($I_o$)の正側の電流になるものとします．B級アンプですからバイアス電流がゼロなので，これは妥当です．

$I_{SPAVG}$：$I_{sp}$の平均値
$P_{SP}$：$V_{sp}$から供給される電力
$P_O$：出力電力

とします．

$Q_1$が供給する電力$P_{OQ1}$は，$P_O$の1/2であり，$V_o$は正弦波ですから，

$$P_{OQ1} = \frac{1}{2}P_O = \frac{1}{2}(V_{oRMS} I_{oRMS})$$
$$= \frac{1}{2}\left(\frac{V_{OP}}{\sqrt{2}} \frac{V_{OP}}{\sqrt{2}}\right) = \frac{V_{OP} I_{OP}}{4} \cdots\cdots (A\text{-}1)$$

となります．

$V_{sp}$からの平均電流$I_{SPAVG}$は，$I_{sp}$が正弦半波であり，その波形は$I_o$の正側半波と同じですから，

$$I_{SPAVG} = \frac{1}{2\pi}\int_0^\pi I_{OP}\sin x\,dx = I_{OP}\frac{1}{\pi} \cdots (A\text{-}2)$$

となります．

$V_o$のピーク値$V_{OP}$と$V_{sp}$は同じ値ですから，供給電力$P_{SP}$は，

$$P_{SP} = V_{sp} I_{SPAVG}$$
$$= V_{sp} I_{OP}\frac{1}{\pi} = V_{OP} I_{OP}\frac{1}{\pi} \cdots\cdots (A\text{-}3)$$

となります．

効率$\eta$は，

$$\eta = \frac{P_{OQ1}}{P_{SP}} = \frac{V_{OP} I_{OP}}{4} \bigg/ V_{OP} I_{OP}\frac{1}{\pi} = \frac{\pi}{4} \cdots (A\text{-}4)$$

となります．

ここでは正弦波の例を示しましたが，出力波形が方形波で，ほかの条件が同じ場合，効率100％のB級アンプとなります．

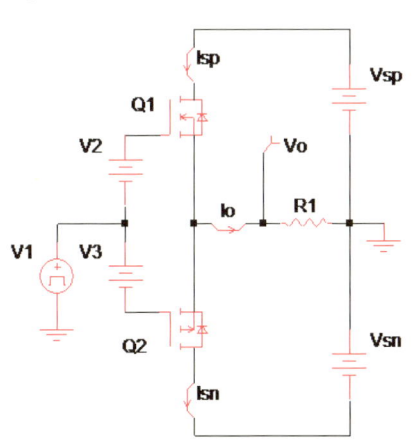

〈図A〉効率計算用B級アンプ出力段の回路

# 第2部 実践編

## プロローグ

### シミュレーションによる動作検証を行うまえに
# PWM方式D級パワー・アンプの構成と方式

荒木 邦彌
Araki Kuniya

● PWM方式D級パワー・アンプの構成

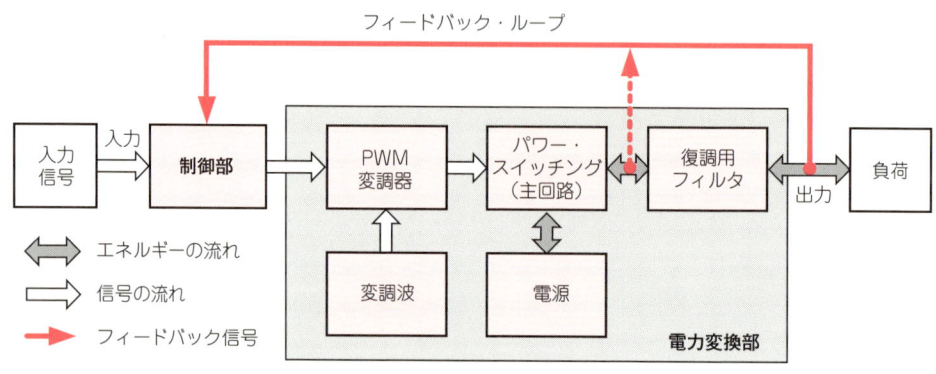

図1に示すのは，PWM方式D級パワー・アンプのブロック図です．制御部と電力変換部で構成されます．

電力変換部は，直流電源のパワーを入力信号からの目標値と相似な電圧または電流に変換して負荷に供給するD級パワー・アンプの心臓部です．

PWM変調器は，制御部からの信号を変調波でPWM波形に変換します．変調波には三角波，またはのこぎり波が使われます．

パワー・スイッチング部は主回路とも呼ばれ，ハーフ・ブリッジまたはフル・ブリッジの回路です．スイッチング素子にはMOSFET(Metal Oxide Semiconductor Field Effect Transistor)やIGBT(Insulated Gate Bipolar Transistor)が使われます．

主回路の出力波形には，信号成分だけでなく，変調周波数とその高調波成分，変調積とその高調波成分が含まれています．復調用フィルタは，それらの成分から信号成分のみを通過させ，他の成分を阻止します．$LC$で構成するローパス・フィルタです．

電力変換部のエネルギーは，次の経路で双方向に流れます．
- 力行モード：電源→主回路→フィルタ→負荷
- 回生モード：負荷→フィルタ→主回路→電源

回生は負荷側から電源側に電流が逆流する現象です．出力電流がAC成分のみの場合の回生電流は平均すればゼロになり，電源電圧のリプルになるだけですが，出力電流にDC成分を含む場合は，パンピング現象の原因になります[注1]．

● 電力変換部のトポロジー

PWM方式D級パワー・アンプは，電力変換部の方式やトポロジーで分類すると，図2のようになります．

D級パワー・アンプの変調方式にはPWM(Pulse Width Modulation；パルス幅変調)のほか，PDM(Pulse Density Modulation；パルス密度変調)もあります．

PDMは，PWMと同じ性能を出すにはスイッチング周波数を高くする必要があり，多くのD級パワー・アンプはPWM方式が多いようです．

PWM方式D級パワー・アンプでの変調方式は，変調波比較式の他励式と自励発振式に大別できます．さらに前者は，変調波によって，三角波形，のこぎり波形，方形波形に分類されます．

自励発振式は，電力変換部と制御部とが一体になったシンプルな構成です．シンプルな構成にかかわらず，波形ひずみ，電源リジェクション(Power Supply Rejection Ratio；$PSRR$)特性に優れており，スピーカ駆動のD級パワー・アンプに多く採用されています．

主回路のトポロジーには，ハーフ・ブリッジ，フル・ブリッジとマルチ・フェーズ式があります．

---

注1：パンピング(pumping)
ハーフ・ブリッジ主回路において，アンプ出力に直流成分があり，回生機能のない電源(整流回路をもつ電源)の場合，電源電圧が上昇する現象である．

〈図1〉PWM方式D級パワー・アンプのブロック図

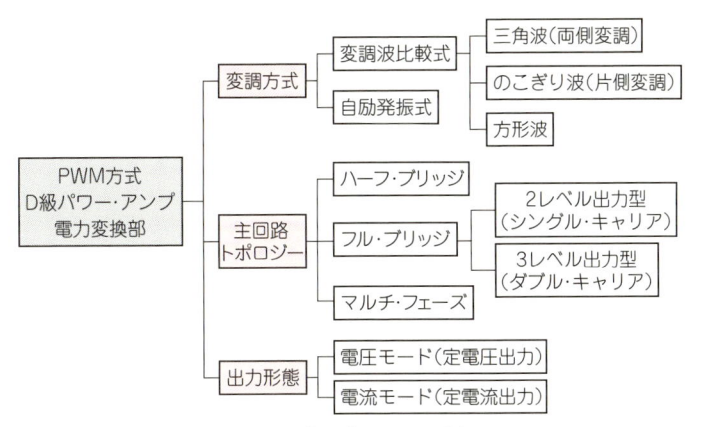

〈図2〉電力変換部の方式やトポロジーによる分類

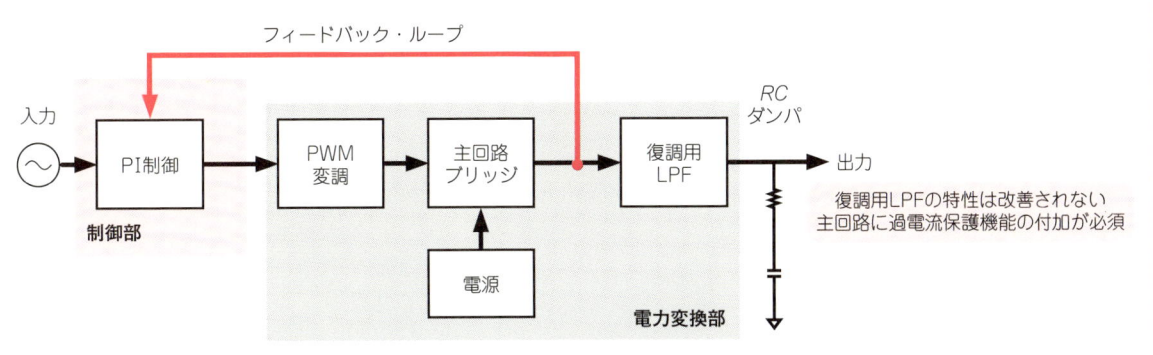

（a）シングル・ループ制御

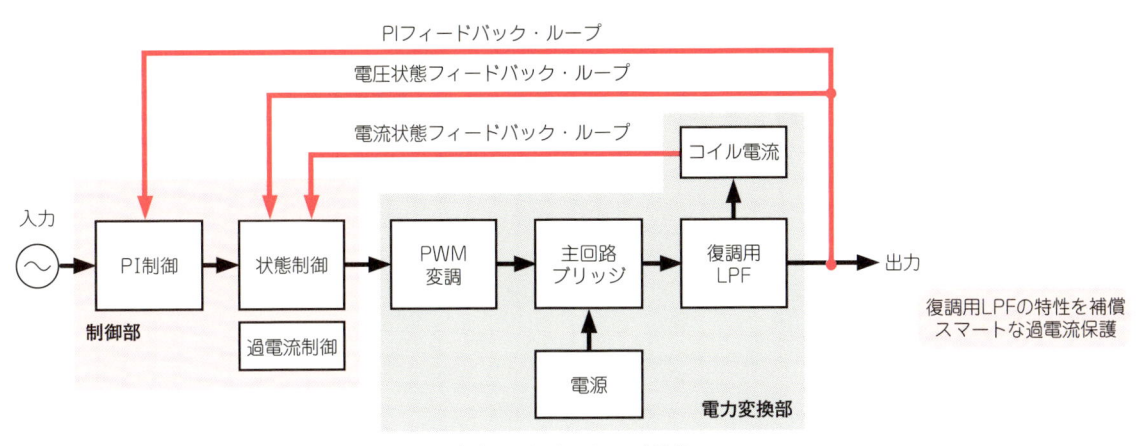

（b）マルチ・ループ制御

〈図3〉D級パワー・アンプの制御方式にはシングル・ループとマルチ・ループがある

　フル・ブリッジには，2値（シングル・キャリア）と3値（ダブル・キャリア）方式があります．多くの場合，3値方式が使われます．スイッチング周波数が等価的に2倍になり，変調ノイズ成分が少なく，復調用LPFが簡単になるためです．

　マルチ・フェーズ（多相）は，スイッチング周波数が等価的に相数倍になるため復調用LPFが簡単になります．ハーフ・ブリッジ，フル・ブリッジにも対応できます．

　出力の形態には，電圧モードと電流モードがあります．前者は電圧源であり，後者は電流源として機能します．これらは，DC-DCコンバータにおける電圧モー

ドと電流モードに酷似しています.

● **制御部にはシングル・ループとマルチ・ループがある**

　制御部は,電力変換部の内部パラメータの変動や非直線性と,電源変動と負荷変動などの外乱による変動を補償し,常に電力変換部出力が忠実に入力信号に追従するように制御します.アンプを過負荷から保護する過電流制御も制御部の役目です.

　多くの場合,制御部による補償は,電力変換部出力と入力信号を比較して,その誤差が最少になるように制御する「フィードバック制御」方式が使われます.

　リードバック信号の検出点として,主回路の出力(図1の赤色破線),または復調用フィルタ出力(図1の赤色実線)が選ばれます.

　前者はシングル・ループで済み,制御部設計は比較的簡単ですが,復調用フィルタの特性変化を補償できません.後者の制御部にはマルチ・フィードバック・ループを必要とします.この制御部は設計手法が複雑ですが,負荷変動などによる特性変化を最小化できます.

　図3にシングル・ループとマルチ・ループのフィードバック制御のブロック図を示します.

　図3(a)のシングル・ループ制御の制御回路はシンプルですが,主回路に過電流保護機能が必須です.復調用LPFの特性が負荷の大小によって大きく変化するため,RCのダンプ回路を付加します.

　図3(b)のマルチ・ループ制御は,状態フィードバックとPI制御を組み合わせます.復調用LPFの特性をも補償し,定電圧特性から定電流特性にスムーズに移行する過電流保護を付加することもできます.復調用LPFにコイル電流を検出する電流センサが必要で,回路も複雑になります.

---

## TOOL活用シリーズ　　　　　　　　　　　　　　　　好評発売中

**複雑なトランジスタ回路やスイッチング電源も高速解析**
**電子回路シミュレータ**
# SIMetrix/SIMPLIS スペシャルパック
解説書:黒田 徹 著　　回路シミュレータ開発元:Catena Software Ltd.
ISBN4-7898-3831-5

A5 判
ビニール化粧箱入り
424 ページ
価格 15,750 円

　本製品は,評価版電子回路シミュレータ SIMetrix/SIMPLIS Intro 5.0/CQ と解説書,およびデバイス・モデルのセットです.

　評価版シミュレータは,20個以上のトランジスタを使った回路が扱え,高い操作性と収束性をもつSPICEシミュレータと,SPICEでは解析が難しいスイッチング回路も高速解析する専用シミュレータが統合されたものです.解説書では,回路図の描きかたや,雑音解析,FFT解析など豊富なシミュレーション機能の利用法の説明だけでなく,DC-DCコンバータなど実践に役立つ解析事例を多数紹介しました.評価版シミュレータには,OPアンプ,MOSFETなど4000個以上のデバイス・モデルが組み込まれていますが,別途,主な国産半導体や真空管のモデルも収録しました.CQ出版のホームページにて,より詳しい情報をご覧いただけます.

第1部　SIMetrix/SIMPLISとは
　第1章　SIMetrix/SIMPLISの特徴／第2章　Intro 5.0/CQを動かしてみる
第2部　SIMetrix/SIMPLISマニュアル
　第3章　回路図を描く／第4章　周波数特性をシミュレーションするAC解析／第5章　電圧や電流の波形を調べる過渡解析／第6章　直流の電圧や電流に対する応答がわかるDC解析／第7章　定数を変えながら特性変化の傾向を調べるマルチステップ解析／第8章　利用できる半導体モデルの種類を増やす／第9章　信号に含まれる周波数成分がわかるフーリエ解析／第10章　特性の変動範囲を調べるモンテカルロ解析／第11章　雑音が最小になる設計条件を探し出す雑音解析
第3部　シミュレーション事例
　第12章　シンプルなスイッチング回路のシミュレーション／第13章　降圧型DC-DCコンバータのシミュレーション／第14章　スイッチト・キャパシタ回路のシミュレーション

**CQ出版社**　販売部　〒170-8461 東京都豊島区巣鴨1-14-2　☎(03)5395-2141　FAX(03)5395-2106

# 第4章

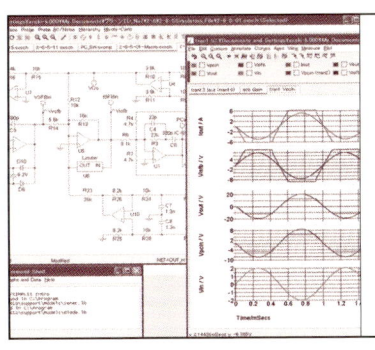

PWM波形のスペクトラム分析

# PWM方式D級パワー・アンプの変調方式を検討する

荒木 邦彌
Araki Kuniya

本章のテーマは，主回路出力波形のスペクトラムを分析し，変調方式とトポロジーの特長を明らかにすることです．ハーフ・ブリッジ主回路で，三角波とのこぎり波の違いを，フル・ブリッジ主回路で2値と3値方式の違いを検討します．

## 三角波比較型とのこぎり波比較型の変調ノイズ
### ～ハーフ・ブリッジPWM波形のスペクトラム分析～

本節では，PWM方式D級パワー・アンプの動作原理を確認したのち，PWM波形の周波数スペクトラムをFFT解析して，三角波変調方式とのこぎり波変調方式の違いを調べます．

PWM変調方式としては，キャリア成分＋変調積成分＋それらの高調波成分（変調ノイズ）が少ない方式が望まれます．変調ノイズが少なければ，同じ$S/N$を得るのに復調フィルタの構成がシンプルになります．

そこで，代表的な三角波方式とのこぎり波方式の変調ノイズの大きさを比較してみます．

### ■ D級アンプの基本形を例に

#### ● 電圧モード，ハーフ・ブリッジ方式

例題回路は，D級パワー・アンプの基本形である「電圧モード，ハーフ・ブリッジ方式」です．

この回路の仕様を表1に示します．

#### ● 例題回路の構成

図1は，D級アンプの動作原理を確認するための回路です．

$V_{in}(V_1)$は入力信号，$V_{car}(V_2)$は変調信号で三角波，またはのこぎり波です．$V_{car}$の振幅は両波形とも，$20\,V_{p\text{-}p}(10\,V_{peak})$，周波数$f$は100 kHzです．

$U_2$，$U_3$，$U_4$は，主スイッチ$Q_1$，$Q_2$の同時ONを防止するデッド・タイム発生回路です．ここではスイッチング波形を理想化するため，デッド・タイムを最小値に設定してあります．$Q_1$と$Q_2$は，同時ONのタイミングが数十 ns 発生することがあります．

$U_5$と$U_6$はMOSFETゲート・ドライバです．これ

〈表1〉シミュレーションする回路の仕様

| 項　目 | 仕様値 |
|---|---|
| 電源 | ± 115V |
| 出力電圧 | 最大± 100V |
| 出力電流 | 最大± 10A |
| 定格負荷抵抗（$R_1$） | 10 Ω |
| 入力電圧範囲 | ± 9V |
| 信号周波数範囲 | DC ～ 5kHz |
| 入力出力間ゲイン | 11.5 倍（DC），$R_1= \infty$ |

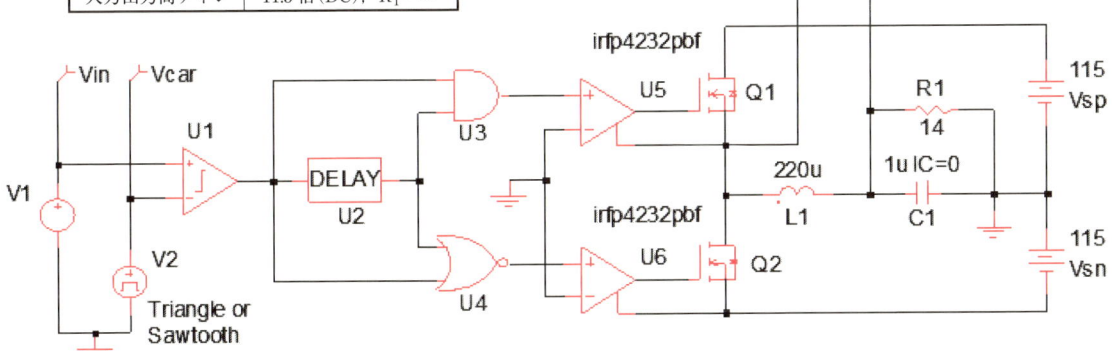

〈図1〉PWM方式D級パワー・アンプ電力変換部の基本形のシミュレーション回路（電圧モード，ハーフ・ブリッジ，変調波比較式）
動作原理を示すシミュレーション回路．理想的スイッチング波形を実現するため，$Q_1$，$Q_2$の短絡電流問題などは無視している

は，電圧制御電圧源をもつ理想アンプです．実機では，MOSFETのゲートに発振防止と$di/dt$を制限する目的で抵抗を挿入しますが，スイッチング波形の理想化のため省略してあります．

$L_1$と$C_1$は復調用のLPFで，カットオフ周波数$f_C$は10kHzです．$R_1$は負荷抵抗です．$V_{sp}$，$V_{sn}$はDC電源で，電圧はおのおの115Vです．

● **基本性能（DCゲイン）を確認する**

D級アンプのゲインは，電源電圧に比例し，変調波の振幅に反比例します．

この方式のPWMアンプの無負荷（$R_1 = \infty$）時のDCゲイン（$V_{out}/V_{in}$）は，$V_{car}$（$V_2$）を理想的な三角波またはのこぎり波とすると，次式が成り立ちます．

$$\frac{V_{out}}{V_{in}} = \frac{V_s}{V_{car}}$$

$$V_s = V_{sn} + V_{sp}$$

$V_{car}$：変調波の振幅[$V_{p\text{-}p}$]
$V_{sn}$：負電源電圧[V]
$V_{sp}$：正電源電圧[V]

変調波（$V_{car}$）と被変調波（$V_{in}$）の関係は次のとおりです．

$$dV_{car}/dt > dV_{in}/dt$$

すなわち変調波のスルー・レートは，被変調波のスルー・レートより大きくなければなりません．したがって，変調波がのこぎり波の場合の被変調波上限周波数

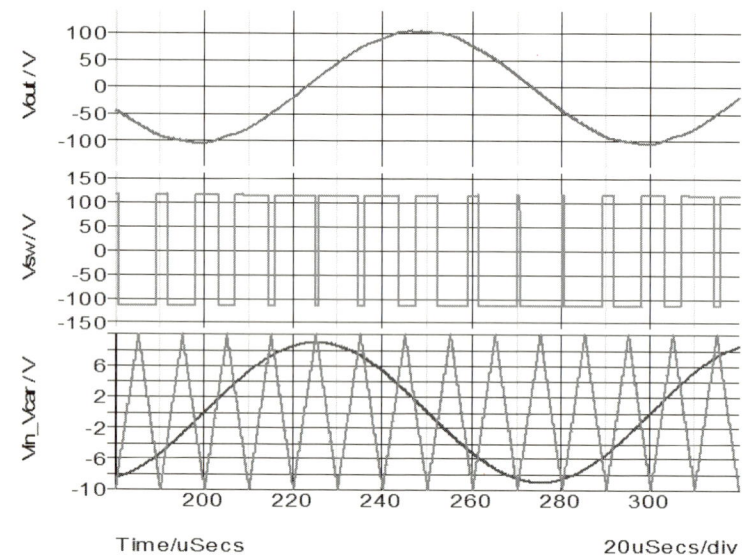

〈図2〉図1の過渡解析波形（$V_{in}$：正弦波，10kHz，9$V_{peak}$，$V_{car}$：三角波，100kHz，10$V_{peak}$）
出力（$V_{out}$）の波形が歪んでいるように見えるのは，$L_1$，$C_1$のLPFで濾波できないスイッチング波形（$V_{sw}$）成分が重畳しているためである

〈図3〉スイッチング波形のスペクトラム解析用シミュレーション回路（$V_{sw\_LPF}$端子をFFT分析，LAP1は20次バターワースLPF，$f_C$ = 500kHz）
動作原理を示すシミュレーション回路．理想的スイッチング波形を実現するため，$Q_1$，$Q_2$の短絡電流問題などは無視している

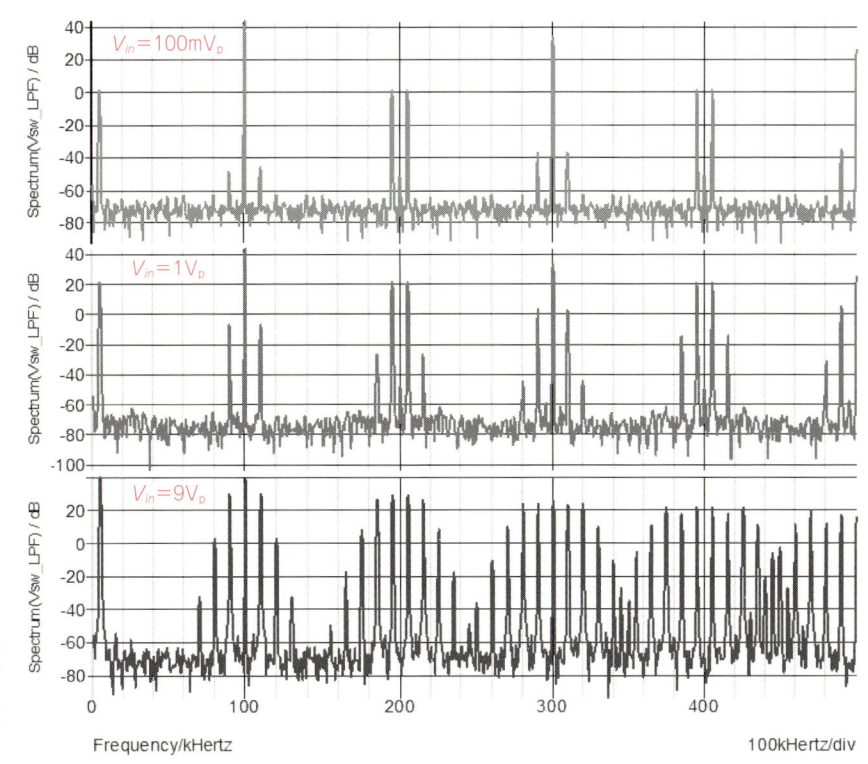

〈図4〉三角波変調(両側変調)のスイッチング波形($V_{sw\_LPF}$)の周波数スペクトラム [$V_{car}$ ($V_2$):三角波,±10V, 100kHz, $V_{in}$ ($V_2$):正弦波, 5kHz]

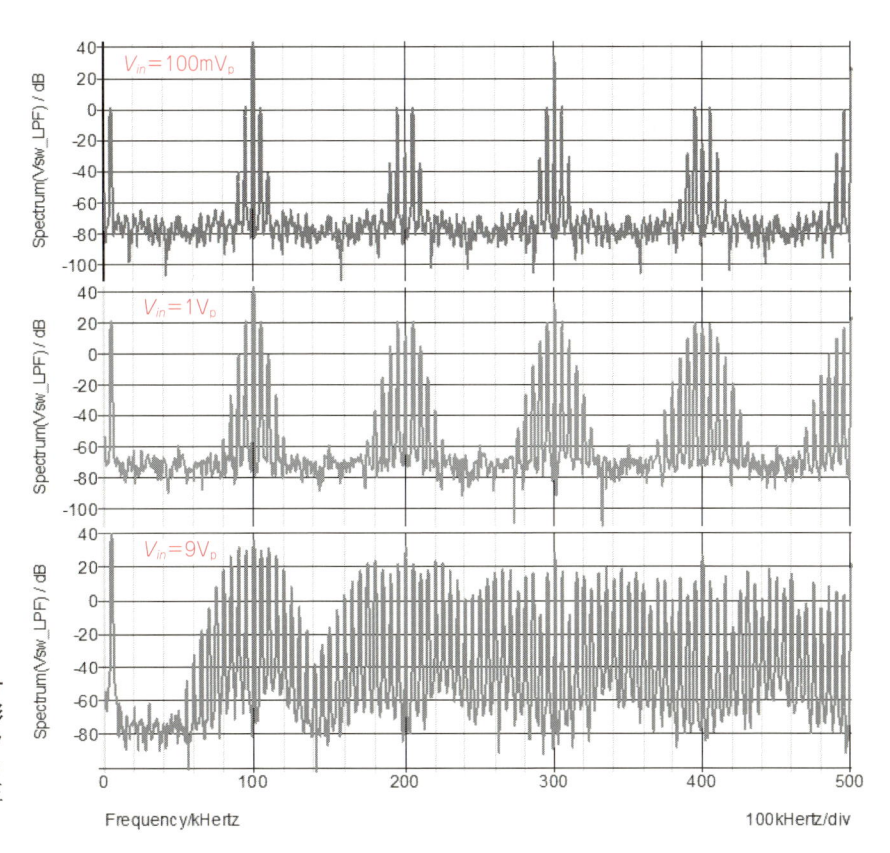

〈図5〉のこぎり波変調(片側変調)のスイッチング波形($V_{sw\_LPF}$)の周波数スペクトラム [$V_{car}$ ($V_2$):のこぎり波,±10V, 100kHz, $V_{in}$ ($V_1$):正弦波, 5kHz]

は，三角波のそれの1/2です．周波数と振幅が等しい三角波とのこぎり波のスルー・レート(傾斜)は，1対1/2だからです．

● 回路のふるまいを確認する

次に，$V_1$の周波数や電圧などを変更しながら，各部の波形を観測します．これが，回路の動作原理を理解する最良の方法だからです．

図2に示すのは，図1の回路の過渡解析波形です．

変調波$V_{car}$は三角波です．$V_{sw}$はPWM波形で，$V_{out}$は復調された出力波形です．

$V_{in}$に対して，$V_{out}$の位相が90°遅れているのは，復調フィルタの位相遅れが原因であり，波形がひずんで見えるのは，$V_{sw}$のキャリアと変調積成分が復調フィルタによって十分に濾波されず，出力信号に混入しているためです．$V_1$の周波数を1kHz以下にして見るとよくわかります．

■ 三角波変調とのこぎり波変調の変調ノイズの違い

● 周波数スペクトラムを調べる

図3に示すのは，PWMスイッチング波形のスペクトラム解析用の回路です．

図1の回路に「500 kHzのLPF，LAP1」を追加し，その出力($V_{sw\_LPF}$)をフーリエ変換します．このLPFは，高周波成分を含む波形のフーリエ変換時に発生する誤差を最小化するための帯域制限用です．

図4と図5に解析結果を示します．前者が三角波変調，後者がのこぎり波変調です．両グラフとも，横軸は周波数で，縦軸がスペクトラムのレベルです．縦軸のレベルは0 dB = 1 $V_{peak}$です．

一番左側のピークが5 kHzの信号成分です．100 kHzのピークが変調波の基本波成分，300 kHz，500 kHzのピークはその高調波成分で奇数次のみです．100 kHz×(1, 2…n)を中心にした5 kHzまたは10 kHz間隔のピークは，変調積成分です．

のこぎり波変調の変調積成分は，信号成分(5 kHz)ごとにスペクトラムが発生していますが，三角波変調では5 kHzの偶数倍の成分しか発生せずスペクトル数は半分です．

図4も図5も，被変調波($V_{in}$)のレベルを100 $mV_{peak}$，1 $V_{peak}$，9 $V_{peak}$の3レベルで変えながら測定しています．変調指数($M = V_{in}/V_{car}$)は，1%，10%，90%

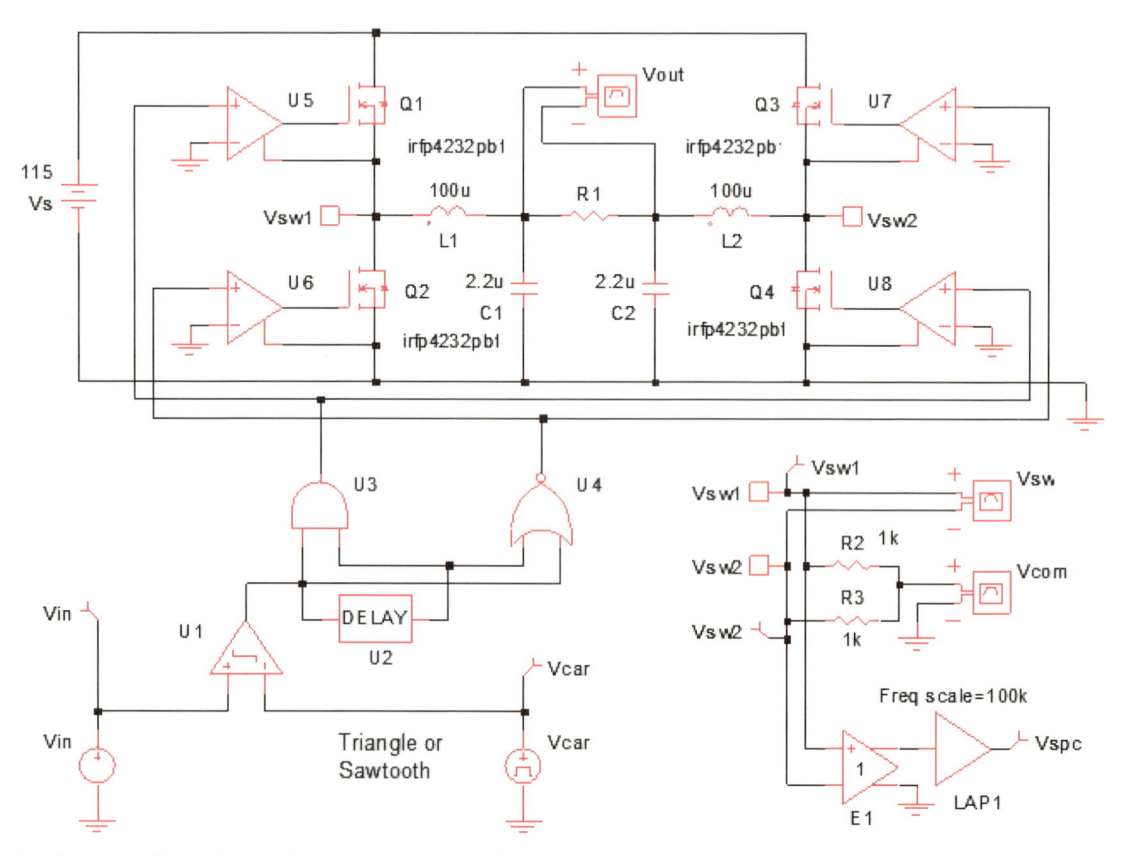

〈図6〉フル・ブリッジPWM方式D級パワー・アンプ電力変換部のシミュレーション回路-1（1または2エッジ，2レベルPWM）

動作原理を示すシミュレーション回路．理想的スイッチング波形を実現するため，$Q_1$，$Q_2$と$Q_3$，$Q_4$の短絡電流問題などは無視している

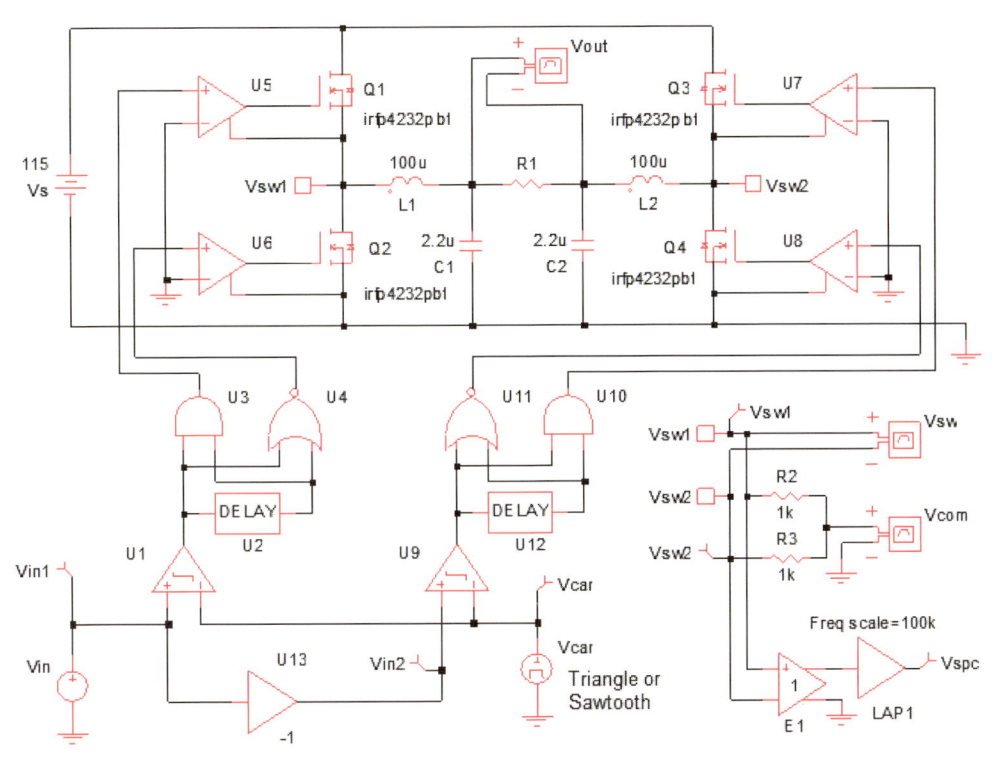

〈図7〉フル・ブリッジPWM方式D級パワー・アンプ電力変換部のシミュレーション回路-2（1または2エッジ，3レベル，2入力信号，1キャリアPWM）
動作原理を示すシミュレーション回路．理想的スイッチング波形を実現するため，$Q_1$，$Q_2$と$Q_3$，$Q_4$の短絡電流問題などは無視している

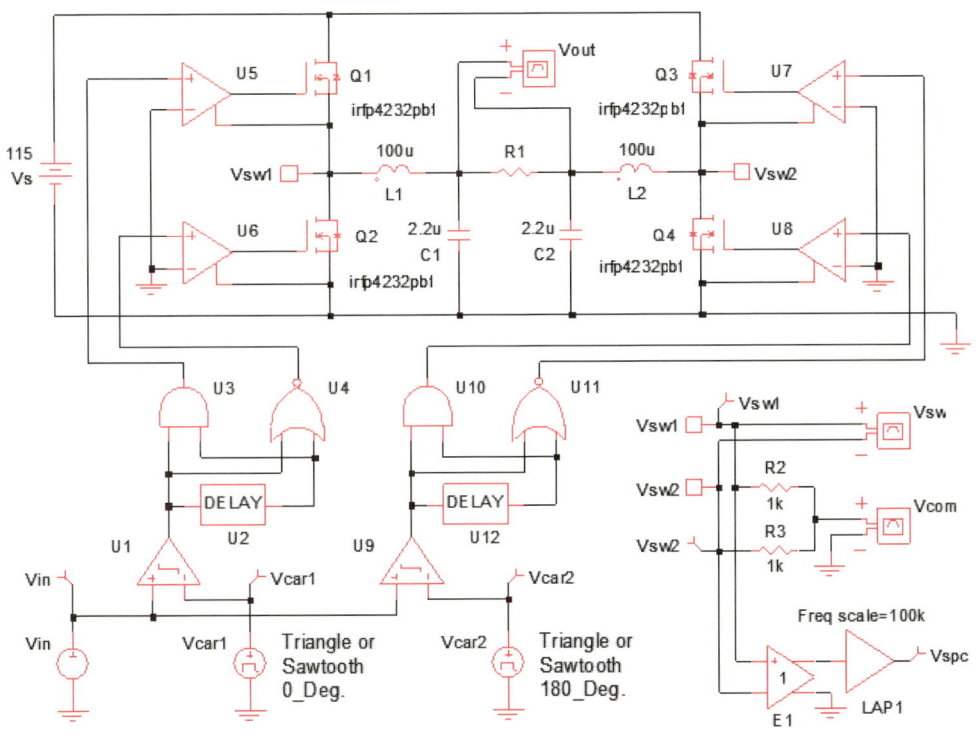

〈図8〉フル・ブリッジPWM方式D級パワー・アンプ電力変換部のシミュレーション回路-3（1または2エッジ，3レベル，1入力信号，2キャリアPWM）
動作原理を示すシミュレーション回路．理想的スイッチング波形を実現するため，$Q_1$，$Q_2$と$Q_3$，$Q_4$の短絡電流問題などは無視している

三角波比較型とのこぎり波比較型の変調ノイズ 31

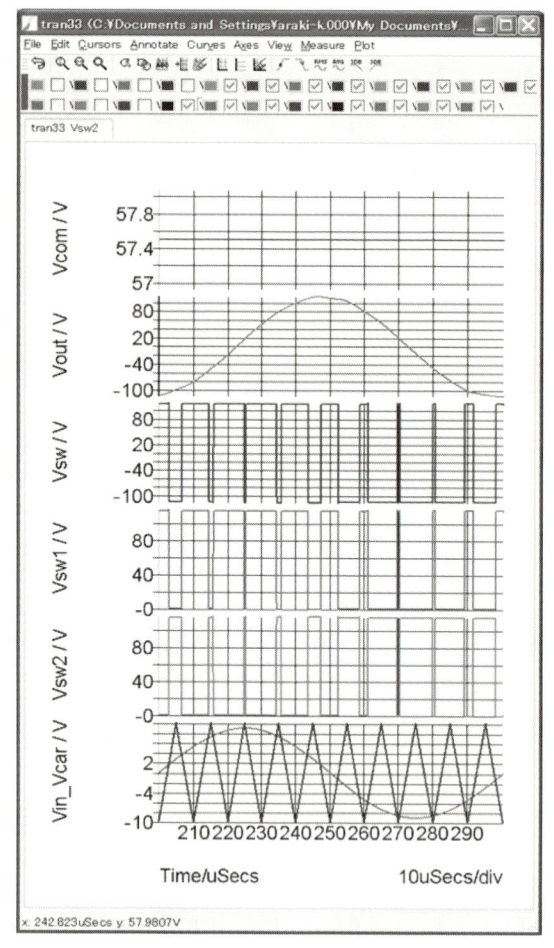

〈図9〉図6の各部のシミュレーション波形（$V_{in}$：18$V_{p-p}$，10kHz 正弦波，$V_{car}$：20$V_{p-p}$，100kHz 三角波）$V_{sw}$が2レベル，$V_{com}$はDC成分のみ

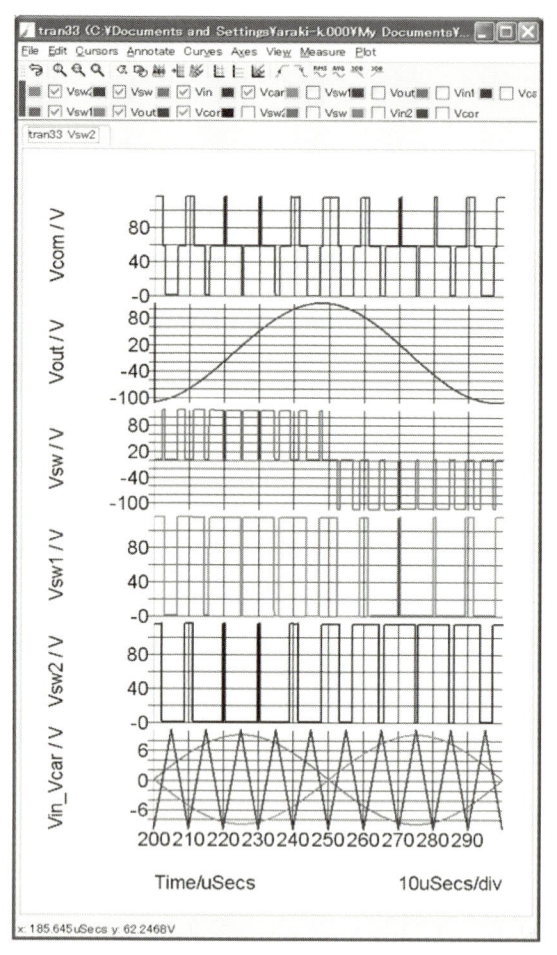

〈図10〉図7の各部のシミュレーション波形（$V_{in1}$：18$V_{p-p}$，10kHz 正弦波，$V_{in2}$：18$V_{p-p}$，10kHz，$V_{in1}$を位相反転，$V_{car}$：20$V_{p-p}$，100kHz 三角波）$V_{sw}$が3レベル，$V_{com}$（コモンモード成分）はDC＋AC

です．$V_{in}$の周波数（$f$）はすべて5kHzです．

● シミュレーション結果から言えること

両グラフから次のことがわかります．
(1) 三角波変調のほうが変調ノイズ（キャリア＋変調積成分＋それらの高調波）が少ない
(2) 変調積成分（キャリア周波数とその高調波の上下に分布する成分）は，$M$が大きくなると広がる
(3) 信号の波形ひずみが発生しない（どのデータの信号の高調波成分もノイズ成分以下である）

▶ひずみの原因は…

(3)の結論は，理想的な状態のときにだけ言えることです．実回路では，さまざまな要因で波形がひずみます．ひずみのおもな要因は，変調波の非直線性，電源電圧のダイナミックな変動（動的ロード・レギュレーション），スイッチングのデッド・タイム，スイッチング波形の立ち上がり時間と立ち下がり時間です．

## フル・ブリッジの変調ノイズを調べる
～フル・ブリッジPWM波形のスペクトル分析～

本節では，ハーフ・ブリッジを二つ組み合わせたフル・ブリッジ方式のPWM方式D級パワー・アンプの変調ノイズの大きさを比べます．動作モードは，電圧モードです．フル・ブリッジ方式は，高出力のD級パワー・アンプの出力回路方式の定番です．

● 変調波と回路方式によって6種類ある

表2に，変調波と変調方式の組み合わせを示します．以下のように，変調波と回路方式の種類の組み合わせによって6通りあります．

▶変調波

(1) 三角波

表2の「両側(2)」とは，立ち上がりと立ち下がりの両方のエッジが変調に寄与することを意味しており，

〈表2〉フル・ブリッジPWMパワー・アンプの変調波と変調方式の組み合わせ
変調エッジ＝片側；のこぎり波変調、両側；三角波変調
レベル＝PWM波形が取り得る電位のレベル数、2；シングル・キャリア、3；ダブル・キャリア
入力信号＝入力信号数、2；0°と180°の2信号
変調波＝変調波数、2；0°と180°シフトの2波

| 略 称 | 変調エッジ(E) | | レベル(L) | | 入力信号(S) | | 変調波(C) | | 回路 |
|---|---|---|---|---|---|---|---|---|---|
| | 片側(1) | 両側(2) | 2値 | 3値 | 1 | 2 | 1 | 2 | |
| 1E_2L_1S_1C | ○ | | ○ | | ○ | | ○ | | 図6 |
| 2E_2L_1S_1C | | ○ | ○ | | ○ | | ○ | | 図6 |
| 1E_3L_2S_1C | ○ | | | ○ | | ○ | ○ | | 図7 |
| 2E_3L_2S_1C | | ○ | | ○ | | ○ | ○ | | 図7 |
| 1E_3L_1S_2C | ○ | | | ○ | ○ | | | ○ | 図8 |
| 2E_3L_1S_2C | | ○ | | ○ | ○ | | | ○ | 図8 |

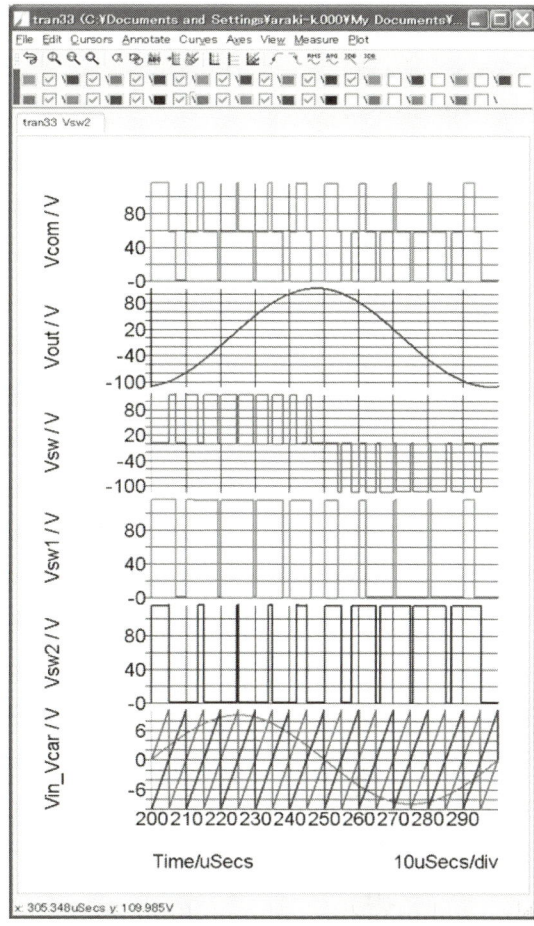

〈図11〉図8の各部のシミュレーション波形（$V_{in}$：18$V_{p-p}$, 10kHz 正弦波, $V_{car1}$：20$V_{p-p}$, 100kHzのこぎり波, $V_{car2}$：20$V_{p-p}$, 100KHz, $V_{car1}$から180°遅れののこぎり波）
$V_{sw}$が3レベル, $V_{com}$（コモンモード成分）はDC＋AC

図7に，3レベル出力型のフル・ブリッジ回路（タイプA）を示します．位相が180°異なる二つの信号を被変調波として入力しています．変調波は1波です．
(3) 3レベル出力型（タイプB）
図8に，3レベル出力型のフル・ブリッジ回路（タイプB）を示します．一つの信号を被変調波として入力しています．変調波は2波あります．
図7も図8も，図6に対して，コンパレータ($U_9$)とデッド・タイム発生回路($U_{10}$, $U_{11}$, $U_{12}$)が，1系統追加されています．さらに，前者には入力信号位相反転用インバータ($U_{13}$)，後者には，変調波($V_{car2}$)が追加されています．

● 過渡応答
図9～図11に，図6～図8の過渡応答を示します．
図9と図10の変調波($V_{car}$)は三角波，図11の変調波($V_{car}$)は2相ののこぎり波です．$V_{sw}$はPWM波形，$V_{out}$は復調された出力波形です．
▶3レベル型のPWM波を確認
図9～図11のPWM波($V_{sw}$)の波形に注目してください．2レベル（図9）と3レベル（図10，図11）の違いがはっきりわかります．
3レベル型のPWM波($V_{sw}$)は，
－115V，0V，＋115V
の3値になっています．
3レベルでは，信号入力の0V付近のPWM波($V_{sw}$)が0Vになっていることも注目すべき点です．信号が0VならPWM波($V_{sw}$)も0Vなのです．
▶2レベル型より3レベル型のほうが変調ノイズが小さい
2レベル型フル・ブリッジ回路（図9）の出力電圧($V_{out}$)の波形がひずんで見えるのは，PWM波($V_{sw}$)の変調ノイズ成分が復調フィルタによって十分に濾波されず，出力信号に混入しているためです．3レベル

三角波変調のことです．
(2) のこぎり波
表2の「片側(1)」とは，のこぎり波変調のことです．立ち上がりだけが変調に寄与します．
▶回路方式
(1) 2レベル出力型
レベルとは，PWM波形が取りうる電位数のことです．図6に示すフル・ブリッジの出力信号の電位($V_{sw}$)は，各ハーフ・ブリッジと同じで"L"と"H"の二つの値を取ります．
(2) 3レベル出力型（タイプA）
フル・ブリッジでは，0Vを加えた3レベルを出力できます．二つのハーフ・ブリッジがともに"L"または"H"のときは，フル・ブリッジ出力として見るとともにゼロ電位に見えます．その結果，
　負電位("L")，ゼロ，正電位("H")
の三つのレベルを取ることができます．

型の図10と図11では，変調ノイズのレベルが低いためにその影響が現れていません．

$V_{in}$に対して，$V_{out}$の位相が90°遅れている原因は，復調フィルタの位相遅れです．

コモン・モード成分（$V_{com}$）は2レベルではDC成分だけなのに対して，3レベルではDC＋ACであり，入力信号が0付近でAC成分が最大になることにも注目すべきです．

▶ DCゲインはハーフ・ブリッジの2倍

D級アンプのゲインは，電源電圧に比例し，変調波の振幅に反比例します．

この方式のPWMアンプの無負荷（$R_1 = \infty$）時のDCゲイン（$V_{out}/V_{in}$）は3回路とも共通で，$V_{car}$を理想的な三角波またはのこぎり波とすると，次式が成り立ちます．

$$\frac{V_{out}}{V_{in}} = \frac{2V_s}{V_{car}}$$

$V_{car}$：変調波の振幅[$V_{p-p}$]
$V_s$：電源電圧[V]

DCゲインはハーフ・ブリッジ型の2倍です．$V_s$に対する$V_{outmax}$の比もハーフ・ブリッジの2倍です．すなわち，同じ$V_{outmax}$を得るのに，半分の電源電圧ですむことがわかります．$Q_1 \sim Q_4$に使うパワーMOSFETの最大ドレイン-ソース間電圧も1/2ですみます．

● 変調ノイズの大きさ

▶ 周波数スペクトラムの解析結果[注1]

図12に示すのは，図6，図7，図8の3回路の被変調波（$V_{car}$）を三角波とのこぎり波に切り換えたとき

注1：PWM波形のフーリエ解析については，以下の文献が詳しい．
Karsten Nielsen；A Review and Comparison of Pulse Width Modulation（PWM）Methods for Analog and Digital Input Switching Power amplifiers，AES E-Library．

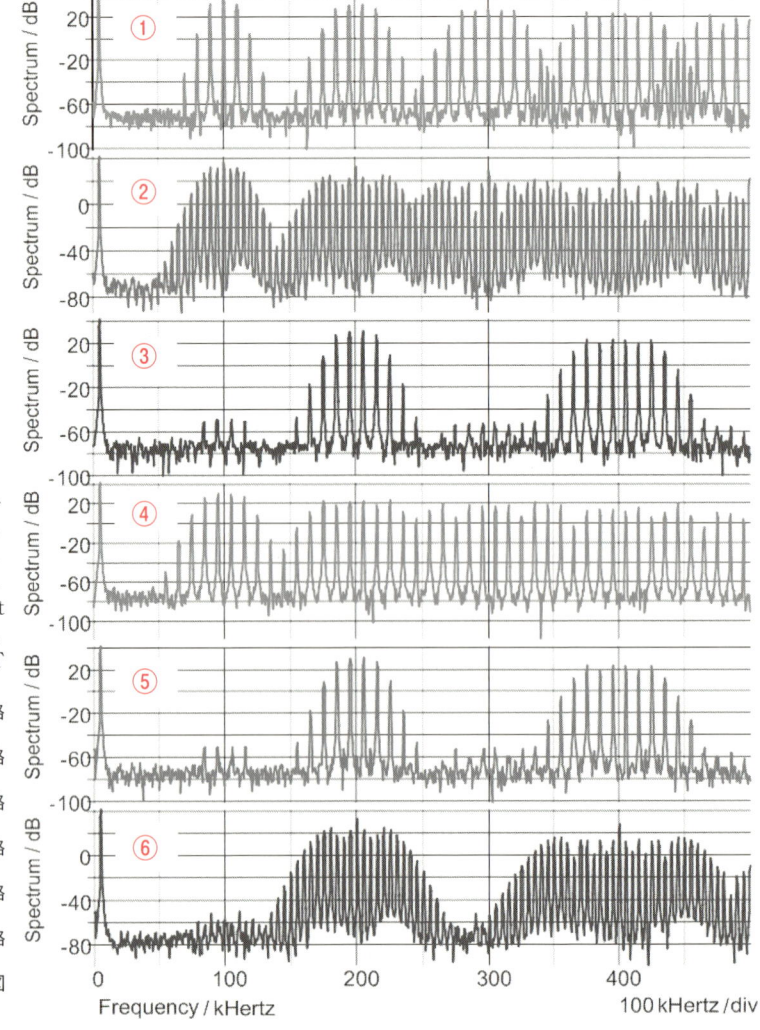

〈図12〉各変調方式の周波数スペクトラム（$V_{in}$：18$V_{p-p}$，5.001kHz 正弦波，$V_{cer\_2E}$：20$V_{p-p}$，100kHz 三角波，$V_{cer\_1E}$：20$V_{p-p}$，100kHz のこぎり波，解析条件：Transient Analysis, Start data output；200uS, Stop time；2.2mS, .PRINT step；5nS, Output at .PRINT step）
① 2E_2L_1S_1C，シミュレーション回路は図6
② 1E_2L_1S_1C，シミュレーション回路は図6
③ 2E_3L_2S_1C，シミュレーション回路は図7
④ 1E_3L_2S_1C，シミュレーション回路は図7
⑤ 2E_3L_1S_2C，シミュレーション回路は図8
⑥ 1E_3L_1S_2C，シミュレーション回路は図8
本図はSIMetrix_SIMPLISのグラフを製図ソフトウェアで編集したものである

の周波数スペクトラムです．
① 三角波（2E），2レベル（2L）
② のこぎり波（1E），2レベル（2L）
③ 三角波（2E），3レベル（3L），2入力信号，1キャリア
④ のこぎり波（1E），3レベル（3L），2入力信号，1キャリア
⑤ 三角波（2E），3レベル（3L），1入力信号，2キャリア
⑥ のこぎり波（1E），3レベル（3L），1入力信号，2キャリア

入力信号（$V_{in}$）は約 5 kHz，電圧は 18 $V_{p-p}$ です．グラフの $X$ 軸はリニア・スケールの周波数，$Y$ 軸は dB 表示のスペクトラム・レベル（0 dB = 1 $V_{peak}$）です．

一番左側，0 Hz 付近にあるピークが，5 kHz の信号成分です．100 kHz 以上の成分は変調ノイズ成分で，キャリア成分と変調積成分，およびその高調波成分です．500 kHz 以上にもスペクトラムは分布しているのですが，ここではカットしています．

▶ 考察

図 12 から次のことがわかります．
(1) ④以外の3レベル方式では，等価的に変調周波数が2倍になる．③⑤⑥の変調周波数（100 kHz）付近のスペクトル・レベルは −50 dB 以下
(2) のこぎり波（1E）は，⑥以外メリットがない
(3) 2値（2L）フル・ブリッジのスペクトラムはハーフ・ブリッジと同じ
(4) 三角波変調のほうが変調ノイズ（キャリア＋変調

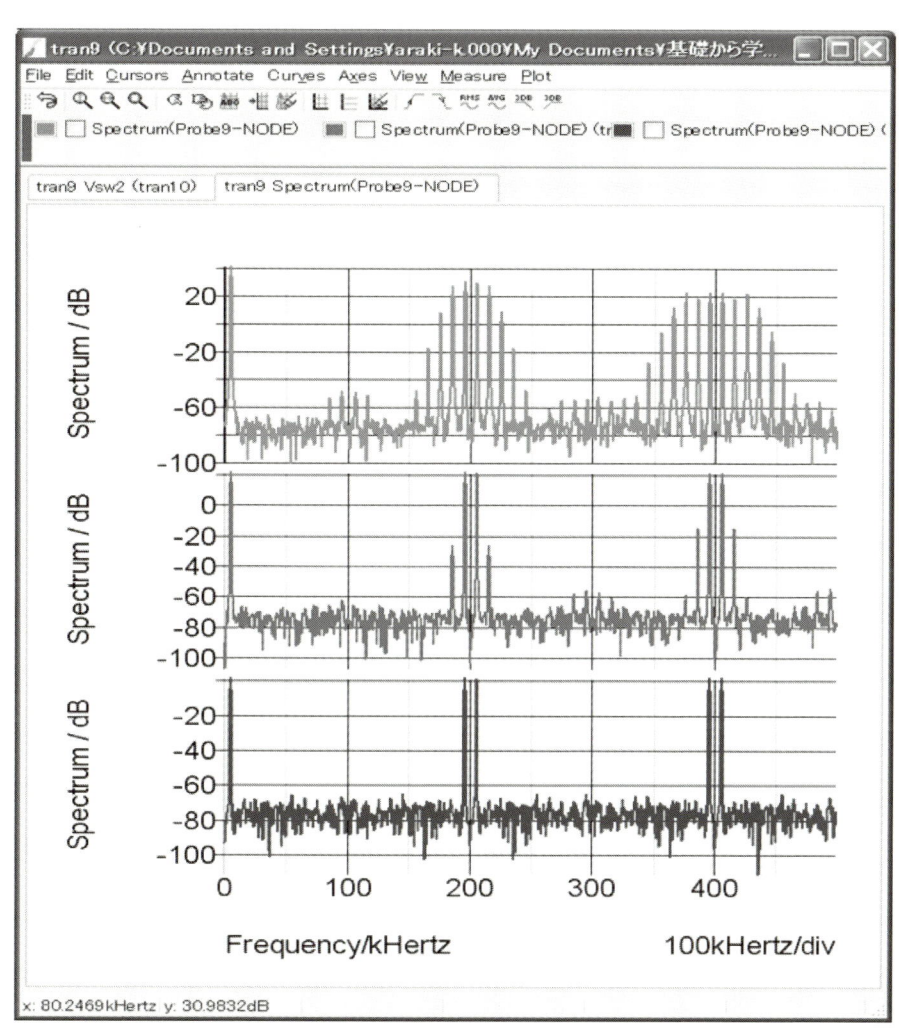

〈図 13〉3値（ダブル・キャリア）PWM の変調ノイズ・レベルは信号レベルに比例する（$V_{in}$：上から，18$V_{p-p}$，2$V_{p-p}$，200m$V_{p-p}$，$f$ = 5.001 kHz は一定，$V_{car}$：20$V_{p-p}$，100 kHz 三角波，解析条件：Transient Analysis，Start data output；200uS，Stop time；2.2mS，.PRINT step；5nS，Output at .PRINT step）
2E_3L_2S_1C，シミュレーション回路は図 7

積成分＋それらの高調波）が少ない
（5）変調積成分（キャリア周波数とその高調波の上下に分布する成分）は，変調指数（$M = V_{in}/V_{car}$）が大きくなると広がる
（6）信号の波形ひずみが発生しない．どのデータも信号の高調波成分がノイズ・フロア以下である

▶ 結論

フル・ブリッジPWMとしては，三角波（2E），3レベル（3L）の組み合わせである次の③と⑤が最良と言えます．

③三角波（2E），3レベル（3L），2入力信号，1キャリア
⑤三角波（2E），3レベル（3L），1入力信号，2キャリア

この二つの方式なら，等価的に変調周波数が2倍になり，復調用のLPFを簡素化できます．

ただし，この結論が保証されるためには，フル・ブリッジの両脚が完全にバランスしていなければなりません．バランスを崩す要因は，変調波形，PWMコンパレータ，デッド・タイム発生回路とMOSFETドライバの遅延時間，MOSFETのスイッチング時間と$R_{DS(on)}$，および復調用LPFの$LC$などの両脚間相対誤差です．

▶ 3レベル型は変調ノイズ成分が信号レベルに比例する

3値フル・ブリッジPWMの特徴の一つは，変調ノイズ成分が信号レベルに比例することです．

図13に示すのは，図7の3レベル出力型のフル・ブリッジ回路（タイプA，2被変調波，1変調波）の入力電圧を変えたときの出力信号（$V_{out}$）のスペクトラムです．

3本のグラフから，変調ノイズ成分のピーク値が信号レベル（最も左側のピーク）に比例していることが読み取れます．さらに，変調積成分が，信号レベルが高くなり変調指数が大きくなると，変調周波数の高調波を中心に上下に広がることがわかります．

● PWM波に含まれる変調波ノイズの解析方法

図6～図8を過渡解析したあと，$V_{spc}$に"Fourier Probe"をタッチすると，PWM波（$V_{sw}$）の周波数スペクトラムのグラフが出力されます．図14に，図12と図13の"Fourier"プローブのPlot設定値を示します．この設定は，

　　Probe → Forurier → Probe Voltage Custom

から行えます．

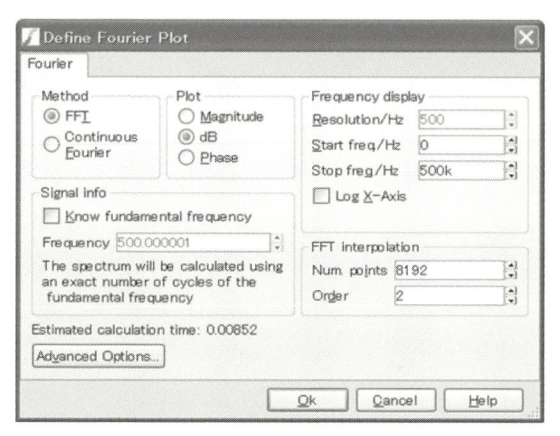

〈図14〉図12と図13の"Fourier"プローブのPlot設定
Probe → Forurier → Probe Voltage Custom

● 補足…シミュレーション回路（図6～図8）の説明

$U_1$は，変調用のアナログ・コンパレータです．

$U_2$, $U_3$, $U_4$は，主スイッチ$Q_1$, $Q_2$, $Q_3$, $Q_4$の同時ONを防止するデッド・タイム発生回路です．今回はスイッチング波形を理想化するため，デッド・タイムを最小値に設定してあります．$Q_1$と$Q_2$および$Q_3$と$Q_4$とは，同時ONのタイミングが数十ns発生することがあります．

$U_5$, $U_6$, $U_7$, $U_8$はMOSFETゲート・ドライバです．これは，電圧制御電圧源の理想アンプです．実機では，MOSFETのゲートに発振防止と$di/dt$を制限する目的で抵抗を挿入しますが，スイッチング波形の理想化のため省略してあります．

$L_1$, $L_2$と$C_1$, $C_2$は復調用のLPFで，カットオフ周波数$f_C$は10kHzです．

$R_1$は負荷抵抗です．$V_s$はDC電源で，電圧115Vです．$V_s$の片側を接地してありますので，負荷$R_1$はフロートにしなければなりません．

$V_{out}$, $V_{sw}$, $V_{com}$は差動プローブです．$V_{out}$は出力電波形を，$V_{sw}$はフル・ブリッジ間のスイッチング波形を，$V_{com}$はスイッチング波形のコモン・モード成分をセンシングして解析結果を表示します．

E1とLAP1は周波数スペクトラム観測用です．E1は平衡-不平衡変換用電圧制御電圧源，LAP1はFFTのアンチエイリアシング用LPFで，$f_C = 500$ kHz，20次のバターワース型です．

# 第5章

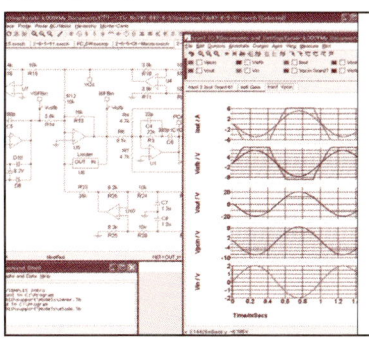

**ハーフ・ブリッジD級パワー・アンプで検証する**

## デッド・タイムと高調波ひずみとPSRR

荒木 邦彌
Araki Kuniya

**特集 D級パワー・アンプの回路設計**

　本章では，ハーフ・ブリッジD級パワー・アンプのデッド・タイムと高調波ひずみの関係，電源電圧変動に対する抑圧特性（Power Supply Rejection Ratio；PSRR）をシミュレーションで検証します．三角波比較型他励式，方形波比較型他励式と自励発振式を例題回路に選びました．

　自励発振式は，高調波ひずみ特性，PSRRとも非常に優れていますが，スイッチング周波数が出力電圧によって大きく変動します．その変動を抑圧する回路を提案し，その改善結果を示します．

### デッド・タイムで生じるひずみを自励発振式と三角波比較型他励発振式で比較

● ねらい

　前章までの各種PWMアンプのスイッチング波形のスペクトラムのシミュレーション解析では，「PWM方式のD級アンプの波形ひずみはノイズ・フロア以下であり無視できる」という理想的な状態を想定していました．

　実回路では，多くの要因で波形ひずみが発生します．今回はその主因の一つであるデッド・タイム（$t_D$）と高調波ひずみの関係を検討します．

▶ デッド・タイム（dead time）

　デッド・タイムとは，ブリッジ回路（主回路）を構成するハイ・サイドとロー・サイドがともにOFFする時間のことです．デッド・タイムのない（$t_D = 0$ sec）回路で主回路をドライブすると，MOSFETスイッチのハイ・サイドとロー・サイドが同時にONして，電源がグラウンドに短絡されるため大きな電流が流れ，MOSFETが壊れる可能性があります注1．

▶ 例題回路

　下記の二つの回路を例題とします．回路のおもな仕様を表1に示します．

注1：実回路では，デッド・タイムを最適化しても，短絡電流をゼロにすることはできない．$D_1$と$D_2$の逆回復電流（$I_{rr}$）が原因である．

〈表1〉回路のおもな仕様

| 電源 | ±110V |
|---|---|
| 出力電圧 | 最大±100V |
| 出力電流 | 最大±10A |
| 定格負荷抵抗（$R_1$） | 10Ω |
| 入力電圧範囲 | ±10V |
| 信号周波数範囲 | DC～10kHz |
| 入力出力間ゲイン | 10倍（DC），$R_1 = \infty$ |

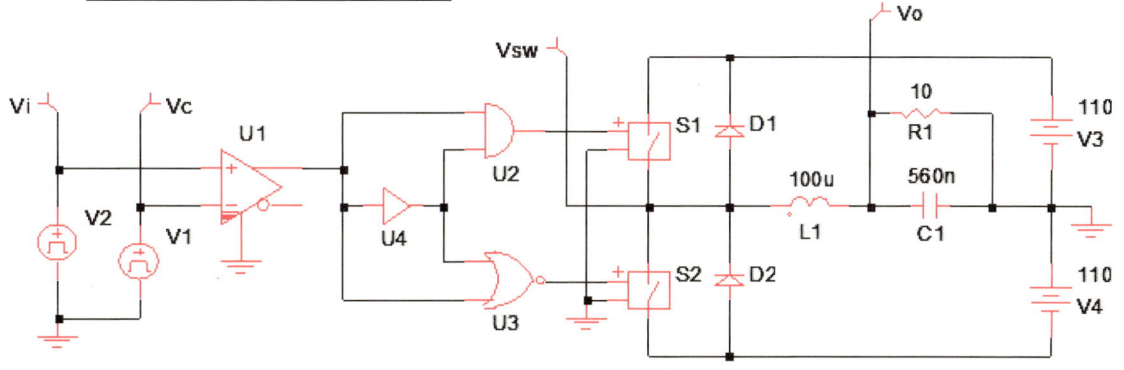

〈図1〉三角波比較変調型他励式ハーフ・ブリッジD級パワー・アンプ回路
$V_1$：三角波（200kHz，±11V），$V_2$：入力信号（±10V$_{max}$，DC～10kHz），$U_1$：PWM変調用コンパレータ，$U_4$：デッド・タイム用遅延時間設定可能バッファ，$U_2$：ANDゲート，$U_3$：NORゲート，$S_1$と$S_2$：ハーフ・ブリッジ・スイッチ（$R_{on} = 1$mΩ，$R_{off} = 1$megΩ），$D_1$と$D_2$：フリー・ホイール・ダイオード，$L_1$と$C_1$：復調用LPF（$f_C = 20$kHz），$R_1$：負荷抵抗，$V_3$と$V_4$：DC電源（110V）

(1) 他励発振式(三角波比較型), 電圧モード, ハーフ・ブリッジ(図1)
(2) 自励発振式, 電圧モード, ハーフ・ブリッジ(図2)

図1は三角波比較型他励発振式です．これは，PWM方式D級パワー・アンプの基本形で，前章でも紹介しました．図2は自励発振式で，これで完全なD級パワー・アンプとして機能します．極めてシンプルな構成です．

三角波比較型他励発振式は，前段に制御部を追加して，さらに$V_1$を三角波発生回路に置き換えないと，完全なD級アンプにはなりません．

各回路とも，$U_2$, $U_3$, $U_4$がデッド・タイム発生部です．$U_4$の遅延時間でデッド・タイムを発生します．

▶検討の方法

例題回路の出力波形のスペクトラムを解析することで，デッド・タイムが高調波ひずみに与える影響を検討します．

デッド・タイムだけが高調波ひずみに影響を与えるように，シミュレーション回路のすべての部品は理想素子で構成しています．スペクトラムは，回路シミュレータのFFT機能を利用して分析します．

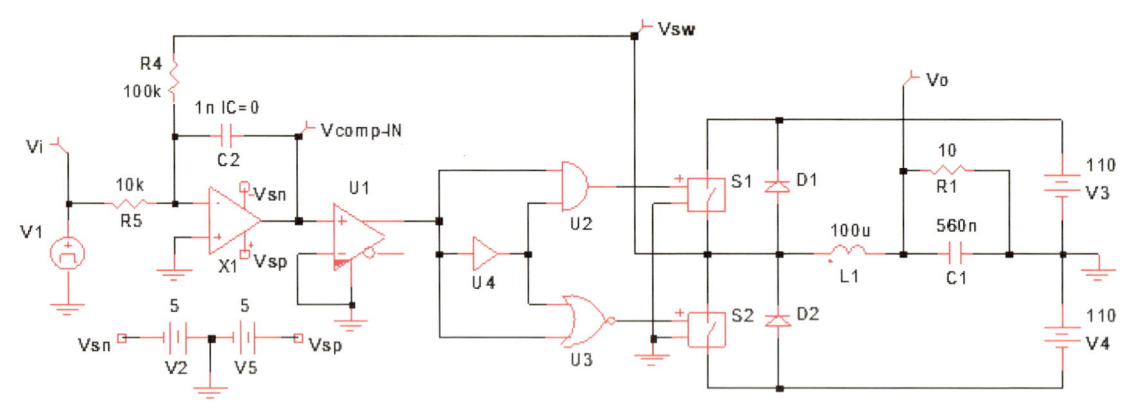

〈図2〉自励発振式ハーフ・ブリッジD級パワー・アンプ回路
$U_1$のコンパレータには±500mVのヒステリシスが付いている．$V_1$：入力信号(±10$V_{max}$, DC〜10kHz)，$U_1$：コンパレータ(ヒステリシス±500mV)，$X_1$：積分器用OPアンプ($GBW$ = 10MHz)，$V_2$と$V_5$：$X_1$用5V電源，その他：図1に同じ

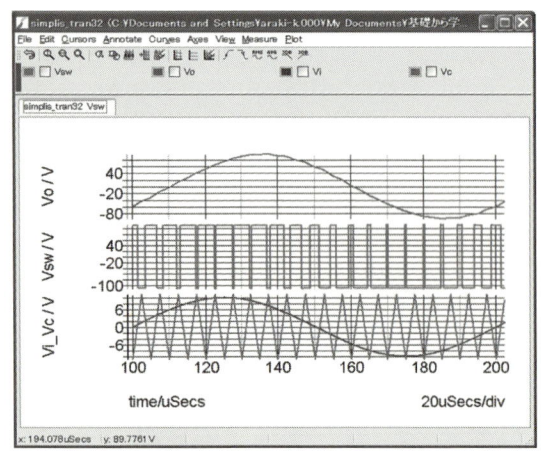

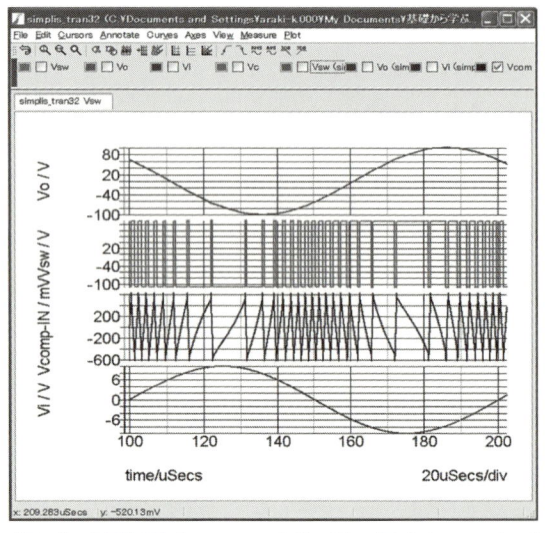

〈図3〉三角波比較変調型他励式ハーフ・ブリッジD級パワー・アンプの各部波形[入力信号($V_i$)：10kHz，±10V，変調波($V_c$)：200kHz，±11V]
出力波形$V_o$が入力波形$V_i$に対して遅れているのは，$L_1$と$C_1$によるLPFの位相遅れのため

〈図4〉自励発振式ハーフ・ブリッジD級パワー・アンプの各部波形[入力信号($V_i$)：10kHz，±10V]
出力波形$V_o$が入力波形$V_i$に対して遅れているのは，$L_1$と$C_1$によるLPFの位相遅れのため．Vcomp-INの波形はコンパレータ$U_1$のヒステリシスの間を往復するように発振する．発振周波数は，信号入力$V_i$がゼロで最高(約530kHz)になり，±フル・スケールで最低(約90kHz)になる

● **無負荷時のDCゲイン**

図1(三角波比較型他励発振式)のDCゲインは，

$$\frac{V_{out}}{V_{in}} = \frac{V_3 + V_4}{V_{1PP}}$$

で，電源($V_3$, $V_4$)の影響を受けます．

図2(自励発振式)の無負荷($R_1 = \infty$)時のDCゲインは，

$$\frac{V_{out}}{V_{in}} = -\frac{R_4}{R_5}$$

です．したがって，電源の影響を受けません．

● **自励発振式はスイッチング周波数が大きく変化する**

▶三角波比較型他励発振式の過渡応答

図3に，三角波比較式他励発振式(図1)の各部の波形を示します．

下段の正弦波の波形($V_{in}$)は入力信号で±10V，10 kHzです．三角波の波形($V_c$)は変調波で±11 V，200 kHzです．

中段の波形($V_{sw}$)はPWM波形です．$V_{in} > V_c$ の区間でハイ・レベル($V_{sw} = 110\,\mathrm{V}$)，$V_{in} < V_c$ の区間はロー・レベル($V_{sw} = -110\,\mathrm{V}$)になっています．

上段の波形は復調後の出力波形で，入力信号に対して位相が遅れています．これは，LPF($L_1$, $C_1$)の位相遅れが原因です．わずかに波打っているのは，LPFで濾波しきれない，$V_{sw}$波形のリプル成分です．

▶自励発振式の過渡応答

図4に自励発振式(図2)の各部の波形を示します．この回路は，

積分器($X_1$, $C_2$, $R_4$)→ヒステリシス付きコンパレータ($U_1$)→デッド・タイム発生部($U_2$, $U_3$, $U_4$)→ハーフ・ブリッジ($S_1$, $S_2$)→積分器

の正帰還ループで発振します．

図4の上から3段目の波形($V_{Comp\text{-}IN}$)を見るとわかるように，積分器の出力はコンパレータ($U_1$)のヒステリシス内を往復します．

上から2段目の波形($V_{sw}$)からわかるように，スイッチング周波数が大きく変動します．入力信号がゼロのときにスイッチング波形が方形波になり(電源電圧が正負で対称の場合)，その周波数は最高(約530 kHz)になります．フル・スケール(±10V)で最低周波数(約90 kHz)になります．

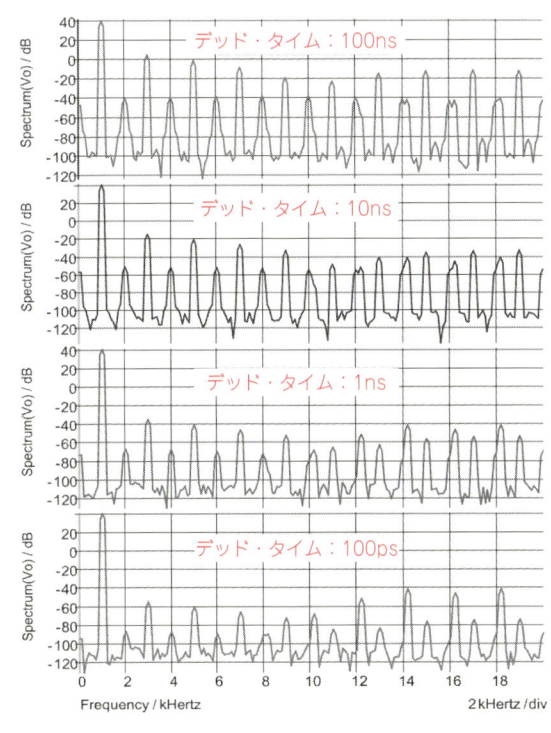

〈図5〉三角波比較変調型他励式ハーフ・ブリッジD級パワー・アンプの高調波スペクトラム［入力信号($V_i$)：±10V，1000Hz 正弦波，出力($V_o$)：±100V(40dB)］
SIMPLIS Analysisの設定：Trnsient, Stop time=11mS, Start plotting =1mS, Stop plotting=11mS, Nunmber of plot points=100k

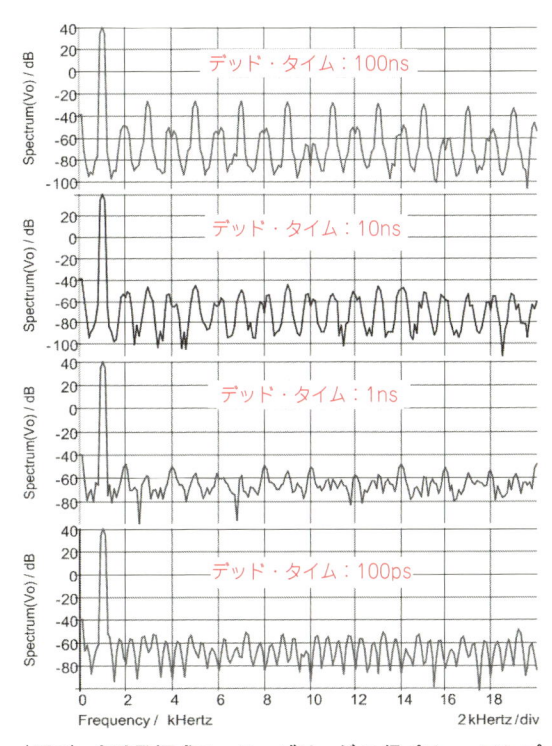

〈図6〉自励発振式ハーフ・ブリッジD級パワー・アンプの高調波スペクトラム［入力信号($V_i$)：±10V，1000Hz 正弦波，出力($V_o$)：±100V(40dB)］
SIMPLIS Analysisの設定：Trnsient, Stop time=11mS, Start plotting =1mS, Stop plotting=11mS, Nunmber of plot points=100k

スイッチング周波数が大きく変化すると，復調用LPFの周波数を最低周波数で考慮して設計する必要があります．同じ電源で2チャネル以上（ステレオ・アンプ）駆動すると，周波数が一定しないのでビートが発生し，ビート周波数も変化します．電源にスイッチング電源を使った場合も同じ現象が発生します．また，周波数が一定しないのでノイズ対策（EMC対策）が難しい場合もあります．

● 自励発振式は低ひずみ

高調波ひずみは，回路シミュレータのFFT機能を使って高調波スペクトラムを調べればわかります．

試験周波数を1kHzにして，20次までの高調波スペクトラムを解析してみました．デッド・タイムは100ps，1ns，10ns，100nsに設定します．また，復調用LPF（$L_1$，$C_1$）のカットオフ周波数（$f_C$）は20kHzです．

▶三角波比較変調型他励発振式のひずみ

図5に，三角波比較変調型他励発振式（図1）のスペ

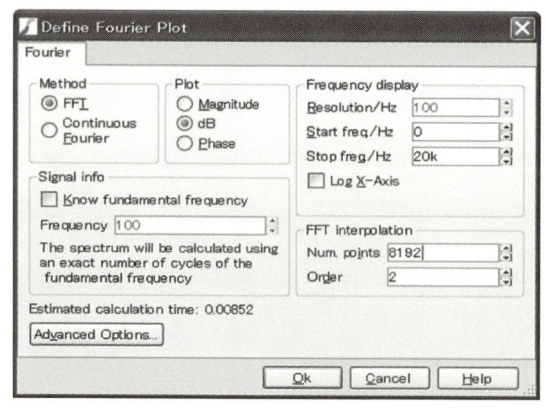

〈図7〉"Fourier"プローブのプロット設定
設定は"Probe → Forurier → Probe Voltage Custom"から行える

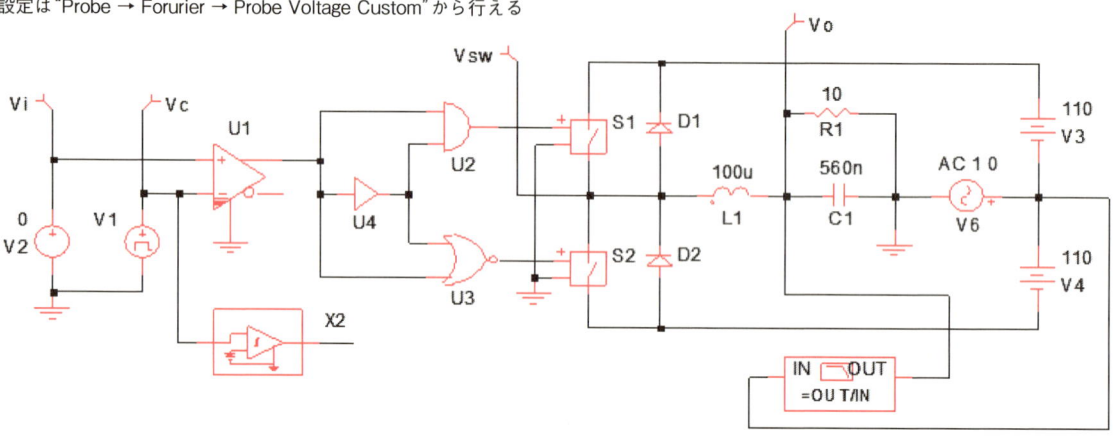

〈図8〉三角波比較変調形他励発振式ハーフ・ブリッジPWMパワー・アンプのPSRRを調べる
$V_1$：三角波（200kHz，±11V），$V_2$：入力信号（±10$V_{max}$，DC～10kHz），$U_1$：PWM変調用コンパレータ，$U_4$：デッド・タイム用遅延時間設定可能バッファ，$U_2$：ANDゲート，$U_3$：NORゲート，$S_1$と$S_2$：ハーフ・ブリッジ・スイッチ（$R_{on}$ = 1mΩ，$R_{off}$ = 1megΩ），$D_1$と$D_2$：フリー・ホイール・ダイオード，$L_1$と$C_1$：復調用LPF（$f_C$ = 20kHz），$R_1$：負荷抵抗，$V_3$と$V_4$：DC電源（110V），$V_6$：PSRR試験用信号源（1V），$X_2$：POP解析用トリガ源

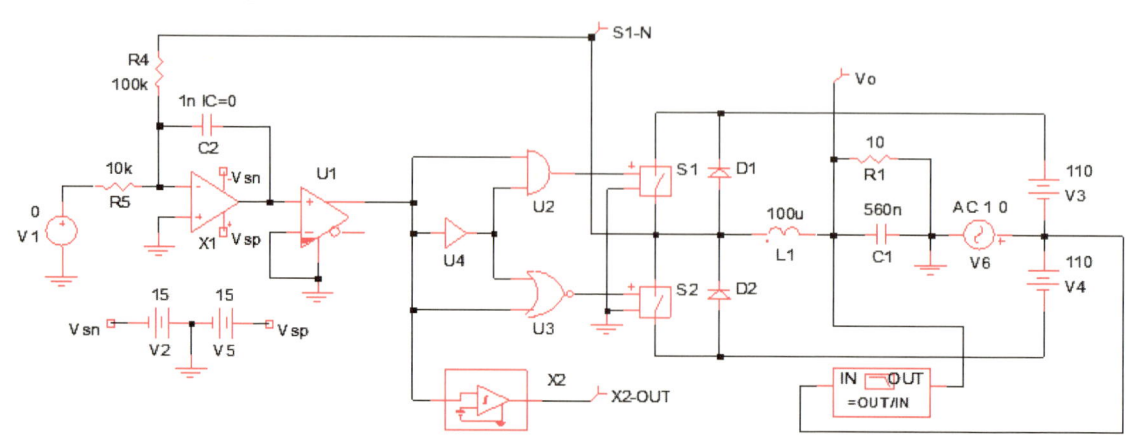

〈図9〉自励発振式ハーフ・ブリッジPWMパワー・アンプのPSRRを調べる
$U_1$のコンパレータには±500mVのヒステリシスが付いている．$V_1$：入力信号（±10$V_{max}$，DC～10kHz），$U_1$：コンパレータ（ヒステリシス±500mV），$X_1$：積分器用OPアンプ（$GBW$ = 10MHz），$V_2$～$V_5$：$X_1$用15V電源，その他：図8に同じ

クトラムを示します．横軸は周波数，縦軸はレベルです．0 dB = 1 V$_{peak}$ です．

1 kHz，40 dB（100 V$_{peak}$）のピークが基本波です．2 kHz，4 kHz，6 kHz…の成分が偶数高調波，3 kHz，5 kHz，7 kHz…が奇数高調波成分です．

一番下段（$t_D$ = 100 ps）の10次以上のピークは，基本波の整数倍からわずかに高いほうにずれています．この成分は高調波成分ではなく，変調積成分など他の要因によるスペクトラムと思われます．

3次高調波に着目してください．デッド・タイムが10倍増加すると，レベルが約20 dB増加し，100 nsでは0 dBに達します．これは基本波に対して，1％以上の含有率になります．9次以上の高調波成分も0.1％以上のレベルで発生しています．

▶自励発振式のひずみ

図6に，自励発振式（図2）のスペクトラムを示します．$t_D$ = 100 ps と $t_D$ = 1 ns のときの高調波成分はノイズ・フロア・レベルで，基本波に対して－100 dB（10 ppm）以下です．$t_D$ = 100 ns でも，－65 dB以下です．

● 結論

両回路を，$t_D$ = 100 ns の3次高調波で比較すると，－40 dB 対 －65 dB と圧倒的に自励発振式が優れています．

自励発振式PWMには，正帰還ループの中に積分器が含まれており，その積分作用でデッド・タイムの影響を改善していると思われますが，それだけではなさそうです．

次節ではその謎に迫ってみたいと思います．

● 補足…高調波スペクトラムの解析法

図1，図2を過渡解析したあと，$V_{out}$ に"Fourier Probe"をタッチすると，$V_{out}$ の周波数スペクトラムのグラフが出力されます．

図7に，図5と図6の"Fourier"プローブの設定値を示します．この設定は，メニューの

　　Probe → Forurier → Probe Voutltage Custom

から行えます．

### 自励発振式と他励発振式の PSRR を比較する

● ねらい

他励発振式（三角波比較型）と自励発振式のデッド・タイムで生じる高調波ひずみの差の原因を調べます．

ハーフ・ブリッジ部のデッド・タイムは，電力変換部に不感帯を発生させ，それによって波形ひずみが発生します．AB級プッシュプル回路で，バイアスが不適当なためにクロスオーバ波形ひずみが発生するのと酷似しています．

このひずみ成分を外乱と考え，外乱に対する抑制力を定量的に評価すれば，両者のひずみが違う理由がわかります．そこで，外乱として電源に変動を与え，電源変動除去比（PSRR）の周波数特性をシミュレーションで求めて検討します．

▶例題回路

例題は，次の三つの方式のハーフ・ブリッジ PWM パワー・アンプです．

（1）三角波比較型の他励発振式フィードバックなし（図8）
（2）自励発振式（図9）
（3）積分制御器付き他励発振式フィードバックあり（図10）

各回路の電源変動除去比をシミュレーションします．回路の動作は前節を参照してください．

図8の他励式は，電力変換部だけです．PSRRはほぼゼロです．AB級などのアナログ・アンプはフィードバックなしでも，PSRRはそこそこあります．そ

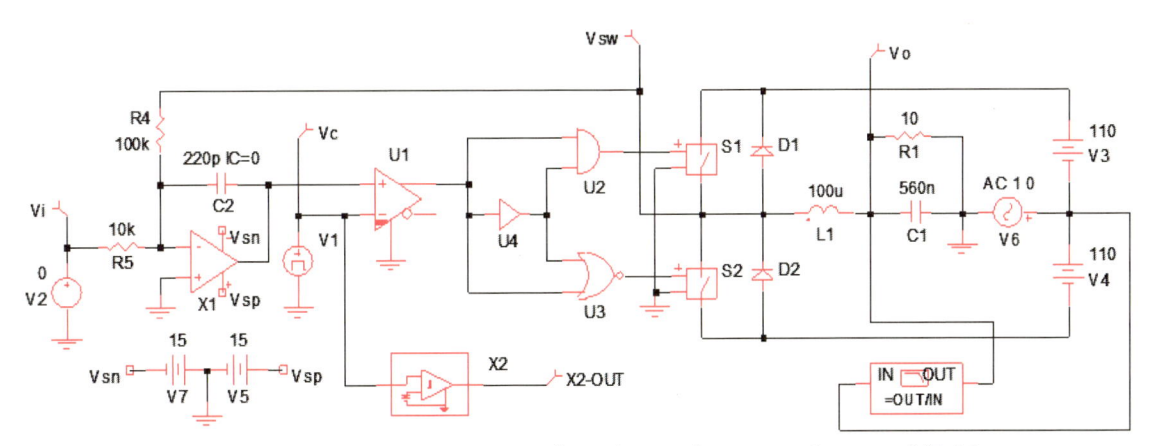

〈図10〉積分器付き三角波比較変調形他励発振式ハーフ・ブリッジPWMパワー・アンプのPSRRを調べる
X$_1$：積分器用OPアンプ（GBW = 10MHz），V$_5$～V$_7$：X$_1$用15V電源，その他：図1と同じ

こがD級アンプとの大きな差です．

図9の自励発振式は，変調部と電力変換部が一体になっており，原理的にスイッチング波形をフィードバックしています．他励式は，電力変換部だけでフィードバックがないので，自励発振式と釣り合いをとるため，積分器を1個追加した図10を比較対象に入れました．

図10は，図8の前段に積分制御器$X_1$を追加した回路です．この回路は，電力変換部，制御部とフィードバック・ループからなるD級アンプの基本形の一つです．

フィードバック・ループの検出点は，復調用フィルタの前段で，多くのオーディオ用パワー・アンプが採用している回路方式です．

無負荷時のDCゲインは，

$$\frac{V_{out}}{V_{in}} = -\frac{R_4}{R_5} = -10$$

です．積分時定数($C_2R_4$)はループ・ゲインを最大にすべく，安定限界ぎりぎりの最小値に設定してあります．

▶検討の方法

例題回路には，電源に変動を与える発振器$V_6$と周波数応答を計測するボード・プローブが配置されています．ボード・プローブの"IN"には$V_6$，"OUT"には$V_o$が接続されています．電源に変動を与える$V_6$からD級アンプ出力$V_o$までのゲインをPSRRとして計測し，周波数対電源変動除去比(PSRR)として評価します．

図8〜図10に共通に配置されている$X_2$は，POPトリガ素子です．SIMPLISシミュレータに特有の解析(POP解析)に必要な同期信号を発生する部品で，実際のD級パワー・アンプには不必要です．

● 自励発振式は電源変動に強い

図11に各回路のPSRR特性を示します．

▶他励発振式

①に示します．電源変動をまったく除去することができません．つまり，電源電圧変動が1対1で出力さ

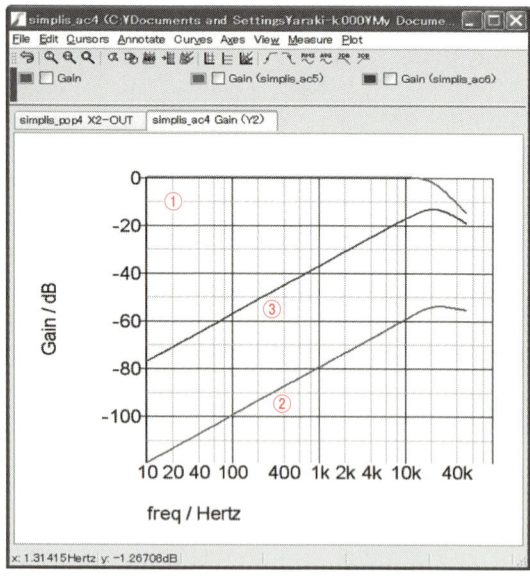

〈図11〉図8〜図10のシミュレーション結果
自励発振式(②)のPSRRは極めて高い．積分器付き他励発振式(③)のPSRRは自励発振式の40dB以下である

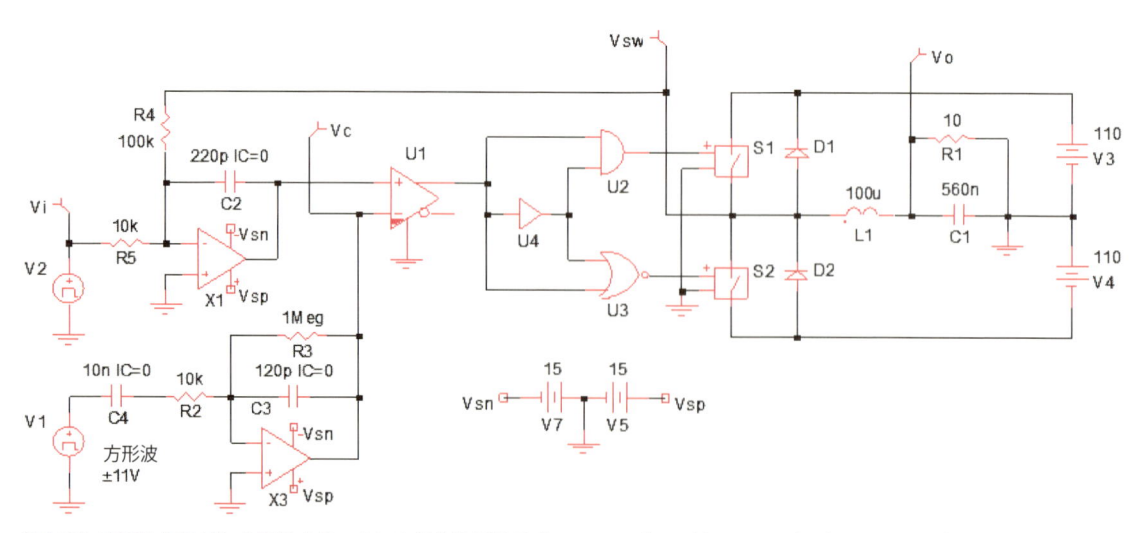

〈図12〉変調波信号源に方形波を使った三角波比較型他励式ハーフ・ブリッジPWM D級パワー・アンプ
方形波$V_1$を$X_3$，$C_3$，$R_2$で積分し，変調用三角波を生成する．$V_1$：方形波(200kHz, ±11V), $V_2$：入力信号(±10$V_{max}$, DC 〜 10kHz), $X_1$：誤差増幅積分器用OPアンプ($GBW = 10$MHz), $X_3$：三角波生成積分器用OPアンプ($GBW = 10$MHz), $U_1$：PWM変調用コンパレータ，$U_4$：デッド・タイム用遅延時間設定可能バッファ，$U_2$：ANDゲート，$U_3$：NORゲート，$S_1$と$S_2$：ハーフ・ブリッジ・スイッチ($R_{on} = 1$mΩ, $R_{off} = 1$megΩ), $D_1$と$D_2$：フリー・ホイール・ダイオード，$L_1$と$C_1$：復調用LPF($f_C = 20$kHz), $R_1$：負荷抵抗，$V_3$と$V_4$：DC電源(110V), $V_5$と$V_6$：OPアンプ電源(±15V)

れます．20 kHz 以上で減衰が見られるのは，復調用フィルタの減衰特性によるものです．

▶自励発振式

②に示します．すばらしい PSRR 性能です．10 kHz 付近でも－60 dB(1/1000)まで除去し，周波数が 1/10 になると除去率は 20 dB(10 倍)ずつ増加します．

▶他励発振式に積分器を付加した回路

③に示します．積分器の作用で，①に対して 10 kHz で約 18 dB 除去し，周波数が 1/10 になると除去率は 20 dB(10 倍)ずつ増加します．しかし自励発振式に比べて，PSRR は 40 dB 以下です．

● 結論

自励発振式の PSRR は極めて高く，デッド・タイムが原因の高調波ひずみを抑制する要因と相関があると思われます．ハーフ・ブリッジ部に発生する外乱に対して瞬時に反応し，パルス幅を修正して外乱を抑制しています．

他励発振式に積分制御部を付加した D 級アンプは，低域周波数の PSRR は大きいのですが，高域では非常に小さい値です．したがって，デッド・タイムによって発生する高い周波数成分の波形ひずみに対する改善力も小さな値になります．

自励発振式の最大の問題は，スイッチング周波数が変動することです．図9の場合，500 kHz から 100 kHz 付近まで変化します．この変化を少なくするためには，

$$\frac{\text{最大出力電圧}}{\text{電源電圧}}$$

を小さくするしかありません．しかしこの対策は，信号対変調ノイズ比を悪化させます．

スイッチング周波数の変動は，電源部を共有したパワー・アンプ間のスイッチング周波数の差で発生するビート周波数へのノイズ対策を困難にします．ビート問題は，電源部のスイッチング周波数との間にも発生します．また，スイッチング周波数の変動は EMC 対策を困難にする場合もあります．

積分制御器付き他励発振式の電源部は，リプルなどのノイズ成分，特に高周波成分ノイズを低減する必要があります．波形ひずみを嫌うアプリケーションの場合は，デッド・タイムを最小化する対策が必要です．

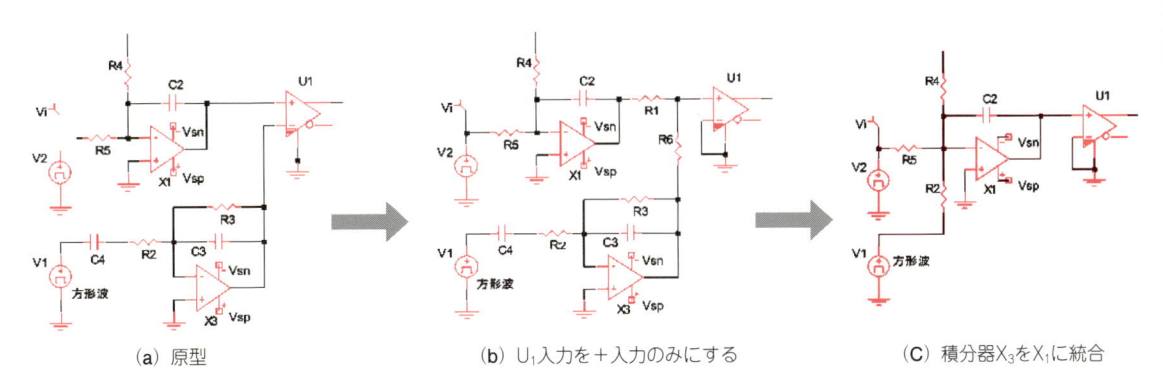

(a) 原型　　　(b) $U_1$ 入力を＋入力のみにする　　　(c) 積分器 $X_3$ を $X_1$ に統合

〈図13〉変調用三角波生成用積分器 $X_3$ を誤差増幅用積分器 $X_1$ に統合する過程

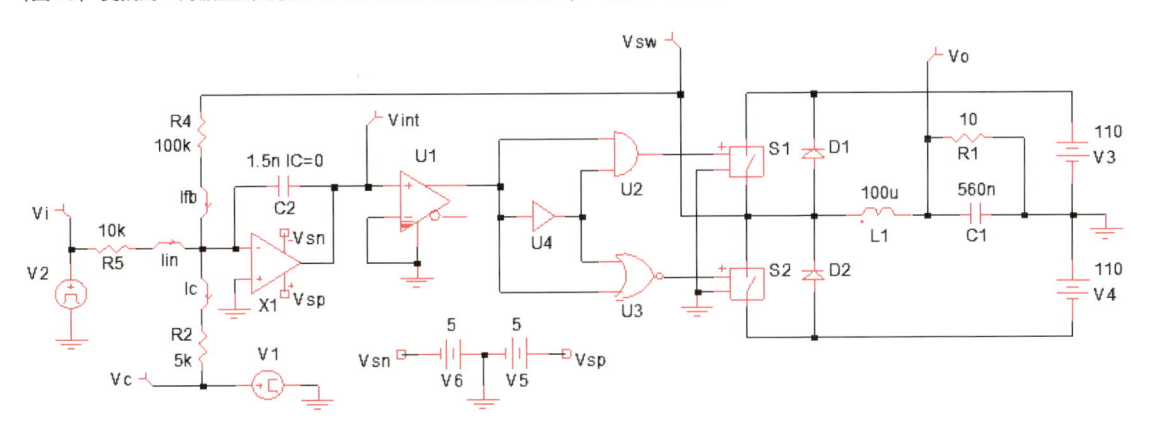

〈図14〉方形波比較型他励発振式ハーフ・ブリッジ PWM D 級パワー・アンプが完成

$|I_{in}| + |I_{fb}| < |I_c|$，$V_{out}/V_{in} = -R_4/R_5 = -100k/10k = -10$．$V_1$：方形波(200kHz，±11V)，$V_2$：入力信号(±10$V_{max}$，DC～10kHz)，$X_1$：誤差増幅積分器用兼三角波生成用 OP アンプ($GBW = 10$MHz)，$U_1$：PWM 変調用コンパレータ，$U_4$：デッド・タイム用遅延時間設定可能バッファ，$U_2$：AND ゲート，$U_3$：NOR ゲート，$S_1$ と $S_2$：ハーフ・ブリッジ・スイッチ($R_{on} = 1$m Ω，$R_{off} = 1$meg Ω)，$D_1$ と $D_2$：フリー・ホイール・ダイオード，$L_1$ と $C_1$：復調用 LPF($f_C = 20$kHz)，$R_1$：負荷抵抗，$V_3$ と $V_4$：DC 電源(110V)，$V_5$ と $V_6$：OP アンプ電源(± 5V)

# 方形波比較型他励式と三角波比較型他励式のPSRR

## ● ねらい

本節では，方形波比較型と三角波比較型他励式の電源変動除去比（PSRR）特性を比較検討します．

前節と同じく，外乱として電源に変動を加え，その抑圧力（PSRR）の周波数特性を評価します．

▶例題回路

次の他励発振式ハーフ・ブリッジPWM方式D級パワー・アンプで比較検討します．

(1) 三角波比較型他励式，積分制御器付き（図12）
(2) 方形波比較型他励式，積分制御器付き（図14）

方形波比較型は，積分制御器付き三角波比較型の変形で，特性もほぼ同じと予想されます．

## ● 三角波比較型から方形波比較型を作る

図12に示すのは，方形波信号源を使った三角波比較型の他励発振式ハーフ・ブリッジPWM方式D級パワー・アンプです．前節の三角波比較型（積分制御器付き，前節の図10）では，変調用として三角波信号源（$V_1$）を用意しました．

図12では，変調用信号源を三角波から方形波に替え，方形波$V_1$を$X_3$で積分して三角波を生成しました．

▶積分器を1個省略できる

図13に方形波比較型に変形する過程を示します．三角波生成用の積分器は，誤差増幅用の積分器（$X_1$）と統合でき，積分器$X_3$を1個省略できます．その結果，変調波は方形波で済みます．

▶方形波比較型が完成

図14に，完成した方形波比較型の他励発振式ハーフ・ブリッジPWM方式パワー・アンプを示します．この方式は，1977年に発売された世界初のD級HiFiオーディオ・パワー・アンプと言われるTA-N88（ソニー）に採用されていました．

図14の入力電流$I_{in}$とフィードバック電流$I_{fb}$の合計値は，変調電流$I_c$より小さくなければなりません．つまり，

$$|I_{in}| + |I_{fb}| < |I_c|$$

です．

積分時定数用のコンデンサ$C_2$の値は，$V_{int}$の波形が飽和しない範囲でできる限り大きくします．コンパレータ$U_1$のヒステリシスが無視できる値（100μV以下）で$V_{int}$の波形が飽和しない範囲であれば，$C_2$の値が2〜3倍変わってもアンプの特性が変化することはほとんどありません．

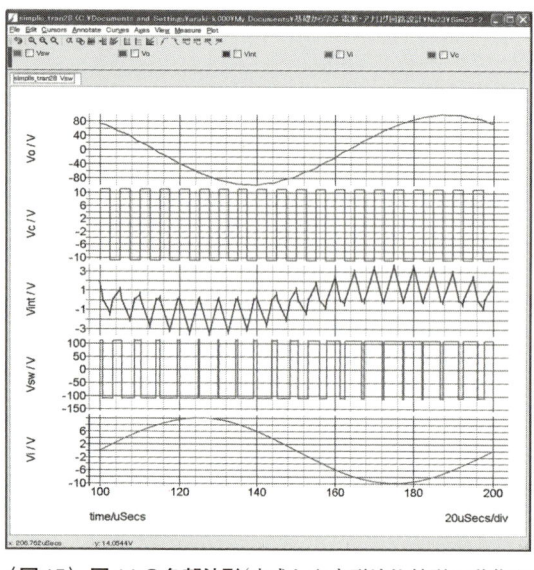

〈図15〉図14の各部波形（完成した方形波比較型の動作が正常であることを確認）

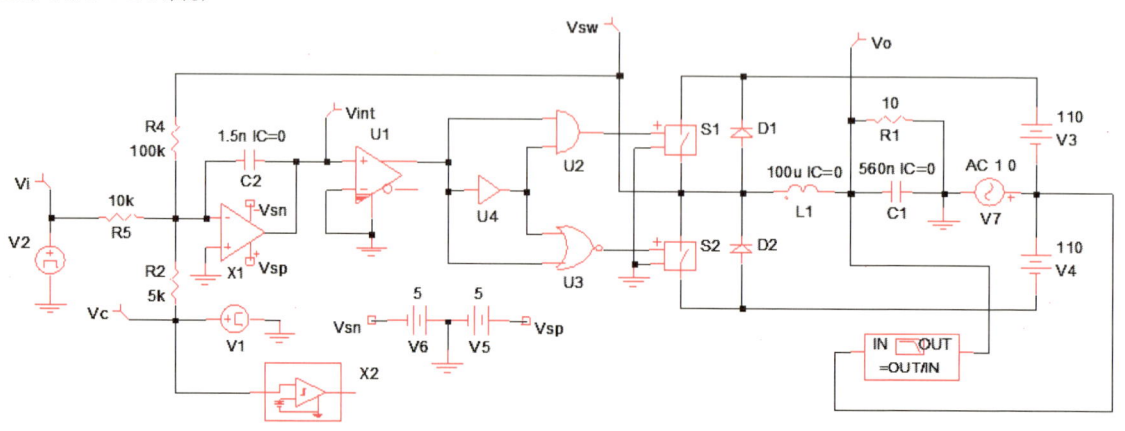

〈図16〉方形波比較型のPSRRを調べる回路
図14に電源に変動を加える発振器$V_7$と周波数応答を計測するボード・プローブを追加．$V_7$：PSSR試験用発振器，$X_2$：POPトリガ素子，その他：図14に同じ

▶動作確認

無負荷時のDCゲインは,

$$\frac{V_{out}}{V_{in}} = -\frac{R_4}{R_5} = -\frac{100k}{10k} = -10 倍$$

です.

図15に各部の波形を示します.

入力信号 $V_i$ は ±10 V, 10 kHz の正弦波です. 変調波 $V_c$ は ±11 V, 200 kHz の方形波です. コンパレータは, $V_{int}$ の 0 V を基準に矩形波に変換して PWM 信号を出力します. $V_i$ に対する出力波形 $V_o$ の位相遅れは, $L_1$ と $C_1$ で構成された LPF によるものです.

● PSRRの比較

図16に示すのは, PSRR を測定する回路です.

電源に変動を加える $V_7$ から D 級アンプ出力 $V_o$ までのゲインを計測し, 周波数対電源変動除去比 (PSRR)として評価します.

図16には, 電源に変動を加える発振器 $V_7$ と周波数応答を計測するボード・プローブが配置されています. またボード・プローブの"IN"には $V_7$, "OUT"には $V_o$ が接続されています.

$X_2$ は, POP トリガ素子です. SIMPLIS シミュレータに特有な解析(POP 解析)に必要な同期信号を発生する部品で, 実際のD級パワー・アンプの動作とは無関係です.

▶結果

図17に方形波比較型の PSRR 特性を示します. この特性は, 三角波比較型とまったく同じです. 自励発振式の PSRR 特性は参考データです(図11参照).

● 結論

方形波比較型は三角波比較型(積分制御器付き)と同

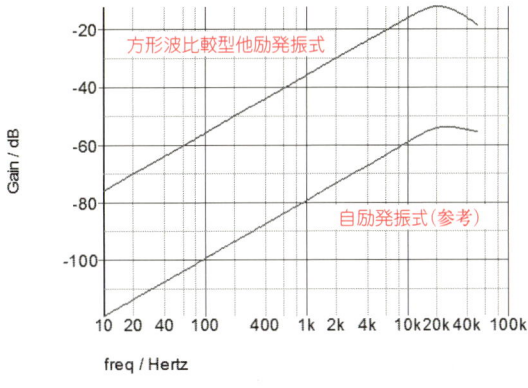

〈図17〉方形波比較型他励発振式ハーフ・ブリッジ PWM D 級パワー・アンプの PSRR
方形波比較型他励発振式は自励発振式より 40dB 以上劣る. これは積分制御器付き他励発振式(三角波比較型)と同じ特性である

じ PSRR 特性を示します. また, 自励発振式と比べると PSRR は 40 dB 以上劣ります.

ただし方形波比較型は, 変調用の三角波発生回路を含めた積分制御器付きの他励発振式(三角波比較型)より, 積分回路を1回路節約できます. そして, 誤差増幅用と三角波生成用で共有する積分器の積分コンデンサの素子感度は極めて低く安定な回路方式です.

## 電圧モード自励発振型の スイッチング周波数の変動を小さくする

● ねらい

自励発振型の PWM アンプ(電圧モード型も電流モード型も)は, PSRR や波形ひずみが優れています. しかし, スイッチング周波数が大きく変動するという欠点があります.

ここでは, 電圧モード型を例にして, 自励発振型

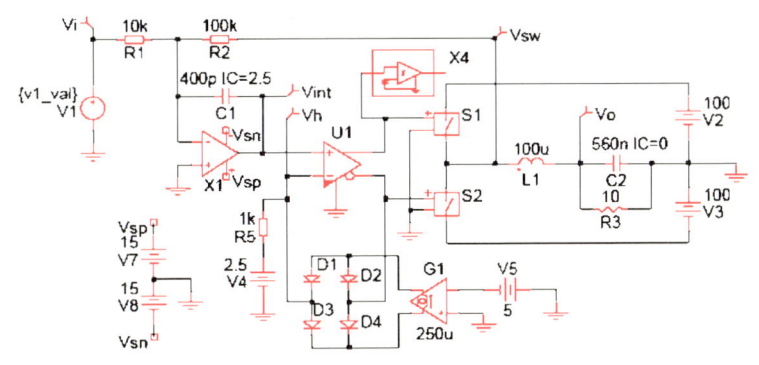

〈図18〉対策前の回路のスイッチング周波数変動を調べる(SIMPLIS のマルチ・ステップ POP 解析で $V_{sw}$ の周波数を読み取る. SIMPLIS のマルチ・ステップ・シミュレーションは "Simulation → Run Multi-Step" からだけ開始できる)
$V_1$:マルチ・ステップ解析設定の信号源, $V_2$ と $V_3$:電源電圧(100V), $V_4$:基準電圧(2.5V), $V_5$:制御電圧(5V), $V_7$ と $V_8$:OP アンプ用電源(±15V), $X_1$:積分器用 OP アンプ, $U_1$:コンパレータ, $G_1$:電圧制御電流源(ゲイン:250 μA/V), $S_1$ と $S_2$:ハーフ・ブリッジ用スイッチング素子, $C_1$:積分コンデンサ, $C_2$:LPF 用コンデンサ, $D_1$〜$D_4$:ダイオード, $L_1$:LPF 用インダクタ, $R_1$:積分器入力抵抗, $R_2$:積分器フィードバック抵抗($G = -R_2/R_1$), $R_3$:負荷抵抗, $R_5$:コンパレータのヒステリシス電流をヒステリシス電圧に変換する, $X_4$:POP 解析用トリガ素子(アンプ動作に無関係), $V_i$, $V_{int}$, $V_h$, $V_{SW}$, $V_o$:波形観測用電圧プローブ(アンプ動作に無関係)

PWMアンプのスイッチング周波数の変動を小さく抑え込む方法を検討します．

▶例題回路

図18～図20にシミュレーション回路を示します．
(1) 電圧モード自励発振型PWM D級パワー・アンプのスイッチング周波数変動(理想モデル，マルチ・ステップPOP解析)：図18
(2) 変動抑制回路を付加したときの周波数変動(マルチ・ステップPOP解析)：図19
(3) 変動抑制回路を付加したときの過渡応答と高調波分析(過渡解析)：図20

● スイッチング周波数を制御できる電圧モード自励発振型PWMパワー・アンプ

図21に，電圧モード自励発振型PWMパワー・アンプの回路と入力電圧($V_i$)とスイッチング周波数$f_{SW}$の関係式を示しました．

図21(a)を見てください．$X_1$とその周辺は積分器，$U_1$はコンパレータです．$G_1$とその周辺は，$U_1$の非反転入力端子に入力する電圧($V_h$)を生成する回路です．$U_1$は，この電圧と$X_1$の出力電圧を比較して，その判定出力でパワー・スイッチ$S_1$と$S_2$を駆動します．

図21(b)を見てください．スイッチング電圧$V_{sw}$が"L"から"H"に変化すると，その直後から$V_{int}$が低下し始めます．そして$V_h$よりも低くなると，$V_{sw}$が"H"から"L"に変化して，$V_{int}$が増加し始めます．そして$V_h$よりも高くなると，$V_{sw}$が"L"から"H"に変化します．この回路は，この動作を繰り返してスイッチングし続けます．

$V_h$が大きいとスイッチング周波数は低くなり，小さいと高くなることが想像できます．

なお，コンパレータ($U_1$)，ハーフ・ブリッジ($S_1$, $S_2$)は，遅延時間やスイッチング時間がほぼゼロの理想モデルです．また，式を簡素化するために，$R_1 = R_2 = R$としているため，低周波($f_S \ll f_{SW}$)における入出力ゲイン$V_o/V_i$は$-1$倍($= -R_2/R_1$)です．つまり，出力電圧($V_o$)と入力電圧($V_i$)の絶対値は同じです．

$X_1$は積分器用OPアンプ，$C_1$は積分コンデンサです．$D_1$～$D_4$，$G_1$，$R_5$，$V_4$はコンパレータ$U_1$のヒステリシス電圧$V_h$を決める回路です．$G_1$は電圧制御電流源で，$V_4 \times 500 \times 10^{-6}$[A]の電流を$D_1$～$D_4$経由で

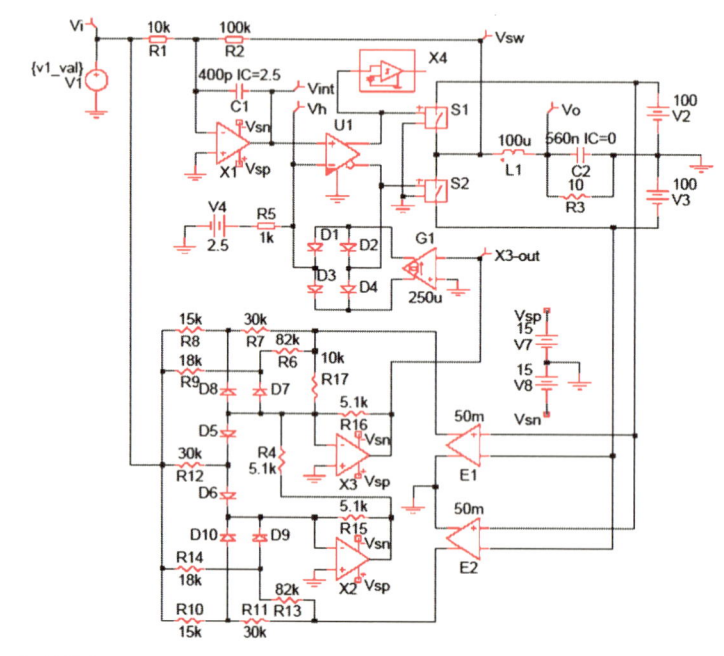

〈図19〉スイッチング周波数変動を抑える対策回路を追加したときのスイッチング周波数変動を調べる(SIMPLISのマルチ・ステップPOP解析で$V_{sw}$プローブの周波数を読み取る．SIMPLISのマルチ・ステップ・シミュレーションは"Simulation→Run Multi-Step"からのみ開始できる)

$V_1$：マルチ・ステップ解析設定の信号源，$V_2$と$V_3$：電源電圧(100V)，$V_4$：基準電圧(2.5V)，$V_5$：制御電圧(5V)，$V_7$と$V_8$：OPアンプ用電源(±15V)，$X_1$：積分器用OPアンプ，$X_2$と$X_3$：折れ線近似回路用OPアンプ，$U_1$：コンパレータ，$G_1$：電圧制御電流源(ゲイン=250μA/V)，$E_1$と$E_2$：電圧制御電圧源(ゲイン=50mV/V)，$S_1$と$S_2$：ハーフ・ブリッジ回路用スイッチング素子，$C_1$：積分コンデンサ，$C_2$：LPF用コンデンサ，$D_1$～$D_4$：ヒステリシス極性切り換え用ダイオード，$D_5$～$D_{10}$：折れ線近似回路用ダイオード，$L_1$：LPF用インダクタ，$R_1$：積分器入力抵抗，$R_2$：積分器フィードバック抵抗($G = -R_2/R_1$)，$R_3$：負荷抵抗，$R_4$：正極側折れ線近似値の加算抵抗，$R_5$：コンパレータのヒステリシス電流をヒステリシス電圧に変換する，$R_6$～$R_{14}$：折れ線近似回路用抵抗，$R_{15}$：$X_2$フィードバック抵抗，$R_{16}$：$X_3$フィードバック抵抗，$R_{17}$：電源電圧成分入力抵抗，$X_4$：POP解析用トリガ素子(アンプ動作に無関係)，$V_i$, $V_{int}$, $V_h$, $V_{SW}$, $V_o$, X3-out：波形観測用電圧プローブ(アンプ動作に無関係)

$R_5$ に流します．

式中の $V_h$ は，$R_5$ 両端の電圧で，$U_1$ の反転出力レベルによって極性が切り換わります．

$V_h$ は $V_4$ と比例関係（$V_h \propto V_4$）にあります．

● **スイッチング周波数の変動は理論値と一致する**

図21の式(5)から，スイッチング周波数（$f_{SW}$）は入力電圧（$V_i = -V_o$）が，電源電圧（$V_B$）の70％（$K = 0.7$）のときに最高周波数（$f_o$）の51％になることがわかります．また，90％（$K = 0.9$）のときは19％に低下します．

図18に示す回路でスイッチング周波数の変動を調べました．

入力電圧（$V_1$）を0～9Vまでを10ステップ，1V/ステップで変化させています．図22に $V_i$ と $V_{sw}$ のシミュレーション結果を示します．上部のチェックが入った項目からスイッチング周波数が読み取れます．"Vsw v1_val = x" の x が入力電圧，"Frequency" がスイッチング周波数です（グラフのメニューから Measure → Frequency で表示）．図21の式(5)と一致（1％以下の誤差）しています．

● **スイッチング周波数はヒステリシス電圧で決まる**

図21(b)からわかるように，積分器出力（$V_{int}$）はヒステリシス電圧（$V_h$）の範囲を往復します．

式では，入力電圧 $V_i (= -V_o)$ を $KV_B$ というふうに，電源電圧と入力電圧の比（$K$）と電源電圧（$V_B$）で表しています．式(4)と式(5)に示すように，周期（$T$）とスイッチング周波数（$f_{SW}$）の関係も $K$ の関数で表されます．

$V_i$ が0V（$K = 0$）のとき $t_1 = t_2$ となり，$V_{int}$ は対称な三角波になります．そして，スイッチング周期（$T_o$）が最小になります（スイッチング周波数は最高になる）．

式(3)からわかるように，スイッチング周期（$T$）は，ヒステリシス電圧（$V_h$）に比例するため，$V_h$ でスイッチング周波数を制御できます．$V_h$ は $V_4$ で制御できますから，スイッチング周波数（$f_{SW} = 1/T$）は $V_4$ で制御できます．例えば $V_h$ を低くすれば，$f_{SW}$ は高くなります．

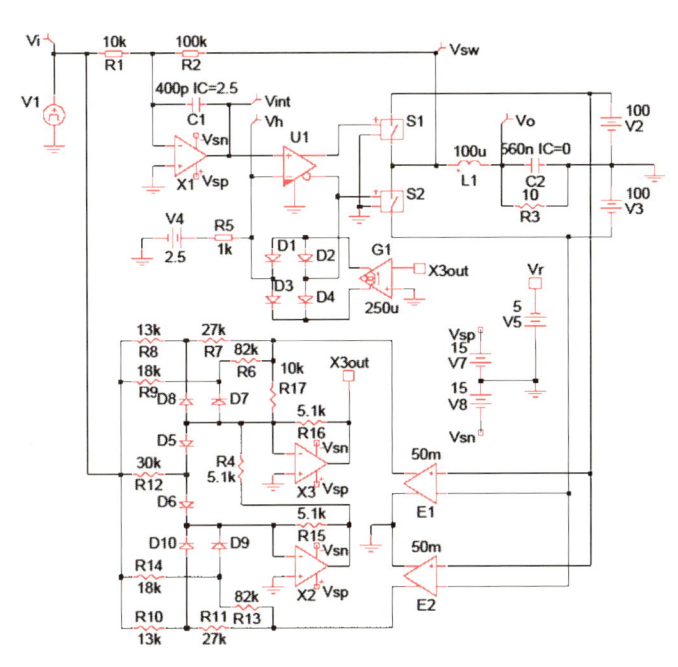

〈図20〉スイッチング周波数変動を抑える対策回路を追加したときの出力信号の高調波成分を調べる（SIMPLIS で過渡解析を実行）

$V_1$：試験信号源，$V_2$ と $V_3$：電源電圧（100V），$V_4$：基準電圧（2.5V），$V_5$：制御電圧（5V），$V_7$ と $V_8$：OPアンプ用電源（±15V），$X_1$：積分器用OPアンプ，$X_2$ と $X_3$：折れ線近似回路用OPアンプ，$U_1$：コンパレータ，$G_1$：電圧制御電流源（ゲイン＝ 250μA/V），$E_1$ と $E_2$：電圧制御電圧源（ゲイン＝ 50mV/V），$S_1$ と $S_2$：ハーフ・ブリッジ用スイッチング素子，$C_1$：積分コンデンサ，$C_2$：LPF用コンデンサ，$D_1 \sim D_4$：ヒステリシス極性切り換え用ダイオード，$D_5 \sim D_{10}$：折れ線近似回路用ダイオード，$L_1$：LPF用インダクタ，$R_1$：積分器入力抵抗，$R_2$：積分器フィードバック抵抗（$G = -R_2/R_1$），$R_3$：負荷抵抗，$R_4$：正極側折れ線近似値の加算抵抗，$R_5$：コンパレータのヒステリシス電流をヒステリシス電圧に変換する，$R_6 \sim R_{14}$：折れ線近似回路用抵抗，$R_{15}$：$X_2$ フィードバック抵抗，$R_{16}$：$X_3$ フィードバック抵抗，$R_{17}$：電源電圧成分入力抵抗，$X_3$out：OPアンプ $X_3$ の出力端子，$V_r$：制御電圧（$-V_5$ の出力端子，G1-IN に X3out 端子または $V_r$ 端子を選択する），$X_4$：POP解析用トリガ素子（アンプ動作に無関係），$V_i$，$V_{int}$，$V_h$，$V_{SW}$，$V_o$：波形観測用電圧プローブ（アンプ動作に無関係）

電圧モード自励発振型のスイッチング周波数の変動を小さくする

● 出力電圧によってヒステリシス電圧を制御する回路を追加する

図21から，スイッチング出力電圧($V_{sw}$)はヒステリシス電圧($V_h$)で制御できることがわかりました．しかし，式(5)に示すように，$f_{SW}$と$K$の関係は次式が示すように非直線です．

$$f_{SW} = f_o(1 - K^2)$$

$(1 - K^2)$を回路で実現するためには，アナログ掛け算器(2乗器)が必要です．掛け算器を使うと，SIMPLISシミュレータではAC解析ができないので，

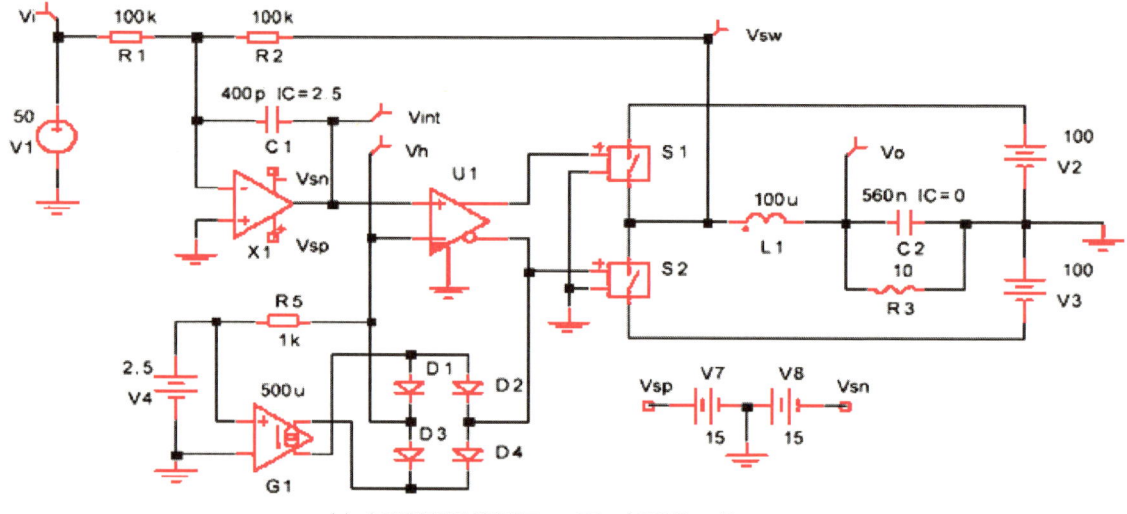

〈図21〉電圧モード自励発振型 PWM パワー・アンプのスイッチング周波数の変動のようすと変動要因と変動幅の関係を数式で考察

(a) 自励発振型PWMパワー・アンプの理想モデル

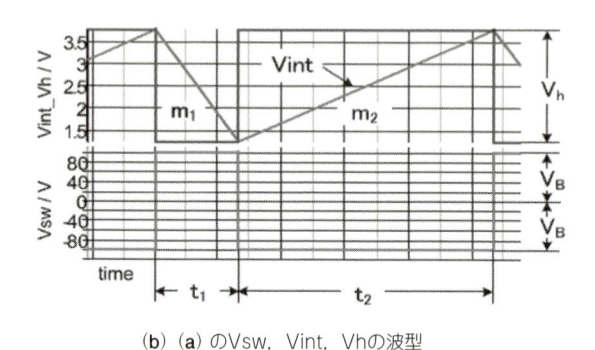

(b) (a)のVsw，Vint，Vhの波型

$R = R_1 = R_2$：入力出力のゲインは1倍のアンプとする

$$|m_1| = \frac{1}{C_1 R}(V_B + V_i) = \frac{V_h}{t_1}, \quad |m_2| = \frac{1}{C_1 R}(V_B + V_i) = \frac{V_h}{t_2} \quad \cdots\cdots(1)$$

$$t_1 = C_1 R \frac{V_h}{V_B + V_i}, \quad t_2 = C_1 R \frac{V_h}{V_B - V_i} \quad \cdots\cdots(2)$$

$$t_1 + t_2 = T, \quad K = \frac{V_i}{V_B}, \quad V_i = K V_B$$

$$T = C_1 R V_h \frac{2}{V_B(1 - K^2)} = \frac{2C_1 R V_h}{V_B} \cdot \frac{1}{(1 - K^2)} \quad \cdots\cdots(3)$$

$$T_O = \frac{2 C_1 R V_h}{V_B} : V_i = 0\text{V時の発振周期}$$

$$T = T_O \frac{1}{(1 - K^2)} \quad \cdots\cdots(4)$$

$$f_{SW} = \frac{1}{T}, \quad f_o = \frac{1}{T_O} : V_i = 0\text{V時の発振周波数}$$

$$f_{SW} = f_o(1 - K^2) \quad \cdots\cdots(5)$$

折れ線近似で$(1-K^2)$を実現しました．

図19に示したのは，入力電圧$(V_i)$でヒステリシス電圧$(V_h)$が制御される回路です．スイッチング周波数$(f_{SW})$の変動が，$V_o \leq 0.9V_B$の範囲±5％以内に圧縮されます．

$X_2$，$X_3$，$E_1$，$E_2$が構成する回路が折れ線近似の$(1-K^2)$の演算回路です．$X_2$が$V_i$の正側，$X_3$が負側を担当しています．正側も$R_4$経由で$X_3$で反転され，$X_3$出力では－5Vから0Vの範囲になります．

$X_3$の出力は，$V_i$が0V付近では電源電圧（$E_1$，$R_{17}$経由）で決まる最大電圧になります．$V_i$が$D_5$，$D_6$が導通する電圧まで大きくなると，$V_i/R_{12}$の電流が$R_{17}$（$R_{15}$）に流れる電流から差し引かれます．さらに$V_i$が，±3V以上になると，$R_9R_6$（$R_{14}R_{13}$）のパラの電流が加算され差し引かれます．さらに$V_i$が±6V以上になると，$R_8R_7$（$R_{10}R_{11}$）の電流が加算されて，$R_{17}$（$R_{15}$）の電流から差し引かれます．

その結果，$V_i$から$X_3$出力までの特性は図23（下段：$V_i$，上段：$X_3$出力）のようになります．

アンプ・ゲインが10倍（$R_2/R_1 = 100\text{k}/10\text{k} = 10$）なので，電源電圧を$E_1$と$E_2$で1/10にしています．$E_1$と$E_2$は実機ではOPアンプで構成する差動アンプ

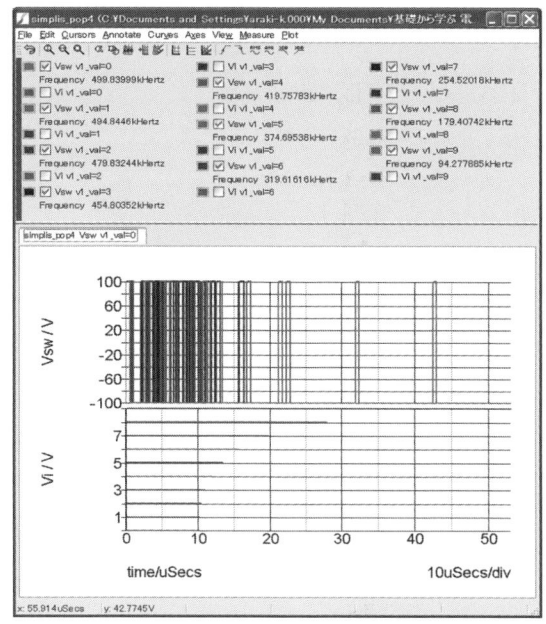

〈図22〉対策前の回路のスイッチング周波数の変動
図18のシミュレーション結果．$f_{SW}$は図21の式(5)に1％以下の誤差で一致している．周波数は，解析結果のグラフ画面の"Meassure → Frequency"で読み取れる（チェックを入れた解析結果項目のみ）

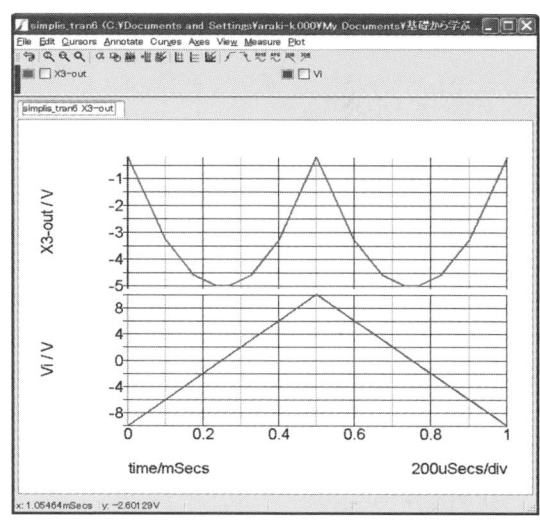

〈図23〉スイッチング周波数を制御する対策回路の入出力特性
図19の$V_i$→$X_3$-outまでの特性．図19の$V_i$を±10Vの三角波，0～1msの過渡解析に変更して解析を実行する

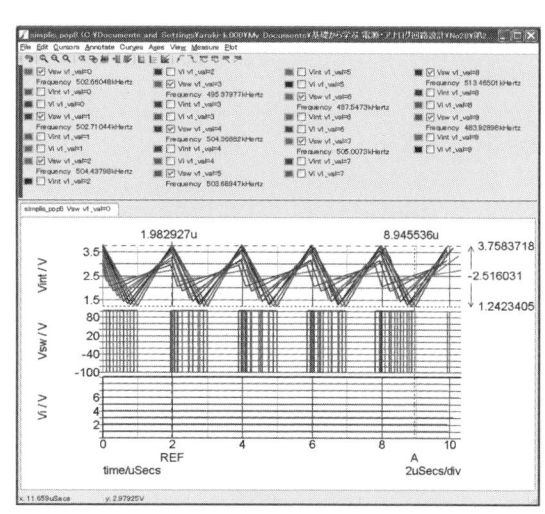

〈図24〉スイッチング周波数変動を抑える対策回路を追加したときのスイッチング周波数の変動
スイッチング周波数は500kHz±4％以内に抑制された

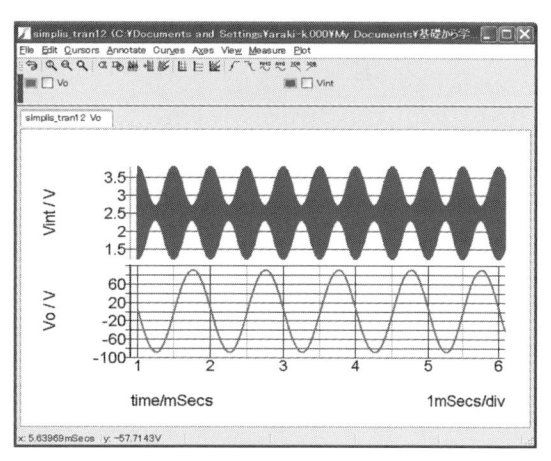

〈図25〉スイッチング周波数変動を抑える対策を施した回路の出力波形（$V_1/V$）と積分器出力波形（$V_{int}/V$）
図20の解析結果．$G_1$-IN = $X_3$-out

ですが，シミュレータの制限から電圧制御電圧源で代用しています．

▶追加したヒステリシス制御回路の入出力特性

**図23**に示すのは，**図19**の入力電圧($V_i$)を三角波状に変化させたときのヒステリシス制御回路の出力電圧($X_3$-out)です．**図19**の$V_1$を±10V，1kHzの三角波，0～1msの過渡解析に変更して解析しました．

入力電圧($V_i$)が±9V($0 \leq K \leq 0.9$)の範囲では，理論式($-5(1-K^2)$)に対して±5%以下の誤差に近似されています．誤差を精密に求めるには，**図23**の上段の$X_3$-outのグリッドに理論式($-5(1-K^2)$)をプロットし，それと折れ線波形の差を読み取る必要があります．

● $V_h$ を制御したときのスイッチング周波数の変動

**図24**に示すのは，**図19**の入力電圧($V_i$)を変化させたときのスイッチング周波数です．次のような結果が得られました．

$V_i = 0\,V : 502.66\,kHz$
$V_i = 8\,V\,(V_o = -80\,V) : 513.46\,kHz$
$V_i = 9\,V\,(V_o = -90\,V) : 483.92\,kHz$

いずれも500kHz±4%以内に抑制されています．$V_i$が正極性の結果ですが，負極側も同じ結果が得られます．

● 各部の波形

**図20**に示す回路で過渡応答を調べました．**図25**に結果を示します．

$V_{int}$(積分器出力)は，入力電圧($V_i$)によって2.5Vを中心に振幅変調された形になります．

出力信号($V_o$)の波形はフル・スケール(±90V)付近で，スイッチング周波数成分が増えることもなくすっきりしています．

● 高調波ひずみが改善されている

スイッチング周波数($f_{SW}$)の変動は抑制されても，自励発振型の特徴である高調波ひずみが小さいという特徴が失われたのでは意味がありません．

**図26**に示すのは，出力波形のスペクトラム分析結果です．横軸は周波数(0～10kHz)です．下段が自励発振型の基本形[**図20**の$G_1$-INを$V_r$端子(−5V)に接続]，上段がスイッチング周波数抑制方式(**図20**の$G_1$-INを$X_3$-out端子に接続)の高調波スペクトラムです．両者とも基本波成分は1kHz，+39dB(±90V)です．

下段，自励発振型基本形の最大高調波成分対基本波成分比が−85dB(−46dB−39dB)，上段のスイッチング周波数抑制方式が，同−106dB(−67dB−39dB)です．後者のほうが20dB以上優れていることがわかります．ただし，前者の偶数高調波成分(2，4，

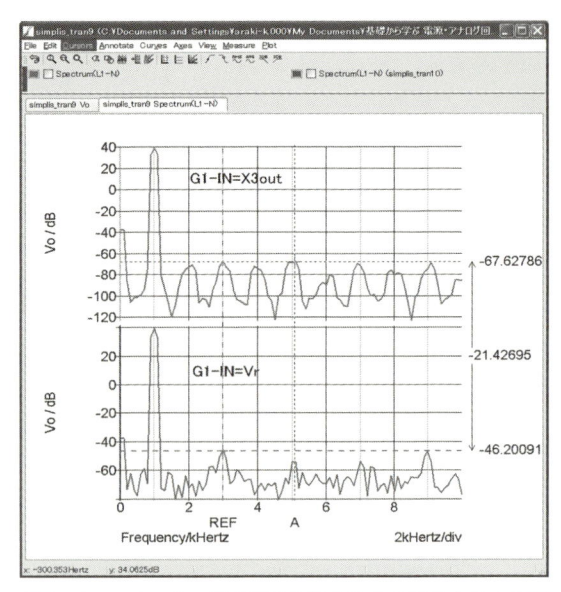

〈**図26**〉スイッチング周波数変動を抑える対策を施した回路(上段)と対策前(下段)の高調波スペクトラムの比較($V_1$：1kHz，±90V 正弦波)
図20の出力波形．高調波レベルは対策後20dB以上改善した

6，8，10次)がほぼゼロなのに対して，後者では低レベルではありますが偶数奇数に区別なく高調波が発生しています．

● 結論

電圧モード自励発振型PWMパワー・アンプのスイッチング周波数($f_{SW}$)は，出力電圧($V_o$)が電源電圧($V_B$)の90%に達すると，$V_o = 0\,V$に対して1/5以下に低下します．

スイッチング周波数は，コンパレータのヒステリシス電圧($V_h$)を$|1-(V_o \div V_B)^2|$になるように制御すれば，ほぼ一定に保つことができます．

本稿では，$|1-(V_o \div V_B)^2|$を折れ線近似回路で近似し，$V_h$を制御する方式を検討しました．その結果，スイッチング周波数($f_{SW}$)は±5%以内に抑制され，高調波ひずみ成分も改善されました．

シミュレータの制約から，コンパレータやスイッチング素子は遅延時間がほとんどゼロの理想素子としました．遅延時間やデッド・タイムが加わると，スイッチング周波数($f_{SW}$)の変動はさらに大きくなります．制御係数$|1-(V_o \div V_B)^2|$の曲線は遅延時間やデッド・タイムの値によって修正する必要があります．

◆ 参考文献 ◆

(1) 本田 潤 編著；D級／ディジタル・アンプの設計と製作，2004年11月，CQ出版社．

# 第6章

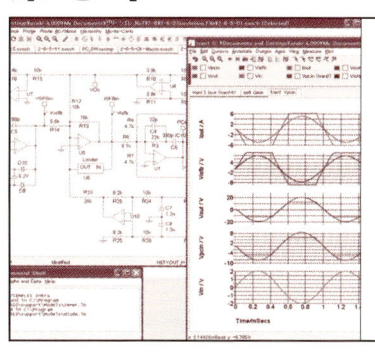

**基本特性を電圧モードと比較しながら検討する**

# 電流モードのハーフ・ブリッジ D級パワー・アンプ

荒木 邦彌
Araki Kuniya

本章では，電流モードのハーフ・ブリッジD級パワー・アンプ2種（自励発振型と三角波比較他励型）の回路と，その基本特性を電圧モードと比較しながら検討します．

最後に，電流モードの定電流出力を状態フィードバックとPI制御器を使って定電圧出力に変換する制御回路の設計法を解説します．

## 電流モード自励発振式の基本特性

### ● ねらい

電流モードのD級パワー・アンプ（自励発振式）の基本動作と周波数応答を，電圧モードのD級パワー・アンプ（自励発振式）と比べます．電圧モードの自励発振式の詳細は第5章を参照してください．

〈表1〉検討する回路のおもな仕様

| 電源 | ± 110V |
|---|---|
| 出力電圧 | 最大 ± 100V |
| 出力電流 | 最大 ± 10A |
| 定格負荷抵抗（$R_1$） | 10 Ω |
| 入力電圧範囲 | ± 10V |
| 信号周波数範囲 | DC 〜 10kHz |
| 入力出力間ゲイン（$I_o/V_i$） | − 10[S], $R_1$=0 |

▶例題回路

次の自励発振式ハーフ・ブリッジPWM D級パワー・アンプで比較検討します．おもな仕様を表1に示します．
(1) 電流モード（図1，図3）
(2) 電圧モード（図5）

### ● 電流モードD級アンプのふるまいと性能

▶LPFを構成するインダクタに流れる電流をフィードバックする

図1に電流モード自励発振式の原理図を，図2に各部の波形を示します．

図5からわかるように，電圧モードはスイッチング電圧波形（$V_{sw}$）をフィードバックし，その波形と入力信号の差を積分し，ヒステリシス付きコンパレータ（U1）でPWM波形に変換します．

一方，電流モードはLPF用のインダクタ（図1の$L_1$）の電流を電圧に変換してフィードバックします．そのフィードバック信号と入力信号（図1の$V_1$）の差を，直にヒステリシス付きコンパレータ（U1）でPWM波形に変換します．

▶インダクタ$L_1$の積分作用を利用する

積分機能はインダクタ$L_1$の積分作用で代行するため積分器は不要です．ただし，電流センシング素子（図1

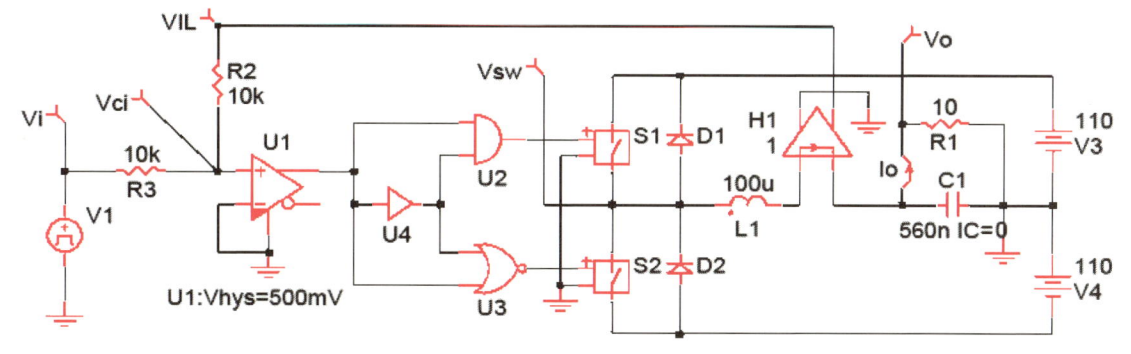

〈図1〉電流モード自励発振式PWM D級パワー・アンプ
$V_1$：入力信号，$U_1$：PWM変調用コンパレータ（ヒステリシス：500mV），$U_4$：デッド・タイム用遅延時間設定可能バッファ，$U_2$：ANDゲート，$U_3$：NORゲート，$S_1$と$S_2$：ハーフ・ブリッジ・スイッチ（$R_{on}$ = 1m Ω，$R_{off}$ = 1meg Ω），$D_1$と$D_2$：フリー・ホイール・ダイオード，$L_1$と$C_1$：復調用LPF（$f_C$ = 20kHz），$R_1$：負荷抵抗，$V_3$と$V_4$：DC電源（110V）

の$H_1$)が必要です．$L_1$に流れる電流は，$L_1$両端の電圧を積分したものです．

図2の$V_{ci}$(上から2段目)の波形からわかるように，$L_1$に流れる電流の波形がコンパレータ(図1の$U_1$)のヒステリシスの間を往復するように自励発振します．発振周波数は出力電圧によって変化します．

$L_1$両端の電圧が高いと周波数は高くなり，低いと低くなります．したがって，出力電圧が0Vのとき最高周波数になります．また発振周波数は，コンパレータ$U_1$のヒステリシス幅に反比例します．

発振周波数は出力電圧($V_o$)によって変化します．$L_1$両端の電圧($V_L$)が高いと周波数は高くなり，低い

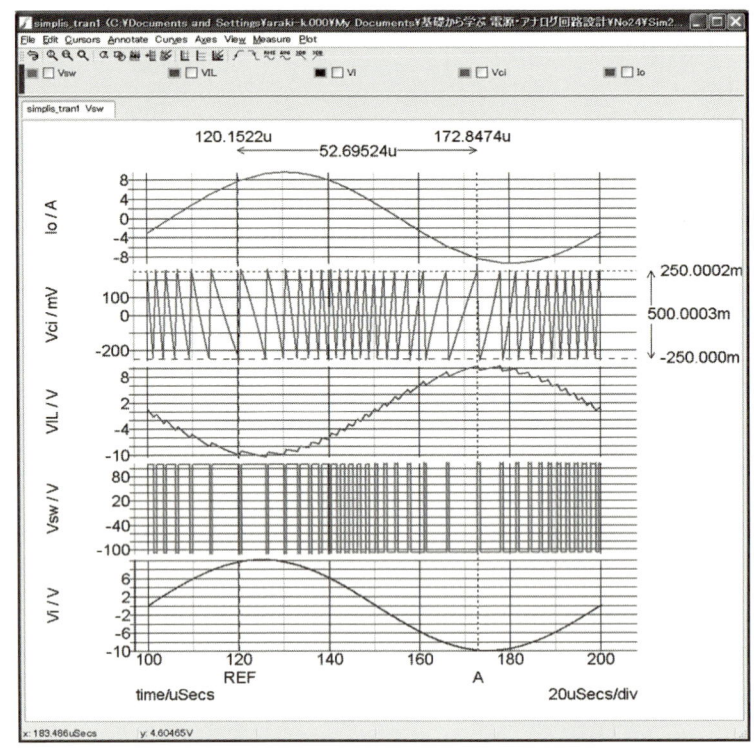

〈図2〉電流モード自励発振式 PWM D 級パワー・アンプ(図1)の各部の波形
$V_{ci}$波形から，インダクタ($L_1$)の電流$V_{IL}$がコンパレータのヒステリシス電圧(500mV)内を往復するように自励発振していることがわかる

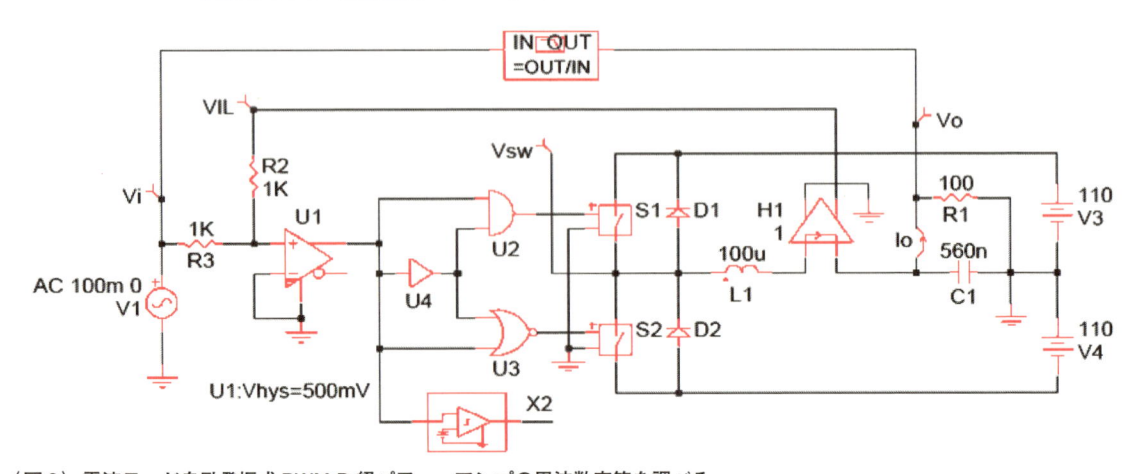

〈図3〉電流モード自励発振式 PWM D 級パワー・アンプの周波数応答を調べる
$V_1$：試験信号(100mV)，$U_1$：PWM 変調用コンパレータ(ヒステリシス：500mV)，$U_4$：デッド・タイム用遅延時間設定可能バッファ，$U_2$：AND ゲート，$U_3$：NOR ゲート，$S_1$と$S_2$：ハーフ・ブリッジ・スイッチ($R_{on}$ = 1m Ω，$R_{off}$ = 1meg Ω)，$D_1$と$D_2$：フリー・ホイール・ダイオード，$L_1$と$C_1$：復調用 LPF($f_C$ = 20kHz)，$R_1$：負荷抵抗，$V_3$と$V_4$：DC 電源(110V)，$X_2$：POP 解析用トリガ素子(PWMアンプの動作には関係ない)，IN － OUT ＝ OUT/IN：AC 解析用ボード・プローブ(PWM アンプの動作には関係ない)

と低くなります．したがって，出力電圧が0Vのとき最高周波数になります．

$$V_L = V_{sw} - V_o$$
$$V_{sw} \fallingdotseq V_3$$
$$-V_{sw} \fallingdotseq -V_4$$

なので，$V_o = 0$ で $V_L$ は最大になるからです．また，

$$I_{L1} = \frac{1}{L_1}\int V_L dt$$

となります．

これらは電圧モードの動作と酷似していますが，電圧モードは，$V_{sw}$ と入力信号の差を積分してヒステリシス・コンパレータに入力しますが，電流モードは，$V_{sw}$ を $L$ で積分した波形と入力信号の差をヒステリシス・コンパレータに入力します．

この積分の順序の違いは，スイッチング周波数の変化に影響を与えます．自励発振式では入力信号のスリュー・レートもスイッチング周波数に影響を与えますが，その影響は電流モードで大きく，電圧モードでは無視できる範囲です．

▶周波数応答

図3に示すのは電流モードD級パワー・アンプです．図4に示すのは，その入出力間の周波数応答です．

図4からわかるように，出力電流が入力電圧に比例しています．このようなアンプをトランスコンダクタンス・アンプ(Transconductance Amplifier；TCA)と呼び，負荷が変わっても，出力電流が一定なCC(Constant Current)特性を示します．

▶DCゲイン

次のとおりです．

$$\frac{I_o}{V_i}[\text{A/V}] = \frac{R_2}{R_3} \times \frac{1}{K_H}$$

$K_H$：電流センサ$H_1$の変換係数[V/A]

図1と図3のDCゲインを求めると次のようになります．

$$\frac{I_o}{V_i} = \frac{10\text{k}}{10\text{k}} \times \frac{1}{1} = 1 \text{ A/V}$$

▶出力電流は負荷抵抗の大きさではなく入力電圧によって決まる

図4の100 Hz付近の電圧ゲイン($V_o/V_i$)を見てください．負荷抵抗$R_1$を10Ω→100Ωに変えると，10倍(20dB→40dB)変化しており，まさにCC特性を示しています．このようにCC出力のTCAは，負荷端を短絡しても，入力電圧$V_i$に比例した出力電流を維持します．

これは過電流保護の点から貴重な特徴です．

CC出力はスピーカをドライブする応用には不向き

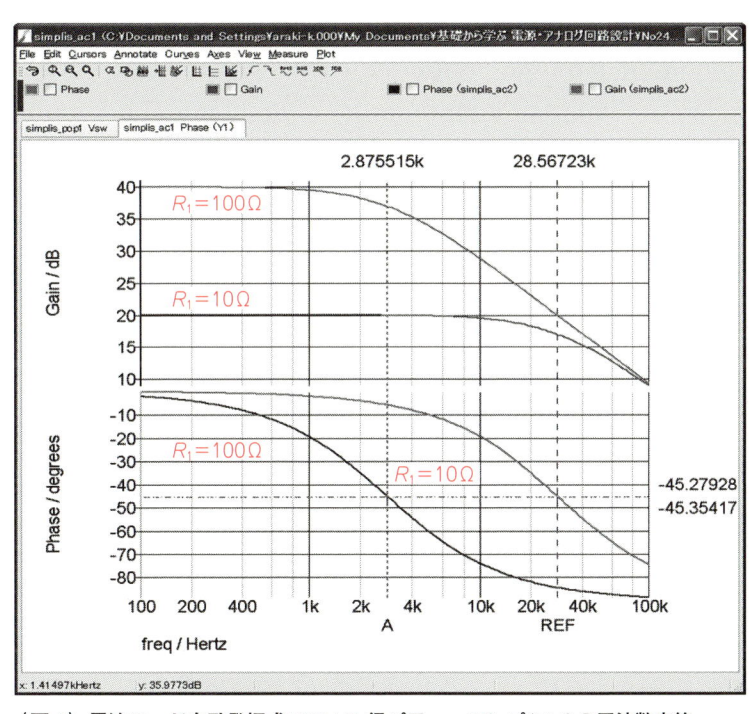

〈図4〉電流モード自励発振式PWM D級パワー・アンプ(図3)の周波数応答
定電流(CC)出力である．出力電流が一定なので負荷抵抗が10Ω→100Ωに変わると低周波の電圧ゲインは10倍(20dB→40dB)変化する．$L_1$，$C_1$の2次系LPFの応答は，CC駆動されるので1次系的応答になる．ポール周波数は，$f_p = 1/(2\pi\,C_1 R_1)$ となる．

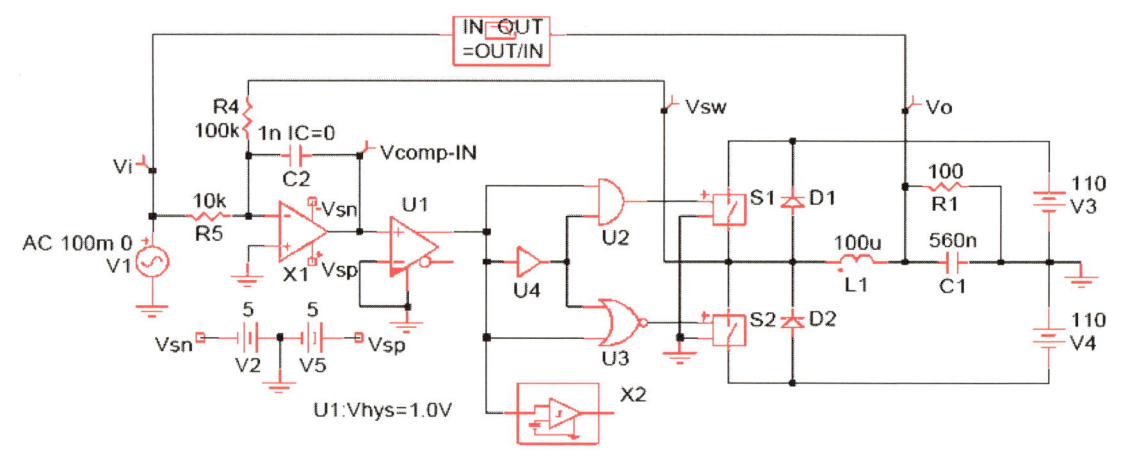

〈図5〉電圧モード自励発振式 PWM D 級パワー・アンプの周波数応答を調べる
$V_1$：試験信号(100mV)，$X_1$：積分器用 OP アンプ($GWB$ = 10MHz)，$U_1$：PWM 変調用コンパレータ(ヒステリシス：1V)，$U_4$：デッド・タイム用遅延時間設定可能バッファ，$U_2$：AND ゲート，$U_3$：NOR ゲート，$S_1$ と $S_2$：ハーフ・ブリッジ・スイッチ($R_{on}$ = 1mΩ，$R_{off}$ = 1meg Ω)，$D_1$ と $D_2$：フリー・ホイール・ダイオード，$L_1$ と $C_1$：復調用 LPF($f_C$ = 20kHz)，$R_1$：負荷抵抗，$V_3$ と $V_4$：DC 電源(110V)，$X_2$：POP 解析用トリガ素子(PWM アンプの動作には関係しない)，IN − OUT = OUT/IN：AC 解析用ボード・プローブ(PWM アンプの動作には関係しない)

ですから，定電圧(CV)出力に変換する必要があります．そのためには，前段に制御回路を追加する必要があります．過電流保護と制御回路については次節以降に解説します．

▶電圧モード D 級アンプの周波数応答

図5に示すのは，電圧モード D 級パワー・アンプ回路，図6はその入出力間の周波数応答です．

負荷抵抗 $R_1$ を 10 Ω→100 Ω に変化しても，低域の電圧ゲインは一定の定電圧(CV)特性を示しています．

● 電流モードにすると LPF をフィードバック・ループ内に入れることが容易になる

図4の周波数応答を見ると，ゲイン曲線が − 20 dB/dec，位相曲線が最大 90°遅れで，1 次遅れ系的特性であることがわかります．ポール周波数 $f_p$ は $C_1$ と $R_1$ で決まり，

$$f_p = \frac{1}{2\pi C_1 R_1}$$

となります．

LC 各1個で構成されている2次遅れ系の LPF が 1 次系の応答を示す理由は，インダクタが極めて高い出力インピーダンスで駆動されてインダクタンスとしての特性を失うからです．

この特徴を生かすことで，LPF の後の $V_o$ 端子から前段に配置する制御回路に容易にフィードバックすることができるようになります．

これは負荷条件を変えても，ゲイン曲線に起伏が少なく，最大位相遅れも 90°以内に収まるからです．LPF をフィードバック・ループ内に含めることによっ

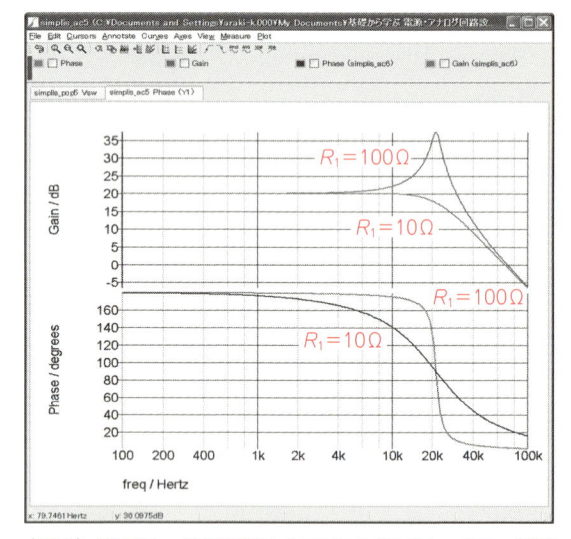

〈図6〉電圧モード自励発振式 PWM D 級パワー・アンプ(図5)の周波数応答
定電圧(CV)出力である．出力電圧が一定なので負荷抵抗が 10Ω→100Ωに変わっても低周波の電圧ゲインは一定である．$L_1$，$C_1$ の2次系 LPF の応答は，CV 駆動されるので典型的な2次系の応答を示す

て，LPF で発生する高調波ひずみ，負荷変動などの外部条件の変動による特性変化を抑制することができます．

一方，図6の電圧モードの高域特性を見ると典型的な2次系の応答を示しています．負荷条件を変えた場合のゲイン変動が大きく，位相遅れも 180°に達するので，LPF をフィードバック・ループ内に入れるのは容易ではありません．

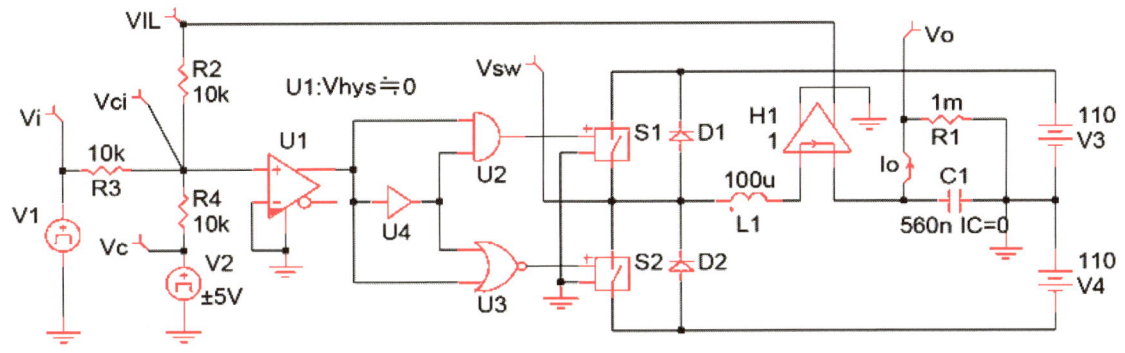

〈図7〉 電流モード他励発振式のPWM D級パワー・アンプ($f_{sw}$ = 200kHz, 三角波比較他励型)
$V_1$：入力信号, $V_2$：変調信号(三角波, ±5V, 200kHz), $U_1$：PWM変調用コンパレータ(ヒステリシス：0), $U_4$：デッド・タイム用遅延時間設定可能バッファ, $U_2$：ANDゲート, $U_3$：NORゲート, $S_1$と$S_2$：ハーフ・ブリッジ・スイッチ($R_{on}$ = 1mΩ, $R_{off}$ = 1megΩ), $D_1$と$D_2$：フリー・ホイール・ダイオード, $L_1$と$C_1$：復調用LPF($f_C$ ≒ 20kHz), $H_1$：電流センサ(電流制御電圧源, 変換ゲイン：1.0V/A), $R_1$：負荷抵抗, $V_3$と$V_4$：DC電源(110V), $V_i$, $V_c$, $V_{ci}$, $V_{IL}$, $V_{sw}$, $V_o$：電圧プローブ, $I_o$：電流プローブ

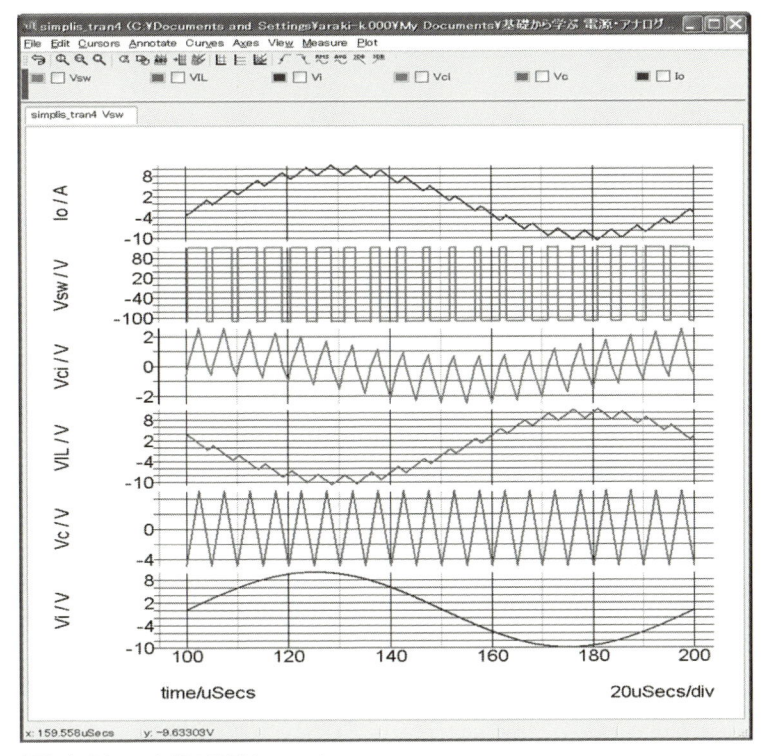

〈図8〉 図7の各部の波形($R_1$ ≒ 0)
コンパレータ$U_1$の入力波形$V_{ci}$が正で$S_1$がON, $S_2$がOFF, 負で$S_1$がOFF, $S_2$がONになる

● 結論
　電流モード自励発振式は，出力電流が入力電圧に比例するトランスコンダクタンス・アンプ(TCA)です．出力は定電流特性です．スイッチング周波数は，出力電圧によって変化します．周波数応答は，1次遅れ系的であり，ゲイン曲線が−20dB/dec，位相遅れも90°以内の範囲が広く，LPFをフィードバック・ループ内に入れるのが容易です．

## 電流モード三角波比較他励式の基本特性

● ねらい
　電流モードと電圧モードの二つのD級パワー・アンプ(いずれも三角波比較他励式)を次の視点で比べてみます．
　・基本動作

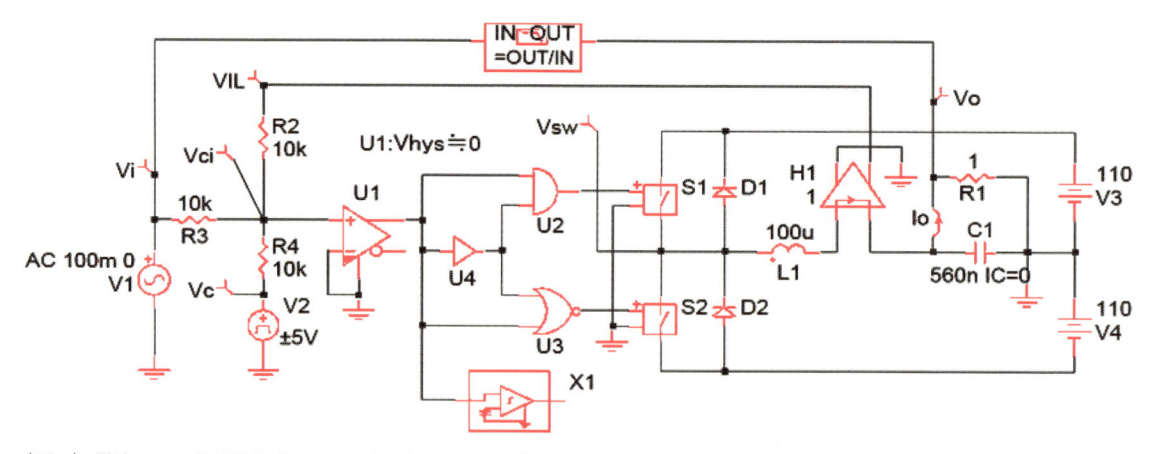

〈図9〉電流モード他励発振式 PWM D 級パワー・アンプの周波数応答(三角波比較型)を調べる回路
$V_1$：試験信号(100mV)，$V_2$：変調信号(三角波，±5V，200kHz)，$U_1$：PWM 変調用コンパレータ(ヒステリシス：0)，$U_4$：デッド・タイム用遅延時間設定可能バッファ，$U_2$：AND ゲート，$U_3$：NOR ゲート，$S_1$ と $S_2$：ハーフ・ブリッジ・スイッチ($R_{on}$ = 1mΩ，$R_{off}$ = 1megΩ)，$D_1$ と $D_2$：フリー・ホイール・ダイオード，$L_1$ と $C_1$：復調用 LPF($f_C$ ≒ 20kHz)，$H_1$：電流センサ(電流制御電圧源，変換ゲイン：1.0V/A)，$R_1$：負荷抵抗，$V_3$ と $V_4$：DC 電源(110V)，$V_i$，$V_c$，$V_{ci}$，$V_{IL}$，$V_{sw}$，$V_o$：電圧プローブ，$I_o$：電流プローブ，$X_2$：POP 解析用トリガ素子(PWM アンプの動作には関係しない)，IN − OUT = OUT/IN：AC 解析用ボード・プローブ(PWM アンプの動作には関係しない)

● 周波数応答

なお，電圧モード・タイプの D 級パワー・アンプ(三角波比較他励式)の詳細は第 4 章で説明ずみです．

▶ 例題回路

(1) 電流モード(図7，図9)
(2) 電圧モード(図11)

● 電流モード(他励式)D 級アンプの回路構成の特徴

電流モード・タイプ(図7)の回路構成に特徴的なのは，電圧モードのコンパレータ入力に，LPF を構成するインダクタに流れる電流がフィードバックされている点です．図8 に電流モード・タイプの各部の波形を示します．

図11 に示す電圧モード・タイプの回路構成からわかるように，電圧モードではインダクタ電流のフィードバックはありません．

▶ 他励式と自励式の違い

なお，三角波比較他励式電流モード・タイプは，前節の電流モード自励発振式ともよく似たトポロジーで，自励発振式のコンパレータ入力に三角波のキャリアを注入した形になっています．しかし，自励発振式のコンパレータに必要なヒステリシスが，三角波比較他励式のコンパレータにはありません．

また，他励式はスイッチング周波数が一定です．電流モード自励発振式は，出力電圧の変化によってスイッチング周波数($f_{sw}$)が大きく変化しました．スイッチング周波数が一定であれば，ノイズ(EMC)対策に有利です．

● 電流モード(他励式)D 級アンプの特性

▶ 電流ゲインを求める式

図7 の直流域の電流ゲイン($G_{dc} = I_o/V_i$)を求める式は次のとおりです．ただし，スイッチング波形は理想的で，$R_2 = R_3 = R_4$ とします．

$$G_{dc} = \frac{V_s}{(R_o + R_1)V_c + V_s K_{H1}}$$

$V_s = V_3 + V_4$
$V_c$：三角波 $V_2$ の振幅[$V_{p-p}$]
$K_{H1}$：電流センサ $H_1$ の変換係数(1.0)[V/A]
$R_o$：$S_1$ と $S_2$ のオン抵抗 $R_{on}$ + $L_1$ の直流抵抗 $R_{dc}$

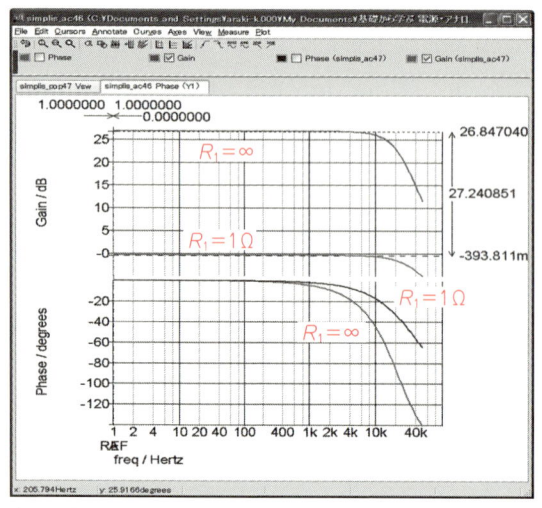

〈図10〉図9 の解析結果[定電圧(CV)と定電流(CC)の中間的な出力特性である]
$L_1$，$C_1$ の 2 次系 LPF の応答は，無負荷($R_1$ = ∞)でもピークは発生しない．特性インピーダンス($\sqrt{L_1/C_1}$ = 13.7Ω)より大きな出力インピーダンス(22Ω)で駆動されるからである

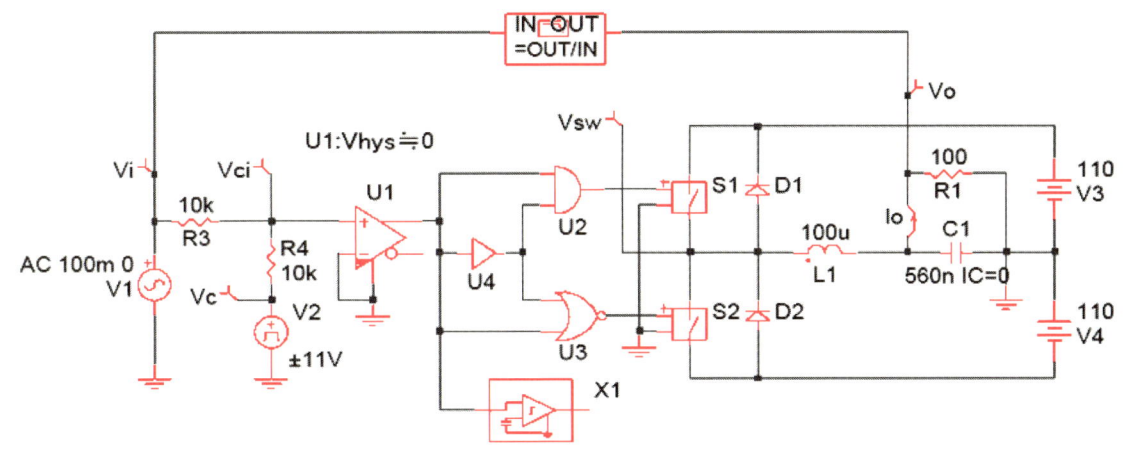

〈図11〉電圧モードD級パワー・アンプの周波数応答(他励発振式)を調べる回路

$V_1$：試験信号(100mV)，$V_2$：変調信号(三角波，±11V，200kHz)，$U_1$：PWM変調用コンパレータ(ヒステリシス：0)，$U_4$：デッド・タイム用遅延時間設定可能バッファ，$U_2$：ANDゲート，$U_3$：NORゲート，$S_1$と$S_2$：ハーフ・ブリッジ・スイッチ($R_{on}$ = 1mΩ，$R_{off}$ = 1megΩ)，$D_1$と$D_2$：フリー・ホイール・ダイオード，$L_1$と$C_1$：復調用LPF($f_C$ ≒ 20kHz)，$R_1$：負荷抵抗，$V_3$と$V_4$：DC電源(110V)，$V_i$，$V_c$，$V_{ci}$，$V_{IL}$，$V_{sw}$，$V_o$：電圧プローブ，$I_o$：電流プローブ，$X_2$：POP解析用トリガ素子(PWMアンプの動作には関係しない)，IN − OUT = OUT/IN：AC解析用ボード・プローブ(PWMアンプの動作には関係しない)

この式から，変調用三角波の振幅$V_c$を小さくするとゲインが増加することがわかります．

なお，次の条件が満足されていなければなりません．

$$|I_{R4}| > |(I_{R3} - I_{R2})|$$

$I_{R2}$，$I_{R3}$，$I_{R4}$：$R_2$，$R_3$，$R_4$を流れる電流

この条件はコンパレータ$U_1$が0をよぎり，スイッチングするために必要です．図8の$V_{ci}$/V(上から3段目)のデータは，0Vを正負によぎっています．

▶ 式の考察…負荷短絡時の保護が簡単

上式から，負荷抵抗$R_1$によって電流ゲインが変わることがわかります．電流ゲインは$R_1$ = 0で最大になり，このとき短絡電流は$V_i/K_{H1}$以下に制限されます．

この短絡電流の制限特性は，負荷短絡保護の設計を容易にします．

▶ 出力インピーダンスはLPFの特性インピーダンスより大きい

図9に示すのは，電流モード三角波比較他励式の周波数特性を解析するためのシミュレーション回路です．図10に，入出力間のゲインと位相の周波数応答を示します．負荷$R_1$を1Ωと無限大(無負荷)としています．

定電圧出力(CV)でも定電流出力(CC)でもなく，その中間の出力インピーダンス($Z_o$)をもつ出力特性であることがわかります．

図10のゲイン・データから$Z_o$を求めることができます．

$$\frac{V_{R1}}{V_{op}} = \frac{R_1}{Z_o + R_1}$$

$V_{R1}$：$R_1$負荷時の出力電圧
$V_{op}$：無負荷時の出力電圧

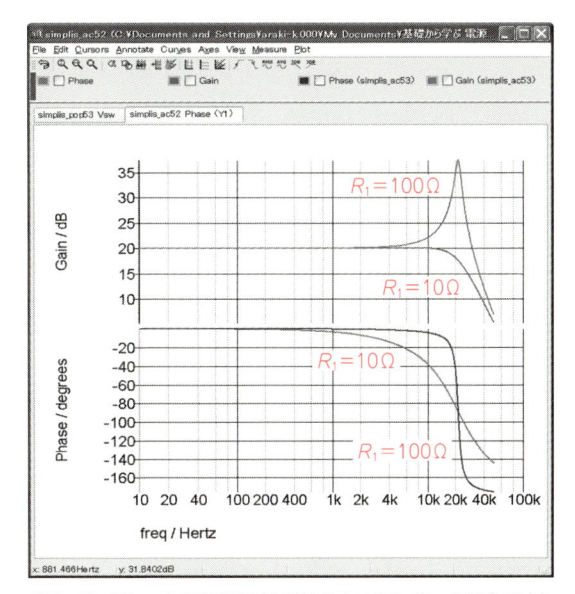

〈図12〉図11の解析結果(典型的な2次遅れ系の応答を示す)

が成立しています．

$$Z_o = R_1\left(\frac{V_{op}}{V_{R1}} - 1\right)$$

となります．

$$\frac{V_{op}}{V_{R1}} = 27.24 \text{ dB}$$

ですから，出力インピーダンスは約22Ωです．これは$L_1$と$C_1$で構成されている2次LPFの特性インピーダンス($\sqrt{L/C}$)より大きく，これが，定電圧駆動の電圧モード(図12)のようなピークが発生しない(安定している)理由です．

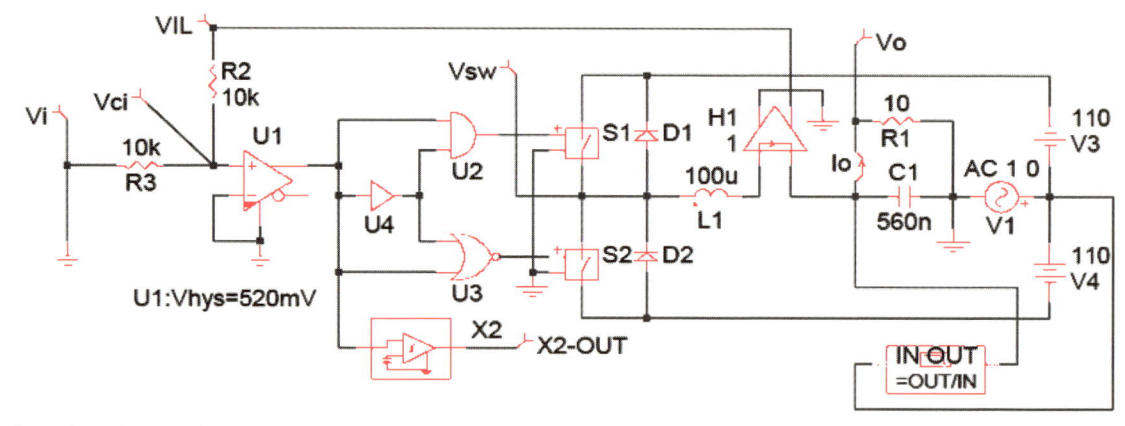

〈図13〉電流モード自励発振式 PWM D 級パワー・アンプの PSRR を調べる
$V_1$：PSRR 測定用試験信号，$U_1$：PWM 変調用コンパレータ（ヒステリシス：520mV），$U_4$：デッド・タイム用遅延時間設定可能バッファ，$U_2$：AND ゲート，$U_3$：NOR ゲート，$S_1$ と $S_2$：ハーフ・ブリッジ・スイッチ（$R_{on}$ = 1mΩ，$R_{off}$ = 1megΩ），$D_1$ と $D_2$：フリー・ホイール・ダイオード，$L_1$ と $C_1$：復調用 LPF（$f_C ≒ 20$kHz），$H_1$：電流センサ（電流制御電圧源，変換ゲイン：1.0V/A），$R_1$：負荷抵抗，$V_3$ と $V_4$：DC 電源（110V），$V_i$，$V_c$，$V_{ci}$，$V_{IL}$，$V_{sw}$，$V_o$：電圧プローブ，$I_o$：電流プローブ，= OUT/IN：ボード・プローブ，$X_2$：POP 解析用トリガ素子（アンプの動作には関係しない）

▶並列運転によるパワー・アップが容易
　出力インピーダンスが比較的高いために，$V_i$ から $V_o$ までの電圧ゲインは負荷抵抗 $R_1$ によって大きく変わります（図10，Gain/dB データ）．
　この負荷抵抗による電圧ゲインの変化の大きさと最大位相遅れが180°に達する特性（図10，Phase/degrees，$R_1 = \infty$ のデータ）は，LC LPF の外側（$V_o$）からのフィードバックには工夫が必要です．状態フィードバックと PI 制御を組み合わせる必要があります．
　出力インピーダンスが比較的高い特性は，並列運転によるパワー・アップを容易にするメリットもあります．
▶参考…電圧モード D 級アンプの周波数応答
　図11に示すのは，電圧モード D 級パワー・アンプ回路，図12はその入出力間の周波数応答です．
　負荷抵抗 $R_1$ を 10Ω → 100Ω に変化しても，低域の電圧ゲインは一定の定電圧（CV）特性を示しています．しかし，LC LPF のカットオフ周波数付近の応答は，負荷抵抗の値によって激しく変化します．

● 結論
　電流モード（三角波比較他励式）は，電圧モード（CV）と電流モード自励発振式（CC）の中間の特性をもちます．
　LC の 2 次 LPF に外側からフィードバックを施すには，状態フィードバックと PI 制御を組み合わせる必要があります．LC LPF の周波数応答にピークは発生しませんが，位相遅れが180°に達し，負荷による電圧ゲイン変動が大きいからです．
　出力インピーダンスが比較的高くできるので（定格負荷抵抗の 2 〜 3 倍），並列運転によるパワー・アップと過電流保護は容易です．

## 電流モードと電圧モード自励発振式の PSRR

● ねらい
　二つの電流モードと電圧モード自励発振式の D 級パワー・アンプの PSRR（電源除去比）を比べます．
▶例題回路
　例題回路は下記の 3 種類です．
（1）電流モード自励発振式 PWM D 級パワー・アンプ（図13）
（2）電流モード三角波比較他励式 PWM D 級パワー・アンプ（図14）
（3）電圧モード自励発振式 PWM D 級パワー・アンプ（図15，第 5 章で既掲載）

● 入出力間のゲインの周波数応答
　PSRR を比べるまえに，信号入力（$V_i$）から出力（$V_o$）までの周波数応答を確認します．図16に結果を示します．20kHz まで，ゲインの変動は 1dB 以内です．
　自励発振式は，電流モード，電圧モード両者とも出力電圧によってスイッチング周波数が大きく変動します．そこで，0V 出力時の周波数がほぼ同じ値（約 520kHz）になるようにしました．電流モード三角波比較他励式のスイッチング周波数は 200kHz です．
▶シミュレーション時の注意点
　シミュレーションするときは，$V_1$ とボード・プローブの IN 端子を移動します．図13 〜 図15 とも，$V_1$ の AC 信号を，$V_i$-GND 間に移動し（$V_3$，$V_4$ の中点は GND に接続），ボード・プローブ（= OUT/IN の箱）の IN 端子を $V_i$ に移動します．図9と図11を参考にしてください．

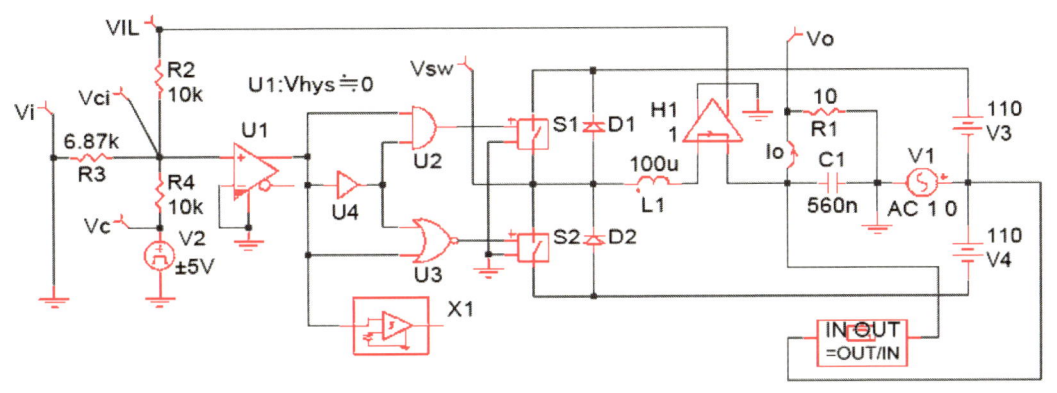

〈図14〉電流モード三角波比較他励式PWM D級パワー・アンプのPSRRを調べる
$V_1$：PSRR測定用試験信号，$V_2$：変調信号（三角波，±5V，200kHz），$U_1$：PWM変調用コンパレータ（ヒステリシス：0），$U_4$：デッド・タイム用遅延時間設定可能バッファ，$U_2$：ANDゲート，$U_3$：NORゲート，$S_1$と$S_2$：ハーフ・ブリッジ・スイッチ（$R_{on}$ = 1mΩ，$R_{off}$ = 1megΩ），$D_1$と$D_2$：フリー・ホイール・ダイオード，$L_1$と$C_1$：復調用LPF（$f_C$ ≒ 20kHz），$H_1$：電流センサ（電流制御電圧源，変換ゲイン：1.0V/A），$R_1$：負荷抵抗，$V_3$と$V_4$：DC電源（110V），$V_i$，$V_c$，$V_{ci}$，$V_{IL}$，$V_{sw}$，$V_o$：電圧プローブ，$I_o$：電流プローブ，$X_1$：POP解析用トリガ素子（PWMアンプの動作には関係しない），＝OUT/IN：AC解析用ボード・プローブ（PWMアンプの動作には関係しない）

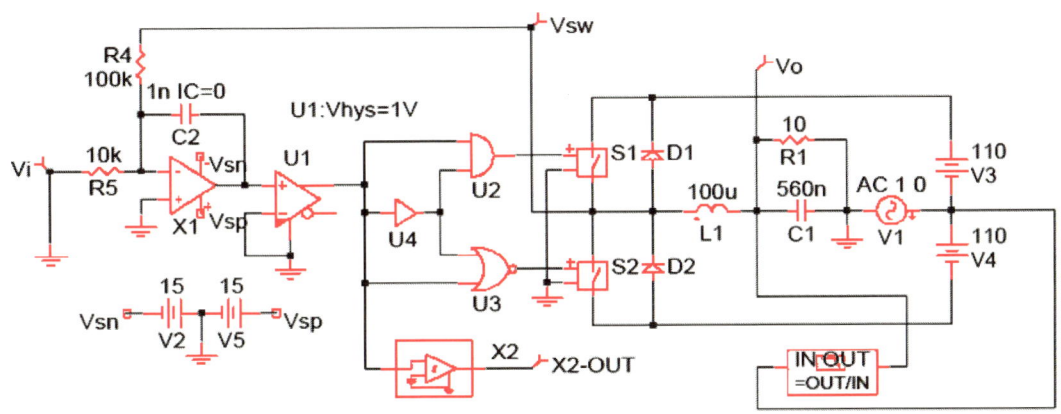

〈図15〉電圧モード自励発振式PWM D級パワー・アンプのPSRRを調べる
$V_1$：PSRR測定用試験信号，$X_1$：積分器用OPアンプ，$U_1$：PWM変調用コンパレータ（ヒステリシス：1V），$U_4$：デッド・タイム用遅延時間設定可能バッファ，$U_2$：ANDゲート，$U_3$：NORゲート，$S_1$と$S_2$：ハーフ・ブリッジ・スイッチ（$R_{on}$ = 1mΩ，$R_{off}$ = 1megΩ），$D_1$と$D_2$：フリー・ホイール・ダイオード，$L_1$と$C_1$：復調用LPF（$f_C$ ≒ 20kHz），$R_1$：負荷抵抗，$V_2$と$V_5$：$X_1$用DC電源（15V），$V_3$と$V_4$：DC電源（110V），$V_i$，$V_c$，$V_{ci}$，$V_{IL}$，$V_{sw}$，$V_o$：電圧プローブ，$X_2$：POP解析用トリガ素子（PWMアンプの動作には関係しない），＝OUT/IN：AC解析用ボード・プローブ（PWMアンプの動作には関係しない）

● PSRRを比べる

　PSRRは，正負電源（$V_3$，$V_4$）の中点に，外乱として試験信号（$V_1$）を注入し，その値が出力に漏洩する値の周波数応答を測ればわかります．

▶ 電流モード自励発振式は高域で優れている

　図17に結果を示します．縦軸がPSRRで，値が小さい（下方向）ほどPSRRが優れています．

　電圧モード自励発振式のPSRRは，図15のOPアンプ（$X_1$）で構成する積分作用で低域ほど良くなります．

　電流モード自励発振式は，1kHz以上の帯域で電圧モードより優れていますが，1kHz以下では－80dBのラインで一定になっています．理由は，電流モードの積分機能は，LPFのインダクタ（$L_1$）による不完全積分作用だからと考えられます．不完全積分では，低

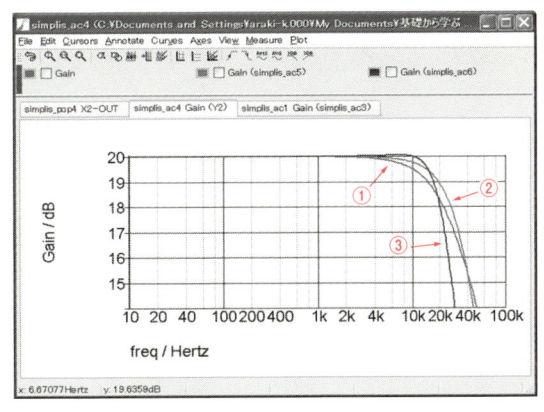

〈図16〉各D級パワー・アンプの$V_i$から$V_o$までの周波数応答（20kHzまで周波数応答のばらつきは1dB以内である）
①：電流モード自励発振式，②：電流モード三角波比較他励式，③：電圧モード自励発振式

域のゲイン増加が限られ，ある周波数以下（本例では1kHz）では一定になるためです．

しかし，1kHz以下でも80dB（1/10000）あるので，オーディオ用パワー・アンプなどでは問題のない値と思われます．さらに，1kHz以下の周波数では，このパワー・アンプの前段に付加する制御装置でもPSRRの改善が期待できます．

▶電流モード三角波比較他励式は10dB

電流モード三角波比較他励式のPSRRは全帯域で10dBです．この値は，電圧モード三角波比較他励式の0dBよりは優れていますが，自励発振式と比べると見劣りします．他励と自励のどちらを採用するかは，
・スイッチング周波数一定
・高PSRR/低波形ひずみ
のどちらを優先するかによって決まります．

● 結論

電流モード自励発振式のPSRRは高い値です．特に1kHz以上の高域では電圧モード自励発振式より優れています．1kHz以下の低域でも80dB以上です．

電流モード三角波比較他励式は，PSRRの特性は10dBとあまり良くありません．前節の結論と合わせて考えると魅力的な方式とは言えません．

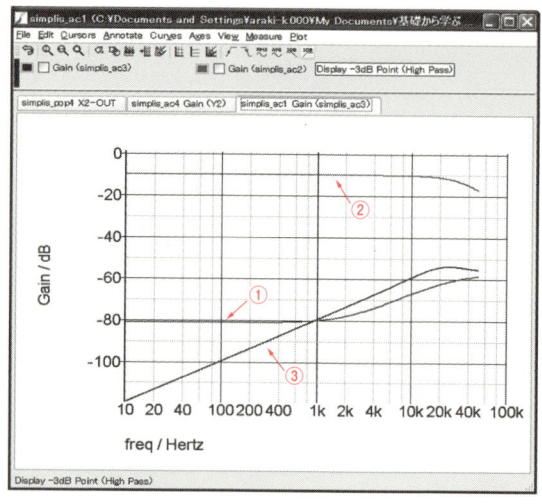

〈図17〉**各D級パワー・アンプのPSRRの周波数特性**
①：電流モード自励発振式，②：電流モード三角波比較他励式，
③：電圧モード自励発振式

## 電流モード自励発振式を定電圧出力に変換する

● ねらい

電流モード自励発振式のPWM方式D級パワー・アンプは，PSRRだけでなく，デッド・タイムによる波形ひずみも，電圧モード自励発振式と同じように優れていると思われます．しかし，定電流出力なので，スピーカを駆動するような定電圧特性を要求するアプリケーションには向いていません．

そこで，定電流出力特性を定電圧に変換するための，LCフィルタの出力からフィードバックする制御回路を検討します．

LCローパス・フィルタの出力から，次の2重フィードバック・ループを構成すると，定電流出力を定電圧出力に変換することができます．

（1）比例制御器による制御ループ（状態フィードバックとも言う）
（2）積分制御器による制御ループ

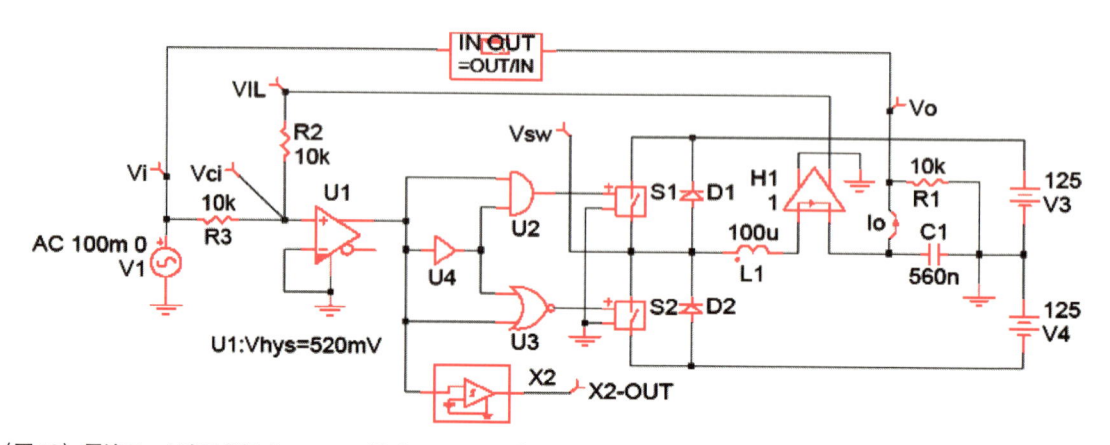

〈図18〉**電流モード自励発振式PWM D級パワー・アンプの周波数応答を調べる**（この回路は定電流出力特性を示す．定電圧出力特性に改良するにはどうしたらよいか？）
$V_1$：AC解析用試験信号，$U_1$：PWM変調用コンパレータ（ヒステリシス：520mV），$U_4$：デッド・タイム用遅延時間設定可能バッファ，$U_2$：ANDゲート，$U_3$：NORゲート，$S_1$と$S_2$：ハーフ・ブリッジ・スイッチ（$R_{on}=1mΩ$, $R_{off}=1megΩ$），$D_1$と$D_2$：フリー・ホイール・ダイオード，$L_1$と$C_1$：復調用ローパス・フィルタ（$f_C≒20kHz$），$H_1$：電流センサ（電流制御電圧源，変換ゲイン：1.0V/A），$R_1$：負荷抵抗，$V_3$と$V_4$：DC電源（125V），$V_i$, $V_c$, $V_{ci}$, $V_{IL}$, $V_{sw}$, $V_o$：電圧プローブ，$I_o$：電流プローブ，$X_2$：POP解析用トリガ素子（アンプの動作には関係しない），＝OUT/IN：ボード・プローブ

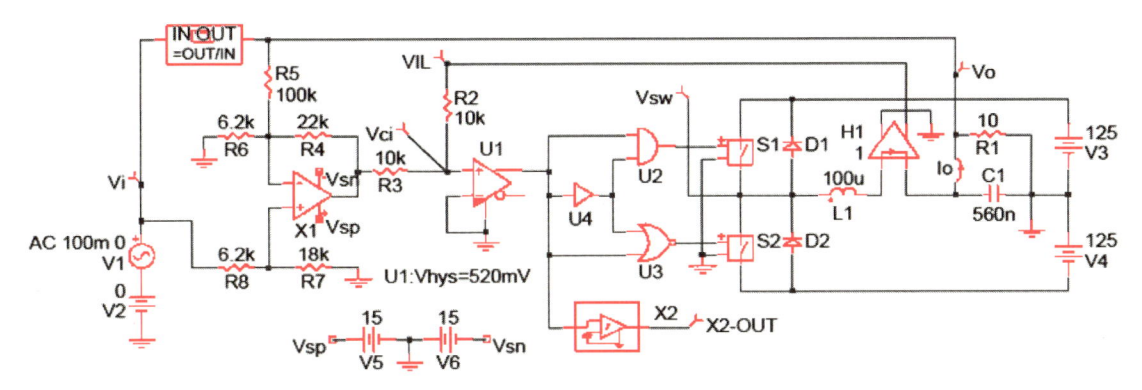

〈図19〉図18に比例制御器($X_1$)を追加して定電圧出力特性に改良する(負荷$R_1$の変動によるゲインの周波数特性の変化を調べる)

$V_1$：AC解析用試験信号，$V_2$：DCレベル発生用DC電源，$U_1$：PWM変調用コンパレータ(ヒステリシス：520mV)，$U_4$：デッド・タイム用遅延時間設定可能バッファ，$U_2$：ANDゲート，$U_3$：NORゲート，$S_1$と$S_2$：ハーフ・ブリッジ・スイッチ($R_{on}=1mΩ$，$R_{off}=1megΩ$)，$D_1$と$D_2$：フリー・ホイール・ダイオード，$L_1$と$C_1$：復調用ローパス・フィルタ($f_C=20kHz$)，$H_1$：電流センサ(電流制御電圧源，変換ゲイン：1.0V/A)，$R_1$：負荷抵抗，$V_3$と$V_4$：DC電源(125V)，$V_i$，$V_o$，$V_{ci}$，$V_{IL}$，$V_{sw}$，$V_o$：電圧プローブ，$I_o$：電流プローブ，$X_1$：比例制御器用OPアンプ，$X_2$：POP解析用トリガ素子(アンプの動作には関係しない)，＝OUT/IN：ボード・プローブ

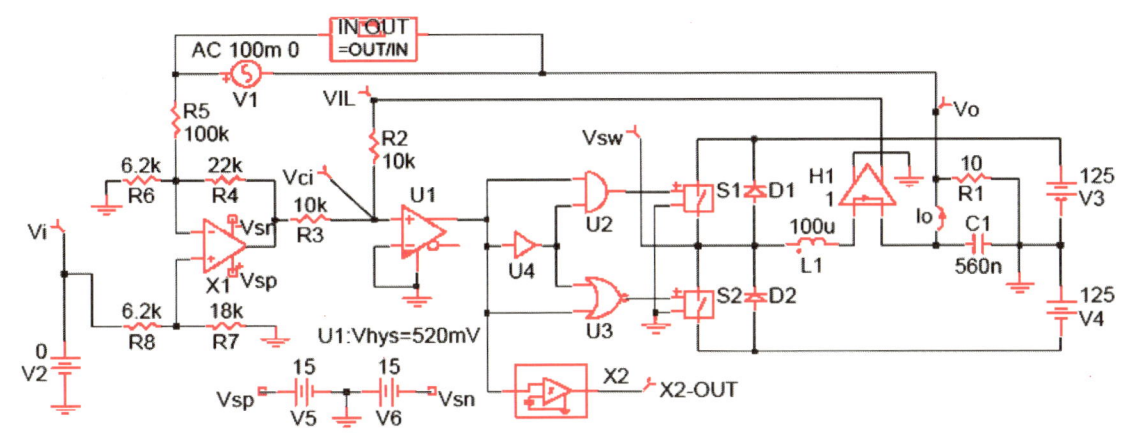

〈図20〉電流モード自励発振式に比例制御器($X_1$)を付加したPWMアンプの位相余裕を調べる

$V_1$：AC解析用試験信号，$V_2$：DCレベル発生用DC電源，$U_1$：PWM変調用コンパレータ(ヒステリシス：520mV)，$U_4$：デッド・タイム用遅延時間設定可能バッファ，$U_2$：ANDゲート，$U_3$：NORゲート，$S_1$と$S_2$：ハーフ・ブリッジ・スイッチ($R_{on}=1mΩ$，$R_{off}=1megΩ$)，$D_1$と$D_2$：フリー・ホイール・ダイオード，$L_1$と$C_1$：復調用ローパス・フィルタ($f_C=20kHz$)，$H_1$：電流センサ(電流制御電圧源，変換ゲイン：1.0V/A)，$R_1$：負荷抵抗，$V_3$と$V_4$：DC電源(125V)，$V_i$，$V_o$，$V_{ci}$，$V_{IL}$，$V_{sw}$，$V_o$：電圧プローブ，$I_o$：電流プローブ，$X_1$：比例制御器用OPアンプ，$X_2$：POP解析用トリガ素子(アンプの動作には関係しない)，＝OUT/IN：ボード・プローブ

▶例題回路

ここでの例題回路は下記の4種類です．回路のおもな仕様を表2に示します．

(1) 電流モード自励発振式PWM D級パワー・アンプの周波数応答シミュレーション(図18)
(2) 電流モード自励発振式に比例制御器($X_1$)を付加したPWMアンプの入出力間の周波数応答シミュレーション(図19)
(3) 電流モード自励発振式に比例制御器($X_1$)を付加したPWMアンプの位相余裕シミュレーション(図20)
(4) 積分制御器($X_3$)を付加し定電圧出力に変換した電流モード自励発振式PWMパワー・アンプ(図21)

〈表2〉シミュレーションする回路のおもな仕様

| 電源 | ±125V |
|---|---|
| 出力電圧 | 最大±100V |
| 出力電流 | 最大±10A |
| 定格負荷抵抗($R_1$) | 10Ω |
| 入力電圧範囲 | ±1V |
| 信号周波数範囲 | DC～10kHz |
| 入力出力間ゲイン($I_o/V_i$) | ×100，40dB，$R_1=10$ |

● 対策前の周波数特性

電流モード自励発振式の出力特性は定電流ですから，負荷の大小によって，周波数特性が大きく変化し

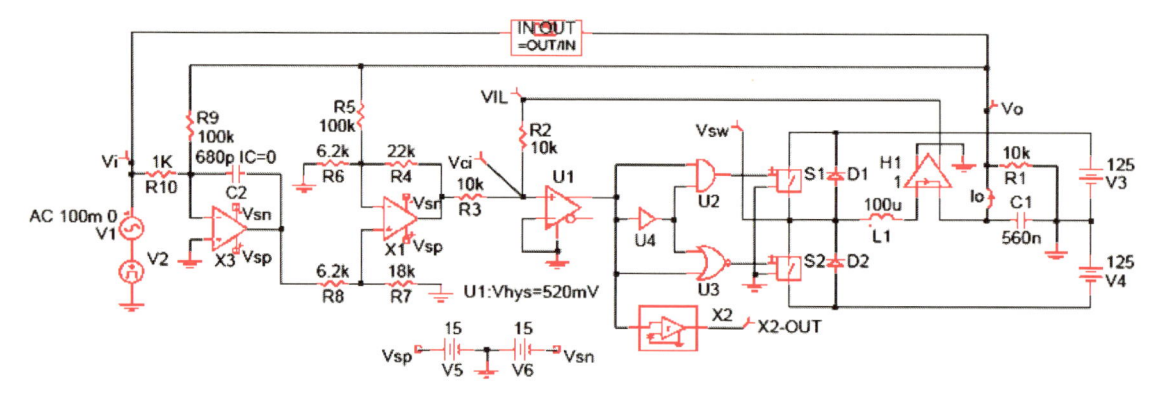

〈図21〉さらに積分制御器($X_3$)を追加して負荷変動を小さくした回路
$V_1$：AC解析用試験信号，$V_2$：過渡解析用試験信号，$U_1$：PWM変調用コンパレータ(ヒステリシス：520mV)，$U_4$：デッド・タイム用遅延時間設定可能バッファ，$U_2$：ANDゲート，$U_3$：NORゲート，$S_1$と$S_2$：ハーフ・ブリッジ・スイッチ($R_{on}$ = 1mΩ，$R_{off}$ = 1megΩ)，$D_1$と$D_2$：フリー・ホイール・ダイオード，$L_1$と$C_1$：復調用ローパス・フィルタ($f_C$ = 20kHz)，$H_1$：電流センサ(電流制御電圧源，変換ゲイン：1.0V/A)，$R_1$：負荷抵抗，$V_3$と$V_4$：DC電源(125V)，$V_i$，$V_c$，$V_{ci}$，$V_{IL}$，$V_{sw}$，$V_o$：電圧プローブ，$I_o$：電流プローブ，$X_1$：比例制御器用OPアンプ，$X_2$：POP解析用トリガ素子(アンプの動作には関係ない)，$X_3$：積分制御器用OPアンプ，= OUT/IN：ボード・プローブ

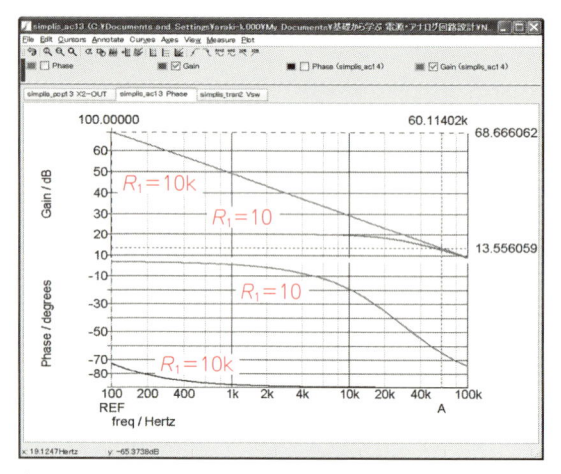

〈図22〉図18のゲインと位相の周波数特性

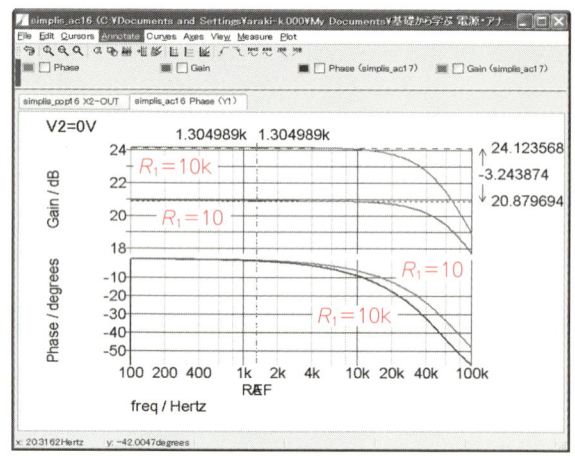

〈図23〉比例制御ループ段を付加した図19のゲイン(上段)と位相(下段)周波数特性

ます．

図18に示す回路で調べてみましょう．図22に解析結果を示します．負荷抵抗$R_1$が10Ω(定格値)のときと10kΩ(≒オープン)のときの結果が示されています．

▶ $R_1$ = 10Ωのとき

10kHz付近までゲイン20dBで一定です．その後，−20dB/oct(1次遅れ)で減衰します．

▶ $R_1$ = 10kΩのとき

100Hz以上の周波数範囲で積分特性を示し，60kHz以上の周波数での両者のゲイン特性が一致します．位相特性は，100kHz以下では最大90°の遅れです．

● 対策…比例制御器を追加
▶ 負荷変動が3dB程度に抑制される

図19に示すように比例制御器($X_1$)を挿入すると，負荷($R_1$)によるゲイン変動が抑制されます．図23に

示すのは，図19の入力($V_i$)に対する出力($V_o$)のゲインの周波数特性です．

10Ω〜10kΩの負荷($R_1$)変化に対して，ゲイン変動は3dB程度に抑制されています．

▶ ゲイン交差周波数($f_{gc}$)はスイッチング周波数($f_{sw}$)の最小値の1/2〜1/3に選ぶ

比例制御ループのゲイン交差周波数($f_{gc}$)は，スイッチング周波数($f_{sw}$)の最小値の1/2〜1/3に選びます．ゲイン交差周波数とは，ループ・ゲインが0dBになる周波数のことです．図19では約60kHzに選んであります．

図20に示すのは，比例制御器を加えた回路のループ・ゲインの周波数特性を調べるシミュレーション回路です．図24に解析結果を示します．

カーソルAから$f_{gc}$ ≒ 60kHz，位相余裕は89.3°以上です．カーソルREFを利用して，$R_1$ = 10Ω時の

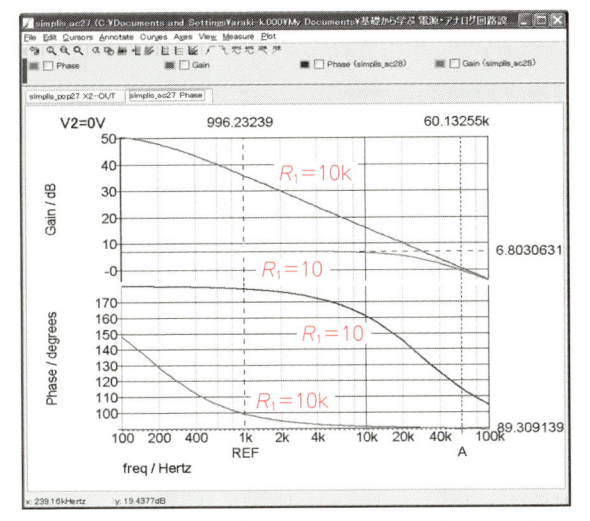

〈図24〉比例制御ループ段(図20)のループ・ゲインのボード線図
カーソルAから,位相余裕は90°($R_1$ = 10kΩ),105°($R_1$ = 10Ω)であることがわかる

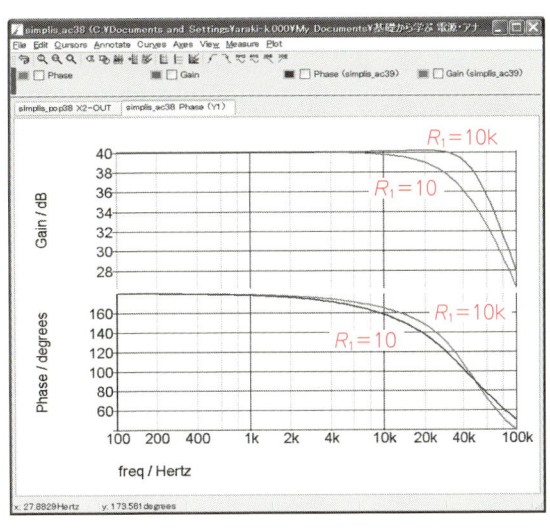

〈図25〉定電圧出力に変換した電流モード自励発振型PWMパワー・アンプ(図21)の総合特性
上段のGain/dBのグラフから,20kHzまで40dB±1dB以内であることがわかる

1kHzにおけるループ・ゲインを読むと6.8dBです.

比例制御器を加えたあとの周波数特性は,直流の出力電圧レベル($V_{odc}$)の影響を受けます.出力のリプルがフィードバックされるためです.そこで,図20の入力信号に直流電圧$V_2$(0～±10V)を加えて,出力の直流レベルを可変しながら,周波数特性の変化を調べてみます.$V_{odc}$は,$V_o$の直流成分です.図23は$V_{odc}$ = 0Vのときの周波数特性です.

$V_o$端子にあるスイッチング周波数($f_{sw}$)のリプル成分がフィードバックされると,コンパレータ入力波形(図19の$V_{ci}$)を変形させます.その影響でループ・ゲインが低下して,位相遅れが大きくなります.

出力電圧$V_o$に含まれるリプル成分の大きさは,$V_{odc}$がフルスケール(±100V)のときに最大になります(スイッチング周波数$f_{sw}$が最低).スイッチング周波数($f_{sw}$)が低下すると,$L_1$と$C_1$のローパス・フィルタの減衰量が減少して出力リプルが増加します.

悪いことに,スイッチング周波数($f_{sw}$)の低下は,リプル成分のフィードバックによって強調されます.−100V≦$V_o$≦100Vにおける$f_{sw}$の変化範囲は,図18で200k～600kHz,比例制御器付きの図19で130k～600kHzです.

自励発振式PWMのスイッチング周波数($f_{sw}$)は,$V_{odc}$やリプルのほかに,入力信号の時間変化率(スリュー・レート)にも影響されます.

● 対策…さらに積分制御器を追加

比例制御ループだけでは,無負荷と定格負荷(10Ω)で,約3dBの負荷変動が残ります.これで定電圧出力とは言えません(図23).

図20に示すように積分制御器を挿入すると,理想的な定電圧出力特性になります.

この積分制御ループのゲイン交差周波数は,図23の最大ゲイン($R_1$ = 10kΩ)における位相遅れが30°の値(約36kHz)に選びます.この周波数でループ・ゲインが0dB以下になるように積分時定数($C_2R_9$)を選びます.入力-出力間のゲインは,$R_9/R_{10}$で決まります.

▶帯域はローパス・フィルタの1.5倍に広がる

図25に総合特性を示します.周波数特性は負荷抵抗($R_1$)が10Ω～10kΩ(=無負荷)の範囲で10kHzまでフラットです.

10Ω負荷時の−3dBの周波数は33kHzです.$L_1$と$C_1$で構成するローパス・フィルタの遮断周波数$fC$(−3dB)は21kHzですから,帯域は1.5倍ほど広がりました.

● 結論

比例制御ループ(状態フィードバック)と積分制御(PI制御)ループのマルチフィードバック・ループを採用すれば,定電流出力特性をもつ電流モード自励発振式を定電圧出力のPWMアンプに変換できます.

このマルチフィードバック・ループ(状態フィードバック+PI制御)を使えば,他励式の電流モードも安定に定電流出力に変換できます.

ただし,スイッチング周波数の変化範囲が低いほうに広がり,帯域が制限されます.また,出力リプルも増えます.スイッチング周波数は,出力電圧,入力信号のスリュー・レート,出力のリプル成分の影響を受けるためです.

# 第7章

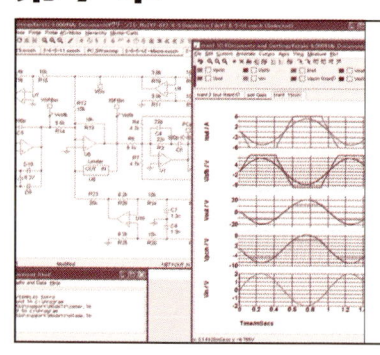

波形ひずみや素子の破壊を招く

# 電源電圧が変動する
# パンピング現象とその対策

荒木 邦彌
Araki Kuniya

　ハーフ・ブリッジD級パワー・アンプではパンピング（pumping）という現象が生じます．

　この現象は，整流回路を出力にもつ正負の電源で動作するハーフ・ブリッジD級パワー・アンプで，直流成分など低周波信号を出力する場合に発生します．平均出力電流を供給する電源の反対極性側の電源電圧が，異常に上昇または下降する現象です．出力電流の平均値が負の場合は正側電源電圧が上昇し，正の場合は負側電源電圧が下降します．

　その弊害は，上昇（下降）の程度が低い場合には，正負電源電圧の非対象が原因で波形ひずみを発生させます．程度が高い場合には，ハーフ・ブリッジのスイッチング素子を破壊させる事故を招きます．正負電源電圧の合計値が，スイッチング素子の耐電圧以上に上昇するからです．

　したがって，整流電源とハーフ・ブリッジの組み合わせのD級パワー・アンプではDC増幅ができません．AC信号専用増幅の場合もDCオフセット電流に注意が必要です．

● ねらい

　本節では，パンピング現象発生のメカニズムとその対策について，回路シミュレータを使って検討します．

▶ 例題回路

　下記の3種類の回路で検討します（SIMPLISの過渡解析）．回路のおもな仕様を表1に示します．

(1) パンピング再現回路（電圧モード他励式PWMハーフ・ブリッジD級パワー・アンプ）：図1
(2) パンピング対策1：図3
(3) パンピング対策2：図5

## パンピングのメカニズム

● 電源電圧が上昇／下降するパンピング現象

　図1に示すのは，ハーフ・ブリッジのパンピング現象を検証する電圧モード他励式（三角波比較方式）のD級パワー・アンプです．

　評価版シミュレータ（SIMetrix/SIMPLIS Intro）の素子数の制限を回避するために原理的な回路にしました．整流回路は本来AC電源を整流しますが，今回は

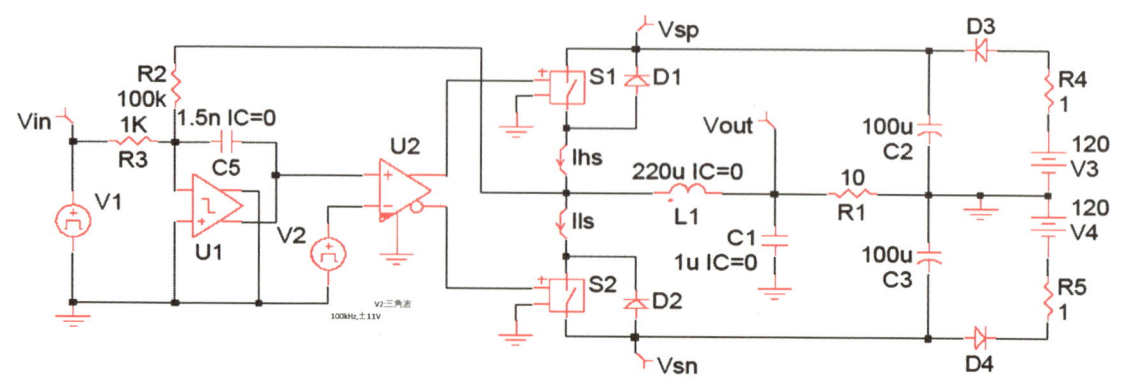

〈図1〉電圧モード他励式PWMハーフ・ブリッジD級パワー・アンプは直流成分などの低周波信号を出力すると電源電圧が変動するパンピング現象が生じる（出力電圧$V_{out}$は0〜−100Vの正弦波を出力）

$V_1$：入力信号源，$V_2$：変調用三角波（100kHz，±11V），$V_3$，$V_4$：DC電源（120V），$U_1$：積分器用電圧制御電圧源（ゲイン：10000倍），$U_2$：PWM変調用コンパレータ，$S_1$と$S_2$：ハーフ・ブリッジ用スイッチング素子，$C_1$：LPF用コンデンサ，$C_2$と$C_3$：平滑コンデンサ，$C_5$：積分コンデンサ，$D_1$と$D_2$：フリー・ホイール・ダイオード，$D_3$と$D_4$：整流回路模擬ダイオード，$L_1$：LPF用インダクタ，$R_1$：負荷抵抗，$R_2$：積分器フィードバック抵抗（$G = -R_2/R_3$），$R_3$：積分器入力抵抗，$R_4$と$R_5$：電源インピーダンス模擬抵抗，$V_{in}$，$V_{out}$，$V_{sp}$，$V_{sn}$：波形観測用電圧プローブ（アンプ動作には関係しない），$I_{hs}$，$I_{ls}$：波形観測用電流プローブ（アンプ動作には関係しない）

DC電源($V_3$, $V_5$)にダイオード($D_3$, $D_4$)を追加した回路で代用し，ハーフ・ブリッジ($S_1$, $S_2$, $D_1$, $D_2$)の$S_1$, $S_2$の同時ON状態を回避するためのデッド・タイム生成回路は省略してあります．本来はOPアンプで作る積分器($U_1$)も，出力電圧制限付きの電圧制御電圧源で代用しました．

電圧モード他励式(三角波比較方式)D級パワー・アンプの基本動作については第5章を参照してください．

● シミュレーション結果

図1のシミュレーション結果を図2に示します．最下段の"$V_{out}$/V"のデータが出力波形です．−50Vを中心とした$100V_{p-p}$(0〜−100V)の1kHz正弦波が出力されています．

出力電流のほとんどは，次の経路で$S_1$のON期間中に供給されています．

$C_2$, $C_3$の交点のGND→負荷$R_1$→$L_1$→電流プローブ$I_{ls}$→$S_2$

このことは，図2の"$I_{ls}$/A"のデータが多くの時間，正極性であることから読み取れます．$I_{ls}$は$S_2$と$D_2$に流れる電流を計測しています．

$L_1$の電流は，$S_2$がOFFし，$S_1$がONしても連続して同じ極性で流れ続けます．したがって，$S_1$がONの期間の$L_1$に流れる電流は，

$$L_1 \to I_{hs} \to (S_1 + D_1) \to C_2$$

〈表1〉回路のおもな仕様

| 電源 | ±120V |
|---|---|
| 出力電圧 | 最大±100V |
| 出力電流 | 最大±10A |
| 定格負荷抵抗($R_1$) | 10Ω |
| 入力電圧範囲 | ±1V |
| 信号周波数範囲 | DC〜5kHz |
| 入力出力間ゲイン($I_o/V_i$) | ×100, 40dB, $R_1$=10 |

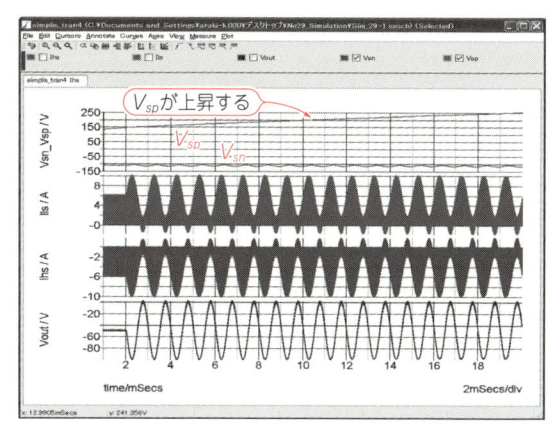

〈図2〉図1のシミュレーション結果
出力電流の平均値の極性(負)に対して反対極性の電源電圧($V_{sp}$)が上昇する

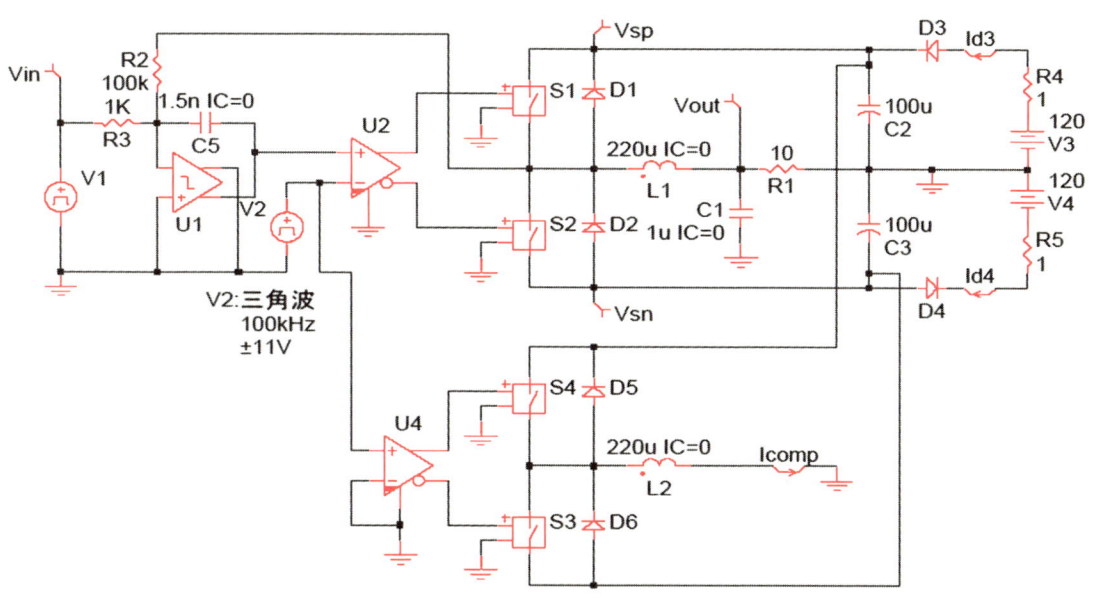

〈図3〉パンピング対策回路を追加 [電源($V_{sp}$, $V_{sn}$)と並列に無制御のハーフ・ブリッジ($U_4$, $S_4$, $S_3$)を追加．このハーフ・ブリッジは$V_{sp}$と$V_{sn}$がバランスするように$L_2$に電流を流す]

$V_1$：入力信号源，$V_2$：変調用三角波(100kHz, ±11V)，$V_3$と$V_4$：DC電源(120V)，$U_1$：積分器用電圧制御電圧源(ゲイン：10000倍)，$U_2$と$U_4$：PWM変調用コンパレータ，$S_1$, $S_2$, $S_3$, $S_4$：ハーフ・ブリッジ用スイッチング素子，$C_1$：LPF用コンデンサ，$C_2$と$C_3$：平滑コンデンサ，$C_5$：積分コンデンサ，$D_1$, $D_2$, $D_5$, $D_6$：フリー・ホイール・ダイオード，$D_3$と$D_4$：整流回路模擬ダイオード，$L_1$：LPF用インダクタ，$L_2$：パンピング補償用インダクタ，$R_1$：負荷抵抗，$R_2$：積分器フィードバック抵抗($G=-R_2/R_3$)，$R_3$：積分器入力抵抗，$R_4$と$R_5$：電源インピーダンス模擬抵抗，$V_{in}$, $V_{out}$, $V_{sp}$, $V_{sn}$：波形観測用電圧プローブ(アンプ動作には関係ない)，$I_{d3}$, $I_{d4}$：波形観測用電流プローブ(アンプ動作には関係ない)

という経路で流れます．すると $C_2$ が充電されて，図2に示す"$V_{sp}$"のデータのように正電源の電圧 $V_{sp}$ が上昇します．図2の"$I_{hs}$"の極性がほとんどの期間で負極性であることに注目してください．

この現象は，あたかも負電源($V_4$)からポンプで電荷が汲み上げられ，$C_4$ に充電されるように見えるのでパンピング現象と呼ばれます．これは昇圧型(ブースト)コンバータの原理と同じです．

本例は出力が負極性の場合を示しましたが，正極性の場合は $C_3$ が充電され，"$V_{sn}$"が負方向に増大します．

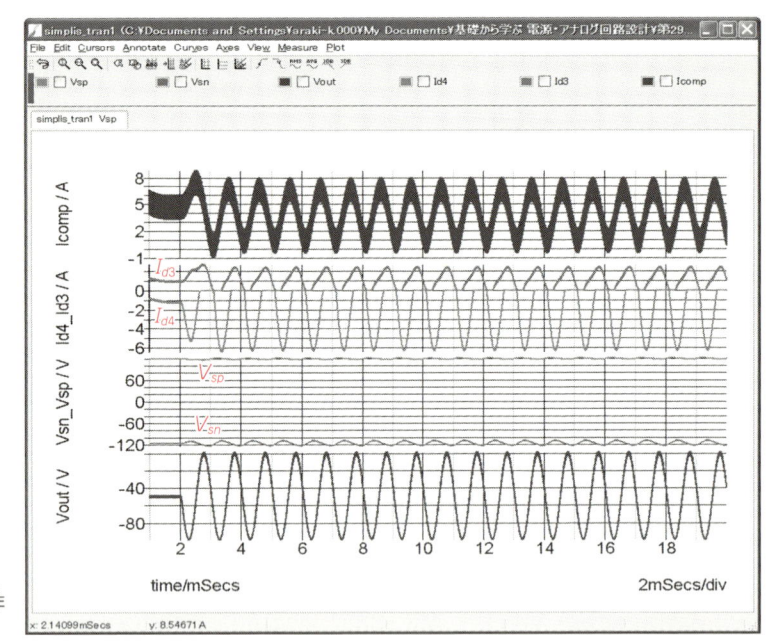

〈図4〉図3のシミュレーション結果
$V_{sp}$ と $V_{sn}$ はほぼ一定に保たれる．ただし，リプル電圧やダイオード電流($I_{d3}$, $I_{d4}$)が非対称なままで，完全な対策とは言えない

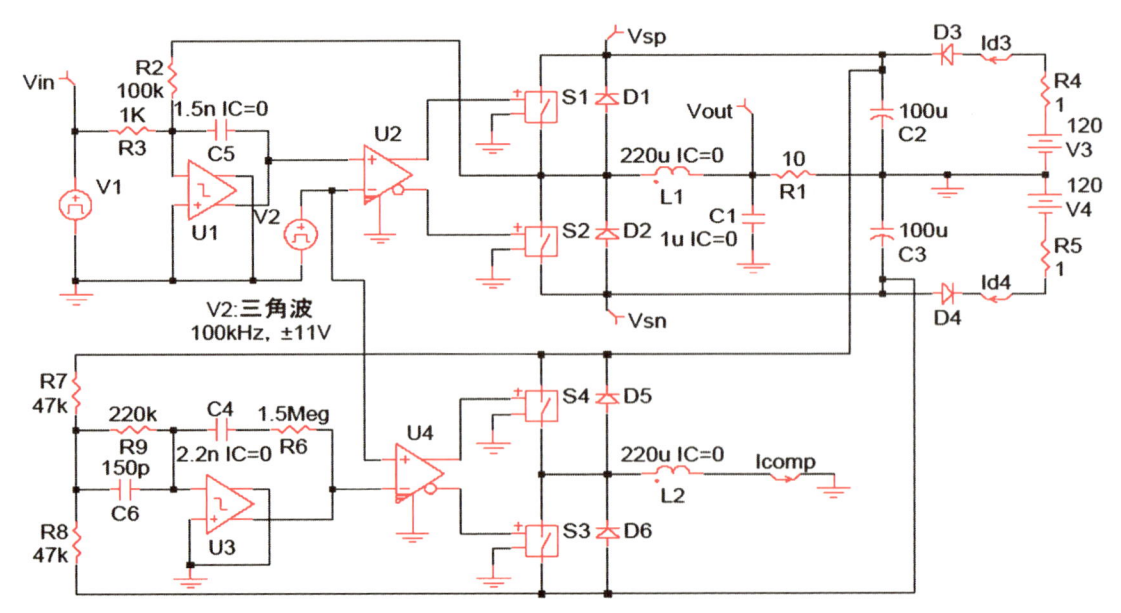

〈図5〉図3に進み補償付き PI 制御器($U_3$)を追加(リプル成分を含めて $V_{sp}$ と $V_{sn}$ が正負対称になる)
$V_1$：入力信号源，$V_2$：変調用三角波(100kHz，± 11V)，$V_3$ と $V_4$：DC 電源(120V)，$U_1$：積分器用電圧制御電圧源(ゲイン：10000 倍)，$U_2$ と $U_4$：PWM 変調用コンパレータ，$U_3$：PI 制御器用電圧制御電圧源(ゲイン：10000 倍)，$S_1$, $S_2$, $S_3$, $S_4$：ハーフ・ブリッジ用スイッチング素子，$C_1$：LPF 用コンデンサ，$C_2$ と $C_3$：平滑コンデンサ，$C_4$：PI 制御用積分コンデンサ，$C_5$：積分コンデンサ，$C_6$：進み補償用コンデンサ，$D_1$, $D_2$ $D_5$, $D_6$：フリー・ホイール・ダイオード，$D_3$ と $D_4$：整流回路模擬ダイオード，$L_1$：LPF 用インダクタ，$L_2$：パンピング補償用インダクタ，$R_1$：負荷抵抗，$R_2$：積分器フィードバック抵抗($G = - R_2/R_3$)，$R_3$：積分器入力抵抗，$R_4$ と $R_5$：電源インピーダンス模擬抵抗，$R_6$：PI 制御用抵抗，$R_7$ と $R_8$：フィードバック抵抗，$R_9$：位相進み補償用抵抗，$V_{in}$, $V_{out}$, $V_{sp}$, $V_{sn}$：波形観測用電圧プローブ(アンプ動作には関係しない)，$I_{d3}$, $I_{d4}$：波形観測用電流プローブ(アンプ動作には関係しない)

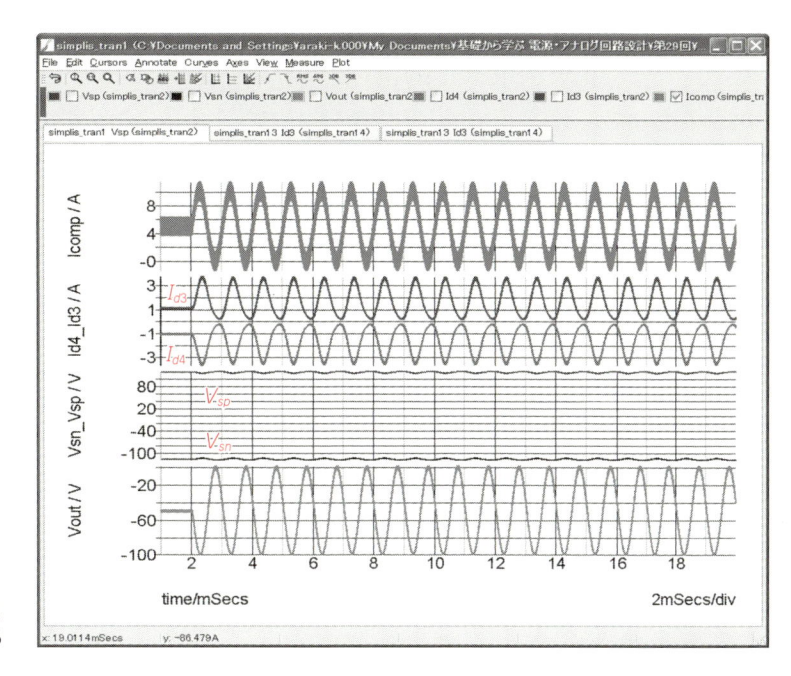

〈図6〉図5のシミュレーション結果
リプル電圧やダイオード電流が対称になる

## パンピングの対策方法

### ● 逆パンピングによる対策回路

図3に示すのはパンピングを防止した逆パンピングによる対策回路です．無制御のハーフ・ブリッジ回路を電源ライン（$V_{sp}$, $V_{sn}$）に並列に接続しました．

図4はシミュレーション結果です．

$S_4$ と $S_3$ は常に50%デューティでスイッチングしています．スイッチング周波数は，アンプ部の三角波（$V_2$）を共有しているのでアンプ部と同じです．$V_{sp}$ と $V_{sn}$ が非対象になろうとすると，$L_2$ 両端の平均電圧をゼロにしようと働き，絶対値の高い電圧側から低い電圧側に向かった電荷が移動し，正負電源電圧を対称にします．

まさに，パンピング現象を逆手に取った逆パンピング作戦といえるでしょう．

▶図4をもう少し詳しく考察

$V_{sp}$ と $V_{sn}$ は，ほぼ対称となるように維持されており，パンピングが防止さています．

$L_2$ に流れる電流（$I_{comp}$）は，ほぼ全域で正極性で，正側電源 $V_{sp}$ から負側電源 $V_{sn}$ に向かって電荷が移動しています．

整流ダイオードの電流 $I_{d3}$ と $I_{d4}$ は非対称で，ほとんどのエネルギーは負電源 $V_4$ から供給されています（$V_4 : V_3 = 6 : 2$）．それは，$V_{sp}$ と $V_{sn}$ のリプル波形の違いとなって現れています．

### ● 位相進み補償付きPI制御を加えれば完璧！

図5に示すのは図3の改良型です．補償用ハーフ・ブリッジにPI制御器（$U_3$）を付加した，ほぼ完璧なパンピング対策回路です．

PI制御器は，$C_6$ と $R_9$ による位相進み補償回路です．$L_2$, $C_2 + C_3$ によって構成される2次遅れ系の位相遅れを補償しています．

図6にシミュレーション結果を示します．$V_{sp}$ と $V_{sn}$ はリプル波形を含めて対称的に補償されています．整流ダイオード電流 $I_{d3}$, $I_{d4}$ も対称的になり，出力電圧の極性がほとんど負極性だけなのにもかかわらず，電源電流は正負がほぼ同じ値のエネルギーを供給していることがわかります．その結果，$I_{d4}$ のピーク電流は図4の値から約1/2に減少しています．

### ● 結論

ハーフ・ブリッジのD級パワー・アンプに，PI制御付きのハーフ・ブリッジを追加することでパンピングは防止でき，正負電源電流も対称的かつ平準化することができます．

この対策は，ハーフ・ブリッジをフル・ブリッジ化するのに等しく，部品数やコストの増大を招きます．しかし，マルチアンプ構成のオーディオ用D級パワー・アンプ（パワー・アンプ複数チャネルに対して対策回路1チャネル）などのように，出力の片側は接地電位にしたい場合や，電源と出力の両方を接地電位としなければならないアプリケーションには有用です．

この対策によって，ハーフ・ブリッジD級パワー・アンプでもDC増幅が可能になります．

# 第8章

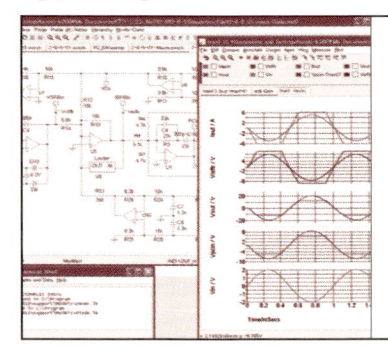

制御部の設計が損失やEMCを左右する

## フル・ブリッジ方式 D級パワー・アンプの設計

荒木 邦彌
Araki Kuniya

本章は，フル・ブリッジ方式D級パワー・アンプがテーマです．この方式には，ハーフ・ブリッジ方式に対して次のような長所があります．
(1) 整流電源を使ってもパンピングが発生しない
(2) 電源電圧の約2倍の電圧を出力できる
(3) スイッチング周波数を等価的に2倍にできる
(4) 変調ノイズ成分（スイッチング周波数+変調積成分とそれらの高調波群）が信号出力電圧に比例して，ロー・ノイズである

DC成分まで増幅する場合は，(1)が重要です．(3)(4)の特徴は，復調用のLPFの簡素化に有用です．

(1)～(4)のすべての長所を兼ね備えているのは，両側（三角波比較他励式）3レベルPWM方式です（以下，本方式とする）．

一方，フル・ブリッジ方式は，負荷と電源の電位を共通にできません．すなわち，電源と負荷を同時には接地電位にできず，電源を接地としたら負荷はフローティング，負荷を接地とするならば電源はフローティングとしなければなりません．そして，回路が複雑でコストが高いなどの欠点もあります．

本章では，この方式で4Ωスピーカに50Wのパワーを供給できるD級パワー・アンプを例にして，次の項目について回路シミュレータで解析しながら解説します．
(1) 電力変換部の主回路MOSFETの損失
(2) 電力変換部を平均化簡易モデルに変換
(3) 状態フィードバックを採用した制御部設計

パワー・アンプのD級化の目的は，損失を減らし，高効率にすることにあります．(1)では損失の主要素であるフル・ブリッジ用MOSFETの損失をシミュレーションで求めます．

スイッチング回路が主となる電力変換部を含むD級アンプのシミュレーションは解析時間が長く不便です．SPICE系のシミュレータでは制御部設計では必須なAC解析ができません．そして，素子数が多く，SIMetrix/SIMPLIS Introではシミュレーションができません．そのため，(2)で電力変換部を線形化した平均化簡易モデルに変換します．(3)では，そのモデルを使って制御部を設計します．

● 本章の主要テーマは制御部設計

D級パワー・アンプでは制御部の働きが重要です．ここで採用する他励フル・ブリッジの電力変換方式は，ゲインが電源電圧に比例して変動し，復調用LPFの応答が負荷の値によって大きく変動します．それらの変動を抑制し，安定化するのが制御部です．入出力間のゲイン変動を抑え，波形ひずみを改善するのも制御部の機能です．

復調用LPFは最小構成でも2次LC回路です．このLPFは，位相遅れが180°に達します．そのため，LPFを制御ループの中に含めるには工夫が必要です．ここでは，状態フィードバック[1]を採用し，周波数応答を改善し，LPFも制御ループに含めた制御部を設計します．

過電流保護もパワー・アンプの重要な課題です．最後の節では，出力短絡などで過電流になると，定電圧出力から定電流にスムーズに移行し，フル・ブリッジのMOSFETなどにストレスを与えない過電流保護システムを提案します．この過電流保護システムも制御部の担当です．本章の主要テーマは制御部の設計です．

● 汎用ICとディスクリートMOSFETで構成

**図1**は本方式のD級パワー・アンプの電力変換部のブロック図です．その実機回路が**図2**です．

主要定格は，出力電圧±20V，出力電流±5A，正弦波出力50W（4Ω負荷），周波数範囲DC～20kHzです．

PWM変調のコンパレータの入力信号と変調波の比較は，ブロック図では差動比較になっていますが，回路図（$U_{5a}$，$U_{5b}$）ではシングルエンドの抵抗比較にしてあります．これは，コンパレータのコモンモード電圧範囲の要求を緩和するためです．

三角波発生部は，積分器（$U_{4a}$）とコンパレータ（$U_{7a}$）とインバータ（$U_{8c}$～$U_{8f}$）によるFunction Generator構成です．周波数は約300kHzです．積分キャパシタ（$C_{43}$）または，積分抵抗（$R_{28}$）で周波数を変えること

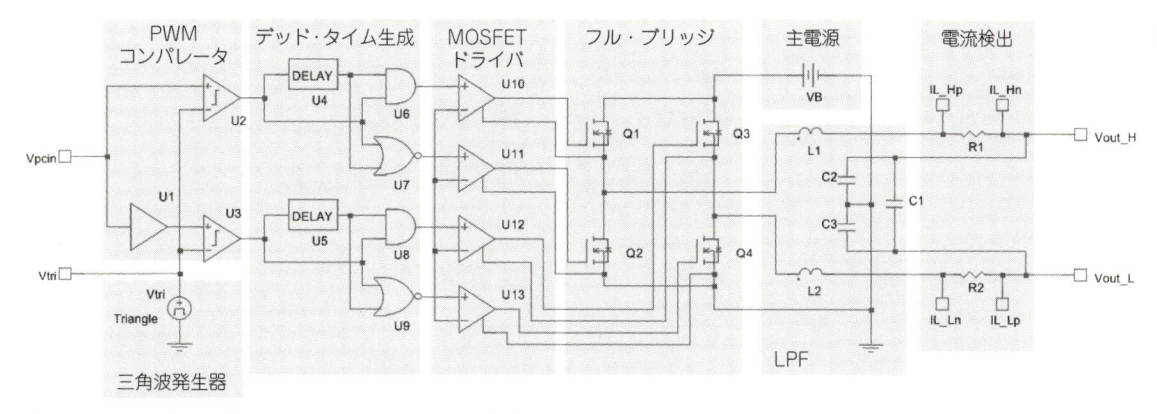

〈図1〉フル・ブリッジD級パワー・アンプの電力変換部のブロック図
出力電圧：±20V，出力電流：±5A，定格負荷：4Ω，周波数：DC～20kHz，変調方式：3角波（両側）変調PWM，トポロジー：3レベル（フル・ブリッジ），電源：負極接地，出力：平衡（片側接地不可），復調LPF：2次LCフィルタ，インダクタ電流（$I_L$）検出：シャント抵抗＋電流センシングIC

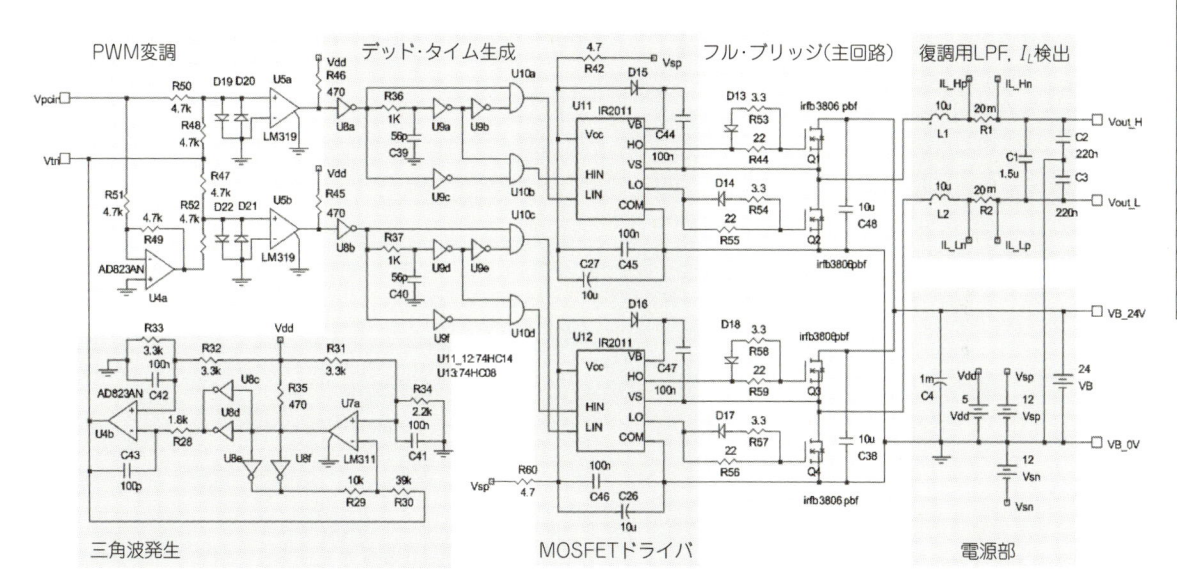

〈図2〉汎用アナログICと単体MOSFETで構成したフル・ブリッジD級パワー・アンプの電力変換部の回路

ができます．

　デッド・タイムは，$RC$の1次遅れ回路（$R_{36} \cdot C_{39}$，$R_{37} \cdot C_{40}$）によって設定しています．約50nsです．

　MOSFETドライバは，ハイ・サイドMOSFET（$Q_1$，$Q_3$）用電源をロー・サイド用電源（$V_{sp}$ = 12V）からチャージ・ポンプで汲み上げる方式のIR2011（インターナショナル・レクティファイアー）を使いました．

　フル・ブリッジ用MOSFET（IRFB3806PbF；インターナショナル・レクティファイアー）の$V_{DSS}$は60V，$R_{DS(ON)}$は12.6mΩ$_{typ}$です．

　$L_1$，$L_2$，$C_1$，$C_2$，$C_3$は復調用LPFです．$R_1$，$R_2$はインダクタ電流検出用シャント抵抗です．

▶基本動作をシミュレーションで確認

　図2の回路で，目標の定格の最大電流，最大電圧が満足できるかをシミュレーションで確認します．シミュレーション回路は図3です．

　シミュレーション結果の図4から，4Ω負荷に対して±20V以上の電圧を出力できることがわかります．

▶電源は平均電流の2倍のピーク電流が必要

　電源は主電源（$V_B$ = 24V），OPアンプ用に±12V（$V_{sp}$，$V_{sn}$）とロジックIC用の+5V（$V_{dd}$）から構成されます．主電源の負極は接地電位です．したがって，出力はフローティングです．スピーカのような負荷が対象です．

　主電源に必要な電力$P_{VB}$は，

$$P_{VB} = V_O I_{OAVG} = \frac{P_O}{\eta}$$

です．ここで，$V_O$は電源電圧，$I_{OAVG}$は電源からの

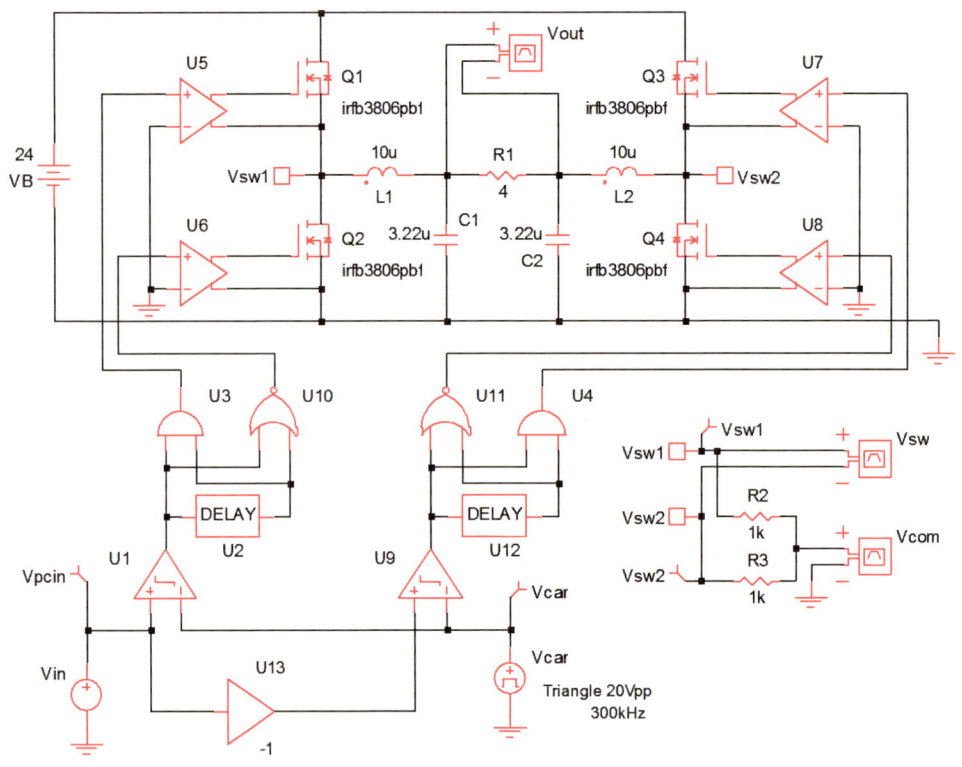

〈図3〉電力変換部の回路(図2)の基本動作を確認するシミュレーション回路(電圧モード，三角波比較型，3レベル，2信号，1キャリア方式PWM．回路シミュレータ：SIMetrix)
$V_{in}$：試験入力信号，$V_{car}$：PWMキャリア用三角波，$V_B$：DC電源(24V)，R1：負荷抵抗，$U_1$と$U_9$：PWM変調用コンパレータ(Laplace Transfer Function素子)，$U_2$と$U_{12}$：デッド・タイム生成用ディジタル遅延素子，$U_3$と$U_4$：ANDゲート(遅延時間100ns)，$U_{10}$と$U_{14}$：NORゲート(遅延時間100ns)，$U_5$~$U_8$：MOSFETゲート・ドライバ用電圧制御電圧源，$Q_1$~$Q_4$：フル・ブリッジMOSFET，$C_1$と$C_2$：復調ローパス・フィルタ用コンデンサ，$L_1$と$L_2$：復調ローパス・フィルタ用インダクタ，$R_1$：負荷抵抗，$V_{out}$，$V_{sw}$，$V_{com}$：波形観測用差動電圧プローブ，$V_{sw1}$，$V_{sw2}$：波形観測用差動電圧プローブ

平均出力電流，$\eta$は電力変換部の変換効率とすると．

$$I_{OAVG} = \frac{(P_O/\eta)}{V_O}$$

となりますが，アンプ出力が正弦波の場合，電源からのピーク出力電流$I_{OPK}$は，

$$I_{OPK} = 2I_{OAVG}$$

となります．したがって，図2の$V_B$の電源容量は，$\eta = 0.9$，$P_O = 50$ Wとすると，

$I_{OAVG} = 55.6 \div 24 = 2.315$ A

$I_{OPK} = 4.63$ $A_{peak}$

となり，余裕をみて，24 V，5 $A_{peak}$のDC電源が必要です．

## フル・ブリッジ電力変換部の変換効率

● ねらい

パワー・アンプをD級化する目的は，電力損失を減らして効率をアップすることにあります．本節では，図2の回路のフル・ブリッジMOSFETの損失をシミュレーションで求め，パワー・アンプ全体の効率を見積もります．ただし，MOSFETドライブ回路や制御回路などが消費する損失は含めません．主電源から供給される主回路部分に限ります．

主回路の効率を決める損失は，MOSFET，LPF用インダクタ，コンデンサ，スナバ回路素子，配線のDC抵抗などで発生します．配線の抵抗は一般的な回路図には描きませんが，回路シミュレータでその損失をシミュレーションするためには素子として回路の中に含める必要があります．また，スイッチング回路では配線に寄生するインダクタが損失を増大させるように働く場合が多いので，必ずシミュレーション回路に入れる必要があります．

シミュレーションで損失を求める場合の最大の課題は，半導体の素子モデルの精度です．D級パワー・アンプの主回路では，MOSFET，ダイオード(MOSFETに寄生するボディ・ダイオードも含む)のモデル精度が問題です．特にダイオードの逆回復特性を精密に表したモデルは多くありません．

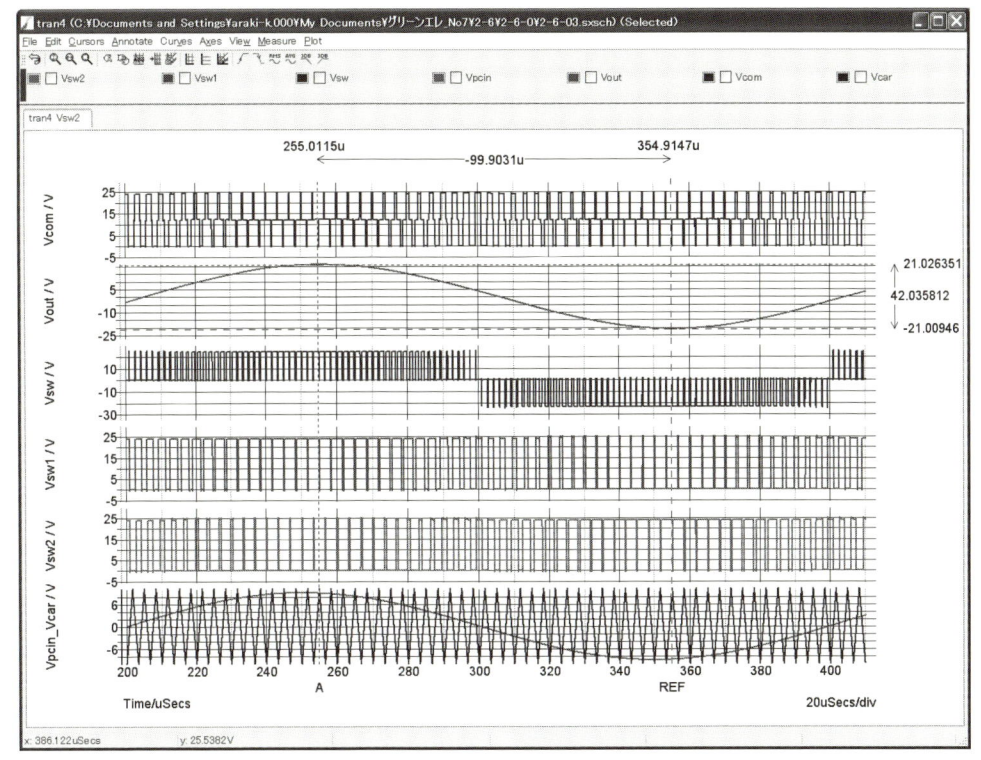

〈図4〉基本動作確認のシミュレーション結果($V_{out}$/V のグラフから出力電圧は±20V 以上を4Ω負荷に供給できることがわかる）
$V_{pcin}$：入力信号，$V_{car}$：三角波キャリア波形，$V_{sw2}$ と $V_{sw1}$：PWM スイッチング波形，$V_{sw}$：$V_{sw1}$ − $V_{sw2}$ の3値PWM 波形，$V_{out}$：出力波形，$V_{com}$：コモンモード・スイッチング波形

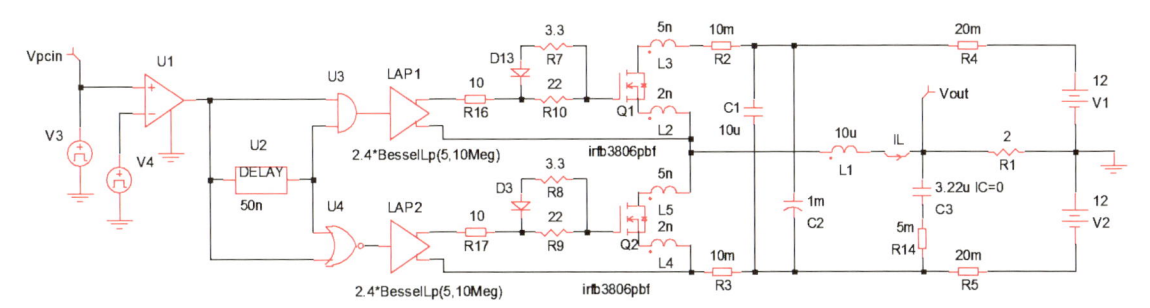

〈図5〉損失シミュレーション回路[SIMetrix 過渡解析，ストップ時間：3ms，スタート・データ・アウトプット：2ms，プリント・ステップ：2ns，積分法：Gear Integration. 電力は過渡解析後に Power プローブ（回路図ウィンドウ→ Probe → Power In Device…）で素子にタッチすると計測できる]
$V_1$ と $V_2$：DC 電源（12V），$V_3$：入力信号（正弦波，±8.8V），$V_4$：PWM 変調三角波（300kHz，±10V），$U_1$：コンパレータ，$U_2$：ディジタル遅延素子（$T_d$ = 50ns），$U_3$：AND ゲート，$U_4$：NOR ゲート，$LAP_1$ と $LAP_2$：MOSFET ゲート・ドライバ用 Laplace Transfer Function 素子（ゲイン2.4倍，ベッセル5次LPF，$f_C$ = 10MHz），$Q_1$ と $Q_2$：MOSFET（$V_{DSS}$ = 60V，$R_{DS(on)}$ = 12.6mΩ$_{typ}$），$C_1$：バイパス・コンデンサ，$C_2$：電解コンデンサ（ESR = 50mΩ内蔵 Electrolytic Capacitor（Simple）），$C_3$：LPF 用コンデンサ，$R_1$：負荷抵抗，$R_2$〜$R_5$：配線寄生抵抗，$R_7$ と $R_8$：MOSFET OFF 時のゲート抵抗，$R_9$ と $R_{10}$：MOSFET ゲート抵抗，$R_{14}$：コンデンサ $C_3$ の ESR，$R_{16}$ と $R_{17}$：MOSFET ドライバ出力抵抗，$L_1$：LPF 用インダクタ（シリーズ抵抗10mΩの Lossy Inductor），$L_2$〜$L_5$：配線寄生インダクタンス，$V_{pcin}$，$V_{out}$：電圧プローブ，$I_L$：電流プローブ

▶例題回路

図5が本節のシミュレーション回路です．図2の回路のフル・ブリッジ部を半分のハーフ・ブリッジで評価します．ハーフ・ブリッジで評価する理由は，シミュレータ SIMetrix/SIMPLIS Intro の素子数制限のためです．

ハーフ・ブリッジですから，負荷抵抗（$R_1$）はフル・ブリッジの1/2の2Ω，LPF の C 要素（$C_3$）は2倍です．
配線の寄生抵抗（$R_2$〜$R_5$）と寄生インダクタンス（$L_2$〜$L_5$）を入れてあります．電解コンデンサ（$C_2$）には50mΩの ESR（等価直列抵抗）を挿入してあります．LPF 用インダクタ（$L_1$）には，10mΩの直列抵抗が内

蔵してあります．

MOSFET ゲート・ドライバは Laplace Transfer Function（$LAP_1$，$LAP_2$）で代用し，ゲインは 2.4 倍，5 次，$f_C = 10\,\text{MHz}$ のベッセル型 LPF としてあります．LPF としたのは，立ち上がり/立ち下がり特性を IR2011 ドライバに類似させるためです．損失に影響のない遅延時間は考慮していません．

三角波発生器は，Function Generator（$V_4$）で代用しました．振幅は $20\,\text{V}_\text{p-p}$，周波数は $300\,\text{kHz}$ です．

デッド・タイム生成は，ディジタル遅延素子（$U_2$）と AND（$U_3$）と NOR（$U_4$）ゲートで代用しました．

### ● 変換効率は 92.3%

図 6 が損失シミュレーションの結果です．各電力の平均値はグラフ上部にディジタル表示されています．

出力電力（$R_1$）は 25.3 W，$Q_1$ と $Q_2$ の損失は小計約 1.56 W，配線や LC に寄生する R 成分の損失小計が約 0.4796 W で，電源（$V_1$，$V_2$）からの供給電力が 27.4 W です．

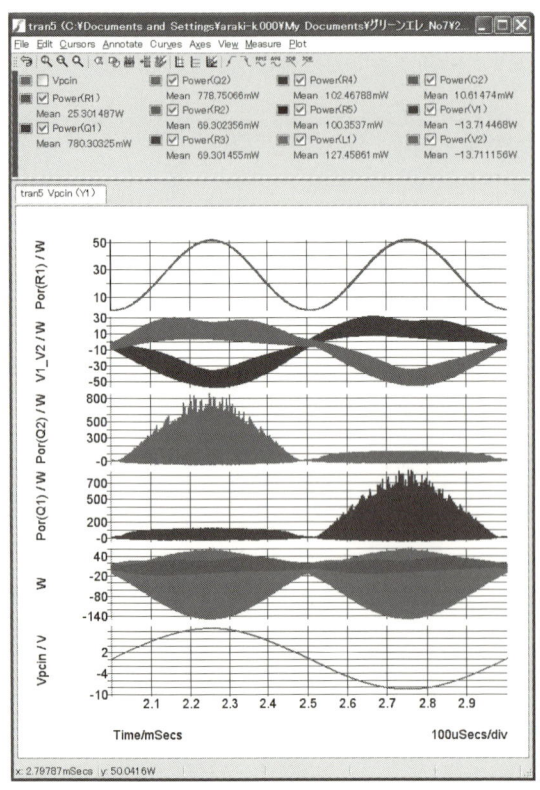

その結果，変換効率（$P_{R1}/(P_{V1}+P_{V2})$）は 0.923 です．出力電力と損失合計と供給電力との誤差は約 0.3% です．

### ● 結論

回路シミュレータの過渡解析を使えば，各素子の損失を評価できます．その損失の合計から，D 級パワー・アンプ電力変換部の変換効率を求めることができます．

損失評価にあたっては，配線，インダクタ，コンデンサに寄生する抵抗成分，インダクタンス成分をシミュレーション回路に反映する必要があります．

解析精度は MOSFET などのモデル精度に依存するので，精密なデバイス・モデルを使う必要があります．

また，解析刻み幅は，スイッチング波形の遷移時間より十分に短く設定します．積分法は，Trapezoidal より Gear 積分を選択すると数値的振動を少なくできます（第 1 章を参照）．

## 電力変換部を簡易モデル化する

### ● ねらい

図 1 の電力変換部を，線形・平均化モデルに置き換えます．その目的は，シミュレーションの高速化と使用素子が限定された SIMetrix/SIMPLIS Intro での制御部設計を可能とするためです．

スイッチング回路の電力変換部と制御部を含む D 級パワー・アンプ全体をシミュレーションするには，高速処理が特長の SIMPLIS シミュレータでも 15～30 分の解析時間がかかります．電力変換部を線形・平均化モデルにすれば，SPICE 系の SIMetrix で高速に AC 解析ができるため，制御部の設計評価の効率が上がります．

図 1 の復調用 LPF を除いた電力変換部全体を，1 個の Laplace Transfer Function（LAP 素子）に置き換えます．

まず，図 1 の回路を SIMPLIS シミュレータ用の回路に置き換えて，AC 解析結果を出力します．そして，その解析結果と同じ応答を得る伝達関数を LAP 素子に入力して簡易モデル化は完成です．

### ● 例題回路

▶ディジタル素子の遅延時間は周波数応答の位相遅れになる

図 7 が，図 1 の回路を SIMPLIS で AC 解析するシミュレーション回路です．PWM 変調部は，原回路とほぼ同じです．三角波発生部は，Function Generator（$V_1$）に置き換えました．デッド・タイム生成部は，遅延時間の大きなバッファ・ゲート（$U_5$，$U_8$）と AND（$U_3$，$U_7$），NOR（$U_2$，$U_4$）に置き換えました．MOSFET ドラ

〈図 6〉損失シミュレーション結果
グラフ上部に各電力のディジタル値が表示されている．グラフは上から，負荷抵抗（$R_1$）の瞬時電力波形，電源（$V_1$，$V_2$）からの供給電力波形，MOSFET $Q_2$ の損失波形，MOSFET $Q_1$ の損失波形，各寄生素子の損失波形，信号入力波形．MOSFET $Q_1$，$Q_2$ の損失波形はピークが 800W にも達しているが，幅が 20ns 以下と狭いパルスである．そのため平均電力は 800mW 以下と低い

イバは省略し，MOSFETは電圧制御のSimple Switch ($S_1 \sim S_4$) とダイオード ($D_1 \sim D_4$) に置き換えました．復調用ローパス・フィルタ ($L_1$, $L_2$, $C_1 \sim C_3$) は原回路と同じです．

$X_1$はPOPトリガ素子，$E_3$は平衡→不平衡変換用電圧制御電圧源です．シミュレーション用のもので，パワー・アンプの動作には無関係です．

D級パワー・アンプの周波数応答に影響を与えるのがディジタル素子の遅延時間です．この遅延時間は，無駄時間要素となり，位相遅れになって周波数応答に現れます．図1の回路では，①$U_5$のコンパレータ，②デッド・タイム生成部のゲート，③MOSFETドライバの遅延時間，④フル・ブリッジMOSFETのターン・オン/ターン・オフ遅延時間です．

図7では，①を$U_1$, $U_2$のディレイ・タイム (75 ns)，②を$U_5$, $U_8$のPropagation delay (50 ns)，③④を$U_3$, $U_4$, $U_5$, $U_6$のPropagation delay (100 ns) で代用しています．

なお，図7のシミュレーション回路はSIMetrix/SIMPLIS Introでは解析できません．回路素子数の制限を越えているためです．

▶遅延時間による無駄時間要素をパデー関数で近似

図8が電力変換部の線形・平均化簡易モデルと復調用LPFの周波数応答シミュレーション回路です．大部分を"Laplace Transfer Function"（以下LAP）1個に置き換えました．LPFの部分は図7と同じです．

このLAPによる電力変換部の簡易モデルは，無負荷 ($R_4 = \infty$) 時のゲイン（出力/入力）と遅延時間による無駄時間要素と出力インピーダンス ($R_1$, $R_2$) から構成されています（今後，$R_1$, $R_2$は$L_1$, $L_2$のシリーズ抵抗にプラスしてモデルから省略する）．

まず，無負荷時のゲイン ($G_{PC}$) を求めます．本方式の$G_{PC}$は，電源電圧 ($V_B$) に比例し，変調用三角波のピーク値 ($V_{TRI} = V_{pp}/2$) に反比例します．すなわち，$G_{PC} = V_B/V_{TRI}$です．ノミナル値は，$G_{PC} = 24/10$です．

LAP素子は伝達関数（出力のLaplace変換÷入力のLaplace変換）を入力すると，その数式に従った周

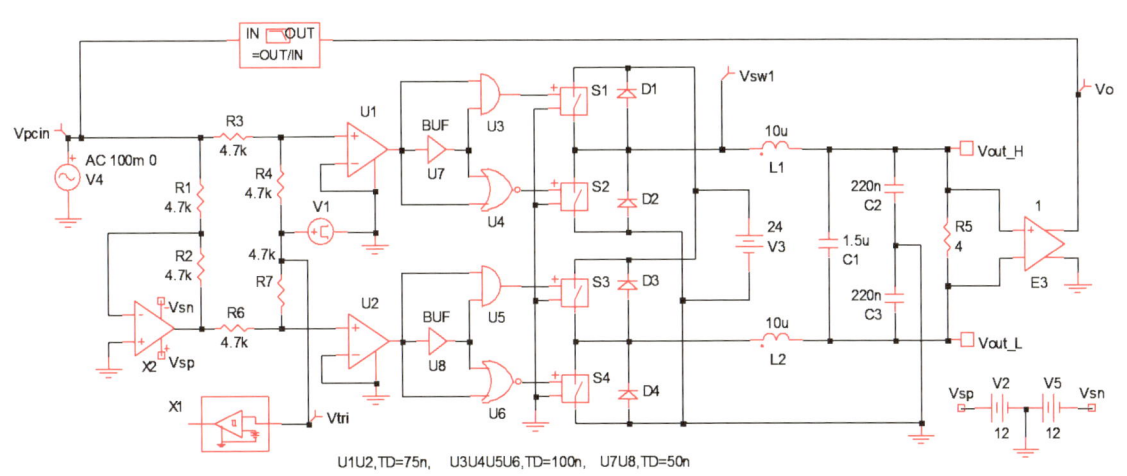

〈図7〉電力変換部のSIMPLISによるAC解析シミュレーション回路
SIMetrix/SIMPLIS Intro版では動作しない

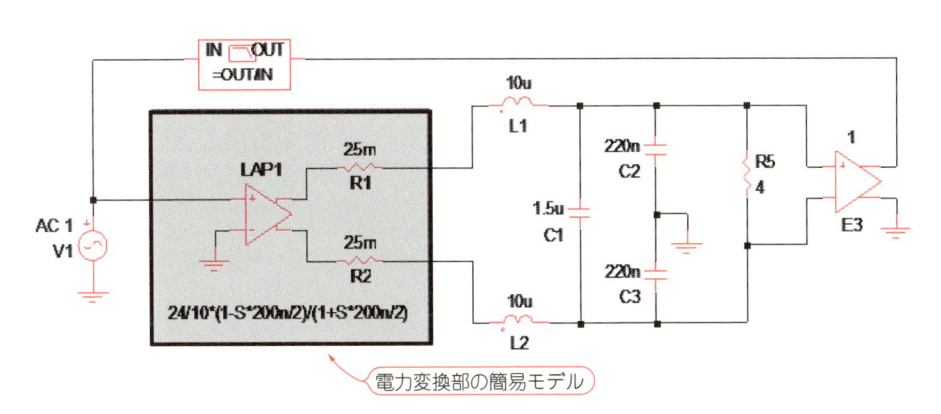

〈図8〉電力変換部の簡易モデルと評価用シミュレーション回路（シミュレータ：SIMetrix）

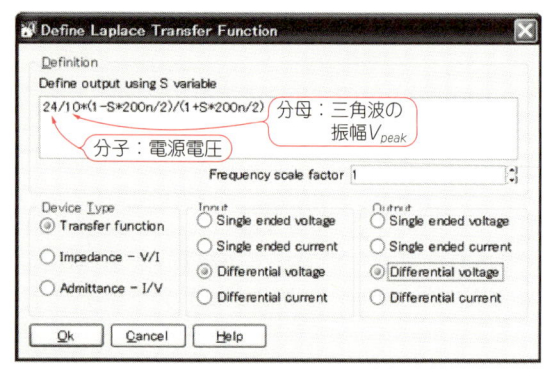

〈図9〉電力変換部の簡易モデル（LAP₁素子）の定義ウィンドウ

$V_B/V_{TRI}(1-sT_D/2)/(1+sT_D/2)$, $s$：ラプラス演算子, $V_B$：電源電圧, $V_{TRI}$：PWM変調三角波の振幅[Vpeak], $T_D$：遅延時間．Input，OutputをDifferential voltageにする

波数応答（AC解析）と時間応答（過渡解析）をする素子です．

しかし，無駄時間は上記した伝達関数の形式では表現できません．そこで，パデー近似によって無駄時間を近似します．ここでは最も簡単な，1次のパデー近似を用いて，遅延時間による無駄時間をモデル化しました[2]．

遅延時間（$T_D$）による効果＋ゲインのLAP式は，次のようになります．

$$\frac{V_B}{V_{TRI}} \cdot \frac{1-sT_D/2}{1+sT_D/2} \quad \cdots\cdots\cdots(1)$$

$V_B$：電源電圧
$V_{TRI}$：変調用三角波のピーク値
$T_D$：遅延時間
$s$：ラプラス演算子

図9にLAP素子の定義ウィンドウを示します．電源電圧を変化させてシミュレーションする場合は分子の$V_B$の値（24）を，変調用三角波の電圧を変化させる場合は分母の$V_{TRI}$の値（10）を入れ換えます．

● シミュレーション結果

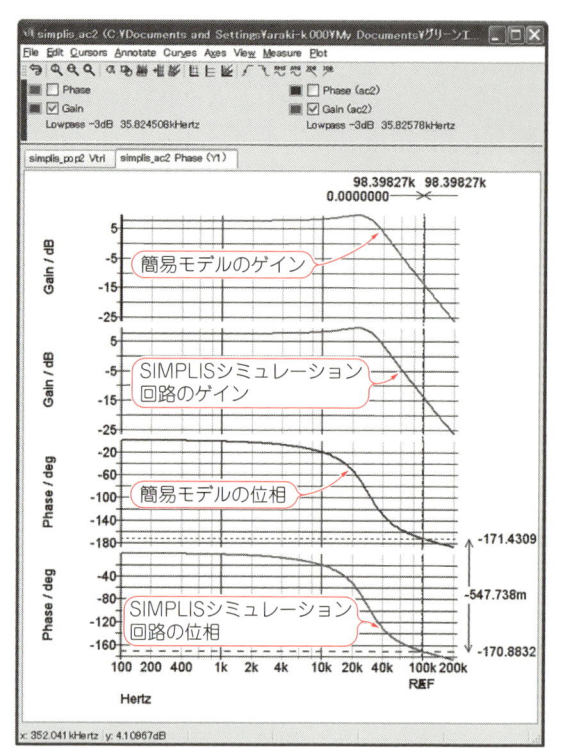

図10がシミュレーション結果です．このデータは，SIMPLISシミュレーションの結果と簡易モデルによるシミュレーション結果を比較したものです．

簡易モデルの式(1)の遅延時間$T_D$値を，SIMPLISシミュレーションの結果に一致するように最適化した結果，両者のデータの違いを，100kHzにおける位相で約0.5°，－3dBのゲインにおける周波数の差をほとんどゼロにすることができました．

● 結論

LAP素子を使って，電力変換部を簡易モデルにできます．周波数応答の解析結果は，スイッチング回路

〈図10〉シミュレーション結果

実回路に近いSIMPLISシミュレーション（図7）と簡易モデルによるシミュレーション（図8）との比較．両者の違いは100kHzにおける位相値で約0.5°である．ゲイン特性の差は－3dBの周波数で比較してほぼゼロである

のままの電力変換部の解析結果と実用的に問題ない誤差範囲でモデル化できることがわかりました．このモデルによるシミュレーションは，SPICE系のシミュレータでもAC解析を高速に実行でき，D級パワー・アンプ制御部設計の有力な手段になります．

ただし，このモデルで，スイッチングや電源の動的変動にかかわる影響，波形ひずみなどをシミュレーションすることはできません．デッド・タイムによるゲイン変動，リプル波形，フリー・ホイール・ダイオードの$V_F$による影響をシミュレーションに反映することはできません．制御設計に有用なAC解析（周波数応答解析）に最適化したモデルです．

## 電流シャント・モニタとOPアンプの簡易モデル化

● ねらい

回路シミュレータで制御部設計を検証するにあたって，シミュレーションの高速化をはかるため，前節の電力変換部の簡易モデル化に続き，電流センシング素子とOPアンプの簡易モデルを作成します．

これらの簡易モデルを使えば，SIMetrix/SIMPLIS Intro版でも素子数が多い複雑な回路のシミュレー

ションが可能になります．

電流センシング素子は，状態フィードバックを採用する制御回路では必須の素子です．PWM 復調用 $LC$ LPF を制御ループ内に含める D 級パワー・アンプでは，$L$ の電流を検出する必要があります．

また，制御部に OP アンプを多用します．そのため，OP アンプの簡易モデル化はシミュレーションを高速に実行するために有用です．

● 電流センシング

フル・ブリッジの D 級パワー・アンプの $L$ 電流検出には，高いコモンモード除去能力（$CMRR$）が要求されます．高電圧交流が重畳している電位の電流を検出する必要があるためです．このため，多くの場合は DC カレント・トランスが用いられます．

ここでは，出力電圧が 24 V 以下と比較的低いので，シャント抵抗（図2の $R_1$，$R_2$，20 mΩ）と双方向電流シャント・モニタ IC AD8210（アナログ・デバイセズ）を2個用います．

▶ AD8210 の出力を GND 中心に振る

AD8210 は同相電圧範囲が－2～＋65V と広く，周波数範囲が DC～300 kHz，そして重要な $CMRR$ は 120 dB @ DC，80 dB @ 100 kHz と高性能です（詳細はアナログ・デバイセズ社のデータシートを参照）．SPICE モデルも供給されているので，一般にはそのモデルでシミュレーションすればよいわけですが，ここでは先に述べた事情で簡易モデル化することにします．

図11 は，AD8210 による電流センシング回路です．

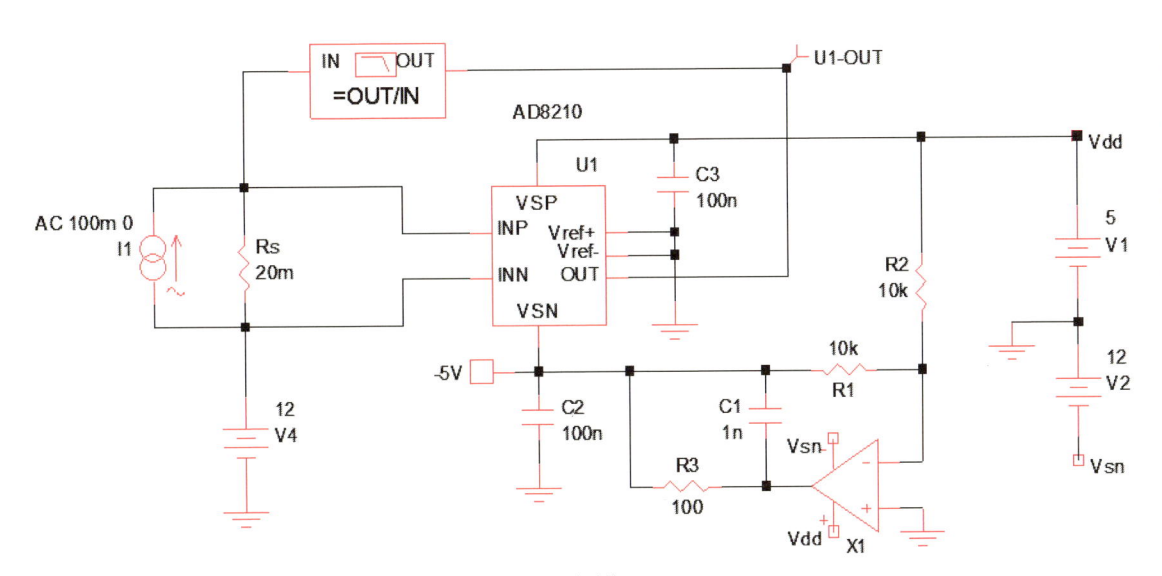

〈図11〉AD8210 による電流センシング回路（SIMetrix, AC 解析）
AD8210 の SPICE モデルはアナログ・デバイセズ社提供

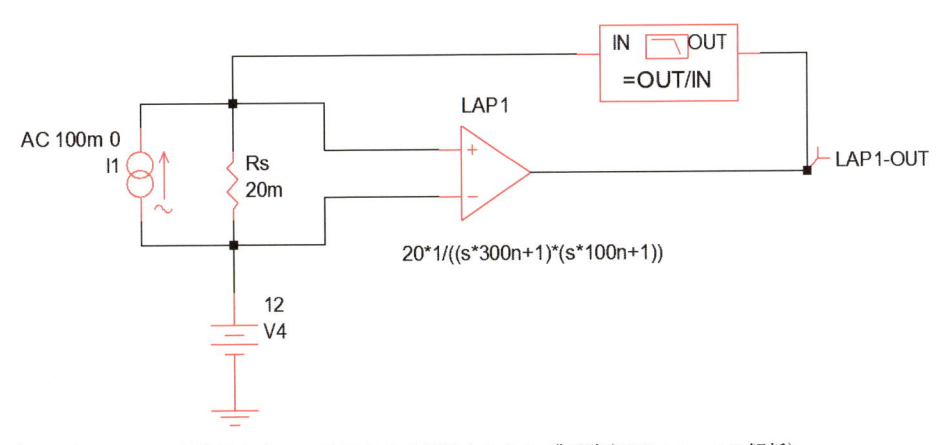

〈図12〉AD8210 を代行する LAP 素子による電流センシング回路（SIMetrix, AC 解析）

$U_1$ はアナログ・デバイセズ社から供給されているSPICEモデルです．出力（$U_1$，OUT端子）をGND中心にするため，電源は±5Vにして，$V_{ref+}$，$V_{ref-}$端子をGNDに接続します．OPアンプ$X_1$は，$V_{dd}$の+5Vから対称的な-5Vを作る働きをします．

▶ Laplace Transfer Function（LAP）でAD8210を簡易モデル化

図12はLAP素子で簡易モデル化したAD8210のシミュレーション回路です．簡易モデルでは周波数応答のみをモデル化しています．したがって，電源にかかわる特性やCMRRなどはシミュレーションできません（CMRRや入力インピーダンスは∞となる）．

まず，LAPのウィンドウを開き（図13），

　Device Type → Transfer Function
　Input → Differential
　Output → Single ended voltage

にセットします．次に，下記の伝達関数の定義式を入力します．

$$G_{DC} \times 1/((sT_1 + 1)(sT_2 + 1))$$

$G_{DC}$は，AD8210のDCゲインの20を入力します．

$T_1$，$T_2$は，AD8210のデータシートの小信号帯域幅のグラフ（図14）と同じようなゲイン特性になるようにカット＆トライで決定します．もちろん，小信号帯域幅のグラフの曲線から，2次〜3次の遅れ系であることを予想します．ここでは，2次系で近似しました．その結果，$T_1$ = 300 ns，$T_2$ = 100 nsとなりました．

▶ 周波数応答がSPICEモデルとデータシートで違う

図15がSPICEモデルの特性（図11）とLAP素子による簡易モデル（図12）の特性です．①のアナログ・デバイセズ社が提供しているモデルのゲイン特性は，同社のデータシートの特性（図14）とかなり違っています．10MHzのゲインが，前者の0dBに対して後者は-15dB以下に減衰しています．SPICEモデルの周波数応答は1次遅れ系で近似しているようです．

②が簡易モデルのゲイン・データです．簡易モデルでは，データシートの特性に近づくように，2次遅れ系で近似しました．

▶ シャント抵抗の寄生インダクタンス

抵抗器には大なり小なり，インダクタンスがシリーズに寄生します．シャント抵抗は低抵抗（本例では

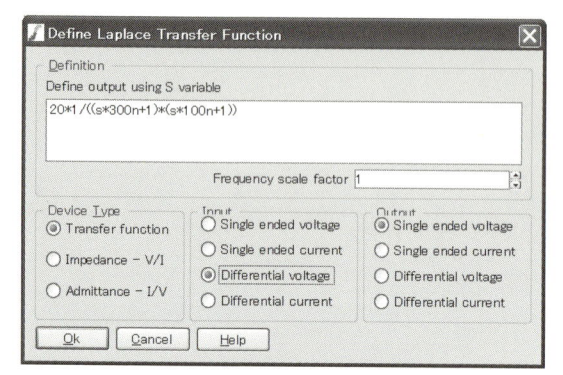

〈図13〉Laplace Transfer Functionの定義ウィンドウ
$G_{DC} \times 1/((sT_1 + 1)(sT_2 + 1))$，$G_{DC}$：DCゲイン（20倍），$T_1$ = 300ns，$T_2$ = 100ns，s：ラプラス演算子

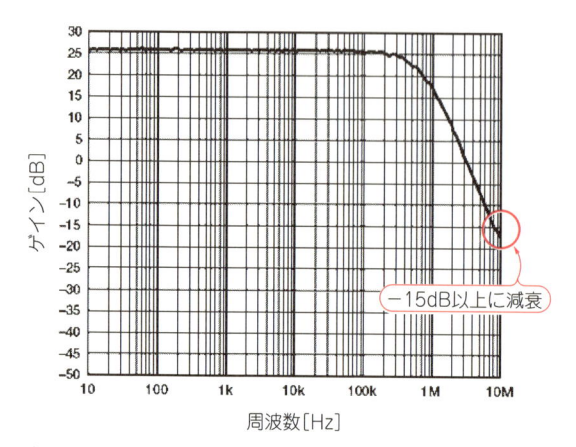

〈図14〉AD8210のデータシートに記載されている小振幅周波数特性

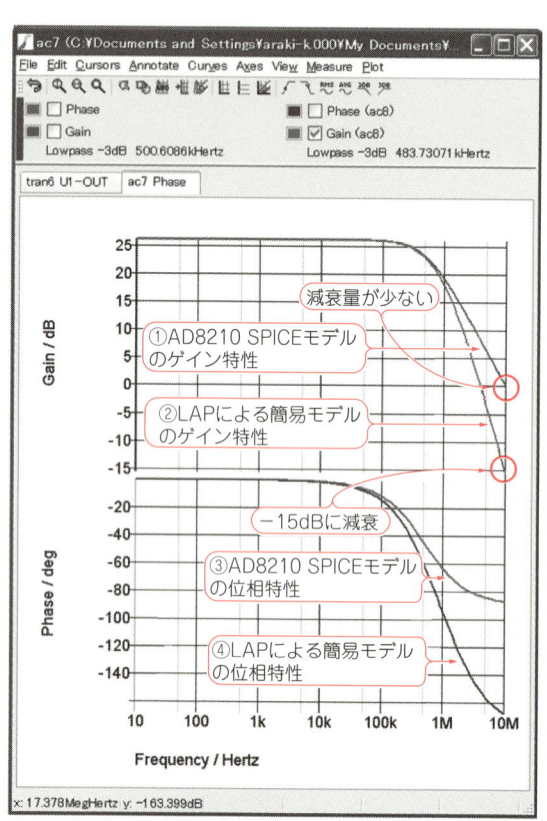

〈図15〉AD8210 SPICEモデルとLAP素子による簡易AD8210モデルの周波数応答
簡易モデルでは10MHzの減衰量をデータシート記載の特性に合わせた

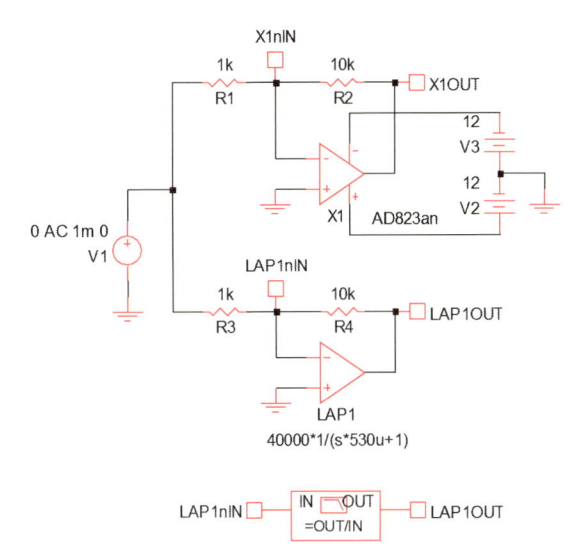

〈図16〉AD823AD の SPICE モデルと LAP 素子による簡易モデルのオープン・ループ・ゲインを比較するシミュレーション回路
本図ではボード・プローブの IN/OUT は LAP1 に接続されている

20 mΩ)なので，この寄生インダクタンスが電流 - 電圧変換の周波数応答に大きな影響を与えます．

AD8210 の帯域は，図14 から約 500 kHz @ − 3 dB です．AD8210 と組み合わせて使う 20 mΩ のシャントの場合，寄生インダクタンスは 6 nH が最良の組み合わせです．20 mΩ + 6 nH の周波数応答は 500 kHz で + 3 dB となるからです．

少なくとも，寄生インダクタンスは 10 nH 以下とすべきです．

● OP アンプの簡易モデル

SPICE シミュレータで OP アンプを使う回路をシミュレーションする場合，OP アンプ・モデルとして次の選択肢があります．
① メーカ提供のモデル
② 実機で使う OP アンプに近い特性を入力した"Parameterised Opamp"モデル
③ 実機で使う OP アンプの周波数応答を近似した LAP 素子で代用する
④ 電圧制御電圧源(VCVS)で代用する

①と良くできた②は，多くの項目で実際の OP アンプに近い特性です．③は周波数応答だけを近似した OP アンプ・モデルです．④は DC から無限の周波数までゲインがフラットな理想アンプです．

ここでは，③を使い OP アンプを代用します．ボード線図[注1]ベースの制御部設計はこれで十分だからです．そして，SIMetrix/SIMPLIS Intro では LAP 素子の制限素子数が緩いためでもあります．

実機の OP アンプは，AD823AN(アナログ・デバイ

セズ)を使います．おもな特長は，レール・ツー・レール出力，FET 入力，$GBW = 10\, MHz$ です．

図16 は，アナログ・デバイセズ社提供の AD823 AD の SPICE モデルと LAP 素子による簡易モデルのオープン・ループ・ゲインを比較するシミュレーション回路です．

LAP の伝達関数は次式です(u は μ の代用)．

$$40000 \times 1/(s530u + 1)$$

図17 は AC 解析結果です．メーカ提供の SPICE モデルと LAP による簡易モデルのオープン・ループ・ゲインの周波数応答に大きな違いがないことが確認できます．

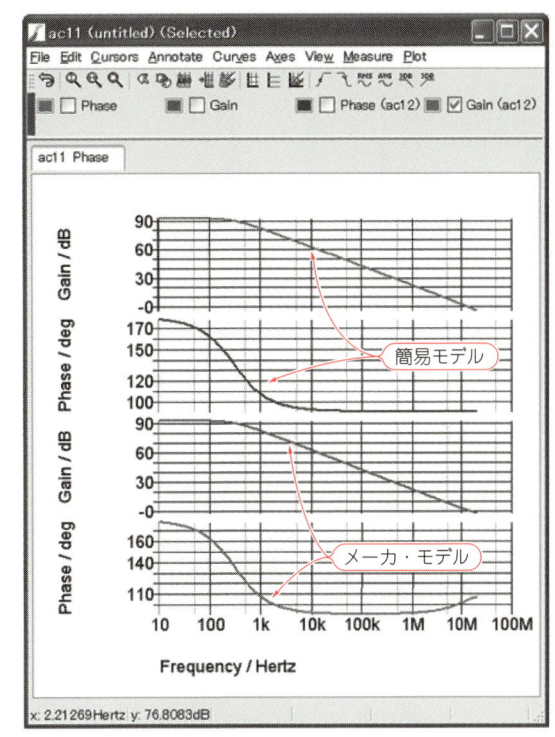

〈図17〉メーカ提供の AD823 の SPICE モデルと LAP による簡易モデルの AC 解析結果のボード線図
メーカ提供の SPICE モデルと LAP による簡易モデルのオープン・ループ・ゲインの周波数応答に大きな違いはない

● 結論

電流センシング用 IC と OP アンプの AC 解析用モデルとして，LAP 素子を使って簡易モデルを作成しました．メーカ提供の SPICE モデルと比較して，AC 解析結果に大きな違いがないことを確認しました．今後，この簡易モデルで制御部設計を進めます．

注1：ボード線図(Bode plot)
Y 軸をゲイン(dB 表示)と位相(度またはラジアンのリニア表示)とし，X 軸を周波数(log 表示)とするグラフ．動的システムの周波数応答を表現するのに最適である．回路シミュレータの AC 解析結果の多くはボード線図で出力される．

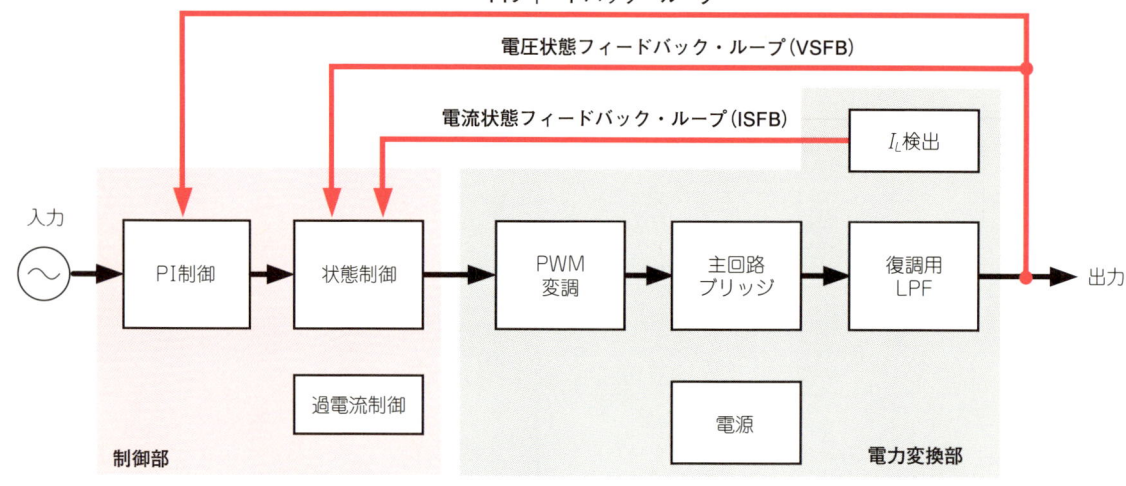

**〈図18〉フル・ブリッジD級パワー・アンプの制御システム**
電流状態フィードバック，電圧状態フィードバックとPI（比例積分）フィードバックのマルチ・ループ構成である

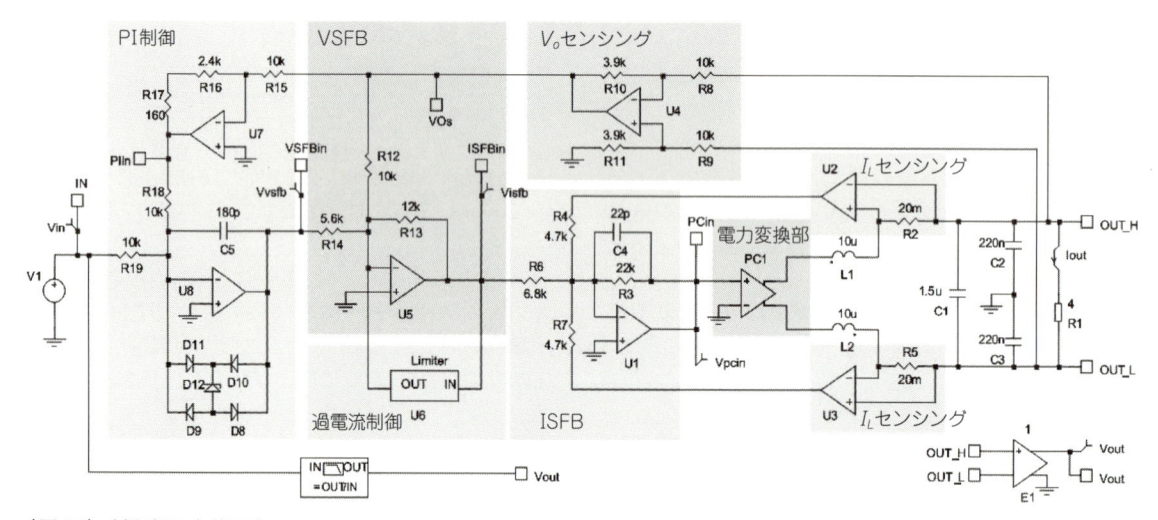

**〈図19〉制御部の全体回路**
PC₁：電力変換部の簡易モデル，U₂とU₃：電流シャント・モニタ（AD8210）の簡易モデル，U₁とU₄〜U₈：OPアンプ（AD832）の簡易モデル，V₁：入力信号，L₁とL₂：復調LPF用ロス入りインダクタ（シリーズ抵抗にはPC₁の出力抵抗10mΩを加算してある），C₁〜C₃：復調LPF用コンデンサ，R₁：負荷抵抗，R₂とR₃：シャント抵抗，E₁：平衡→不平衡変換モニタ（電圧制御電圧源），OUT/IN：ボード・プローブ

しかし，この簡易モデルは電源端子がないので，電源電圧で出力電圧が制限されません．シミュレーションに当たって工夫が必要になる場合があります．

## 制御部の設計

### ● ねらい

両側（三角波比較他励式）3レベルPWM方式（以下，本方式）のフル・ブリッジD級パワー・アンプには制御部が必要です．自励発振方式と異なり，電力変換部には電源電圧変動などの外乱，変調用三角波のひずみなどの内乱によってゲイン，直線性などが変動します．また，復調用LPFの周波数応答も負荷抵抗によって大きく変化します．その変動/変化を安定化するのが制御部の役目です．

その設計回路を回路シミュレータで検証し，修正していきます．シミュレータにはSPICE系のSIMetrixを使い，電力変換部と電流センサ，OPアンプのモデルは，前節で作ったLAPを使った簡易モデルを使います．

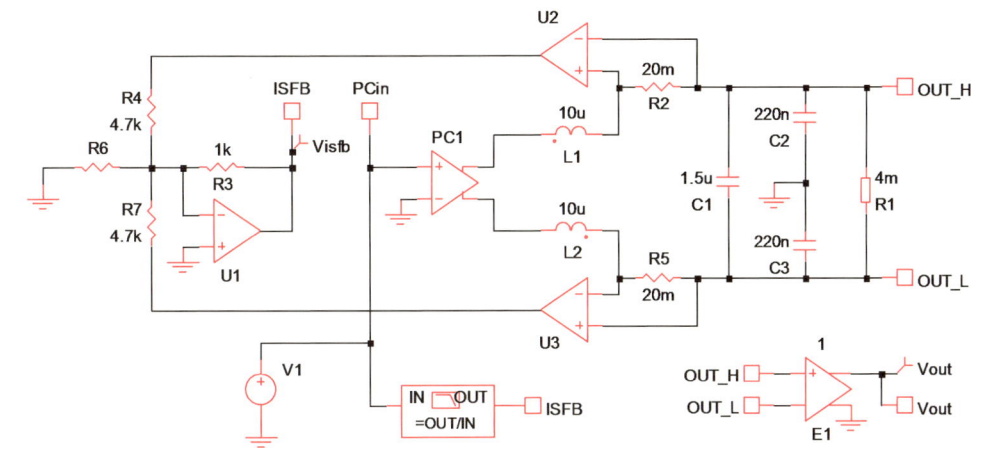

〈図20〉電流状態フィードバック・ループ・ゲイン決定のために位相とゲインを測る
電力変換部の入力（PCin）から $U_1$ 出力（ISFB）までの出力短絡状態（$R_1 \fallingdotseq 0$）の周波数応答を求める．短絡状態（$R_1 \fallingdotseq 0$）とするのは，この条件がゲイン最大になるためである

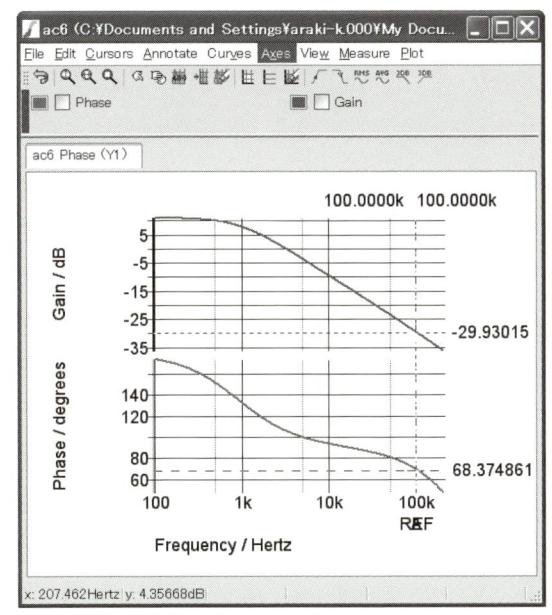

〈図21〉図20のシミュレーション結果
ISFB のフィードバック・ループの安定な最大のループ・ゲインを決める

テージの重要な機能です．本方式の過電流制御は，過電流になると定電圧特性の出力からスムーズに定電流的特性に移行し，過電流が取り除かれるとスムーズに定電圧に復帰します．主回路の MOSFET にストレスを与えることがありません．

PI 制御は，アンプとしてのロード／ライン・レギュレーションの改善，入出力ゲインの安定化，DC オフセット電圧を最小化します．

▶例題回路

本節の例題回路は，図19 の制御部全体のシミュレーション回路です．制御部の設計と検証は，最内側ループから外側ループに向かって ISFB → VSFB → PI 制御の順に進めていきます．

● 電流状態フィードバック（ISFB）の設計と検証

ISFB の設計は，制御器 $U_1$ のゲインを決める $R_3$ の値を決めて，その値の妥当性をシミュレーションで検証します．

▶差動成分は加算，同相成分は減算

$L_1$，$L_2$ に流れる電流には，差動成分と同相成分があります．差動成分は出力電流となり，負荷抵抗 $R_1$ と $C_1$〜$C_3$ に流れます．同相成分は $R_1$ と $C_1$ には流れず，$C_2$ と $C_3$ のみに流れます．$I_L$ センシングでは，差動成分のみを検出し，同相成分は除去されるのが理想です．そのため，$U_2$，$U_3$ 出力は，差動成分は加算して2倍に，同相成分は減算されてゼロになる極性に接続してあります．

まず，図20 のシミュレーション回路で，電力変換部の入力 PCin から $U_1$ 出力（ISFB）までの出力短絡状態（$R_1 \fallingdotseq 0$）の周波数応答を求めます．短絡するのは，その状態が最大ゲインとなるためです．

この状態の周波数応答は次式になります．

▶状態フィードバック…LPF の負荷変動を抑制し帯域を広げる

図18 が，制御部と電力変換部の関連を示すブロック図です．電力変換部から，LPF のインダクタ電流と出力電圧をフィードバックします．フィードバック制御ループは，電流状態フィードバック（以下，ISFB），電圧状態フィードバック（以下，VSFB）と，PI フィードバックの三つのマルチ・ループ構成です．

ISFB と VSFB の状態制御は，復調用 LPF の負荷変動を抑制し，LPF のカット・オフ周波数（約 30 kHz）で制限される帯域を広げます．過電流制御もこのス

制御部の設計　79

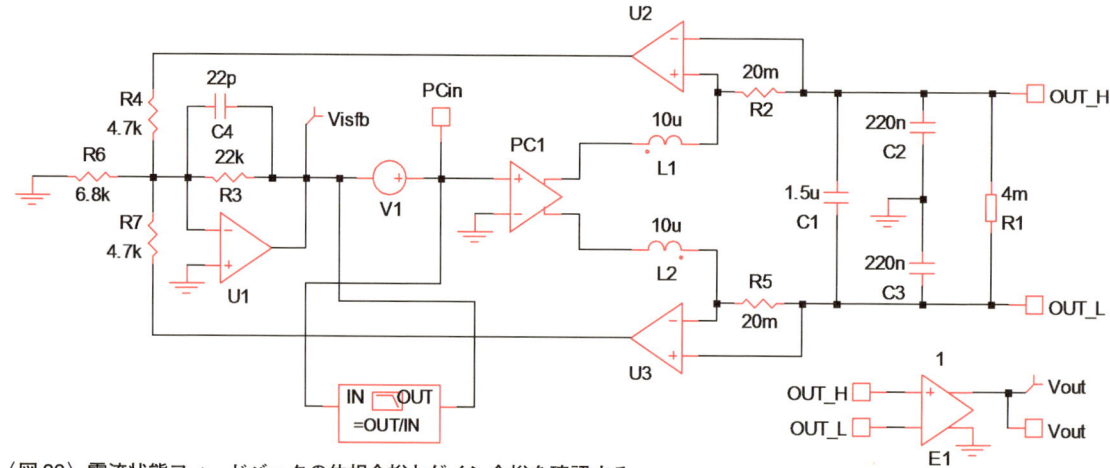

〈図22〉電流状態フィードバックの位相余裕とゲイン余裕を確認する
試験信号 $V_1$ をループ中に注入し，閉ループにする．試験信号の前(OUT)後(IN)にボード・プローブを繋ぎAC解析すると，ループ・ゲインのボード線図が出力される

$$\frac{V_{ISFB}(s)}{V_{PCin}(s)} = \frac{G_{PC}}{R_P + s(L_1 + L_2)} K \quad \cdots\cdots (2)$$

$s = j\omega$

$G_{PC}$：$PC_1$ の無負荷時ゲイン(2.4倍)
$R_P$：$L_1$，$L_2$ のシリーズ抵抗，$PC_1$ の出力抵抗の合計(約110mΩ)

$K$[V/A]は，$L_1$，$L_2$ の電流から$U_1$出力(ISFB)までのゲインです．$U_2$，$U_3$ のゲイン$G$は20倍なので，

$$K = R_2 \times G_{U_2} \times \frac{R_3}{R_4} \times 2 = 0.170 [\text{V/A}] \quad \cdots (3)$$

となります．

▶ループ・ゲインには余裕をみる

そのシミュレーション結果は図21です．このグラフから，$U_1$出力をPCinに接続し，ISFBのフィードバック・ループを完結したときの安定な最大のループ・ゲインを決めます．ループ・ゲインは$R_3$で決まります．
ループ・ゲインは以下の条件で決めます．

① ゲイン交差周波数[注2]はスイッチング周波数(300kHz)の1/3以下にする
② 位相余裕[注2]は45°以上を目標にする
③ スイッチング波形のリプルやノイズの混入に強くするためローパス・フィルタを入れたい
④ 平均化簡易モデルなのでシミュレーションに誤差が10%程度ある可能性がある
⑤ 部品のばらつきを考慮する

①②の条件からは，ゲイン交差周波数は100kHzが妥当です．図21の100kHzにおけるゲインは約−30dBなので，$U_1$のゲインを30dBアップすれば，ゲイン交差周波数100kHz，位相余裕68°のフィード

注2：位相余裕，ゲイン余裕，ゲイン交差周波数，位相交差周波数についてはコラムを参照．

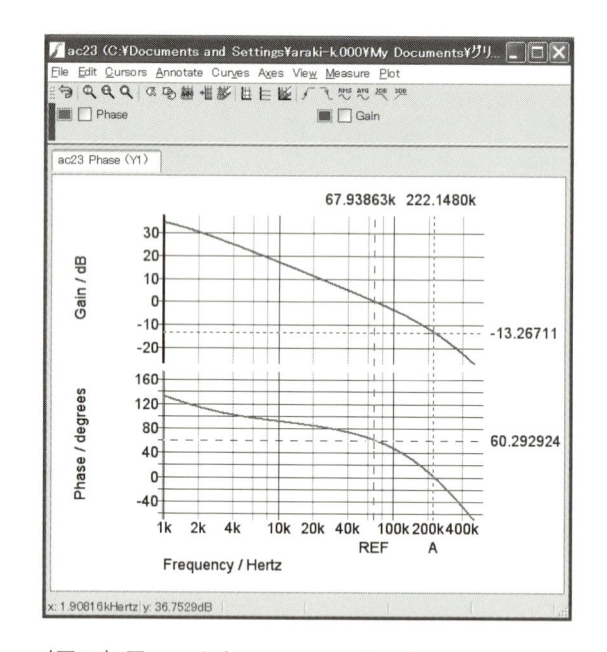

〈図23〉図22のシミュレーション結果(電流状態フィードバックのループ・ゲインのボード線図)
ゲイン交差周波数 $f_{gc}$ ≒ 70kHz(REFカーソル)，位相余裕 $P_m$ ≒ 60°，位相交差周波数 $f_{pc}$ ≒ 222kHz，ゲイン余裕 $G_m$ = 11.2dB(Aカーソル)

バック・ループが完成します．$U_1$のゲインを30dBアップするには，$R_3$を1kΩから30kΩにします．
しかし，③④の条件も考慮する必要があります．②のローパス・フィルタは，スイッチング周波数をカットオフ周波数にするのが妥当です．実際のスイッチング回路では，$U_1$出力に変調用三角波に同期したリプルが混入しますが，簡易モデルではその混入がありません．④の条件は，このリプルによる電力変換部のゲイン変動による誤差がおもなものです．

## コラム　位相余裕とゲイン余裕

フィードバック制御設計において，安定余裕度をボード線図から読み取ると正確かつ便利です．回路シミュレータのAC解析結果はボード線図が出力です．

図Aは，閉ループの伝達関数の0 dB近傍特性をボード線図に描き，安定判別と位相余裕，ゲイン余裕，ゲイン交差周波数，位相交差周波数を説明する図です．

(1) ゲイン曲線が0 dBと交差する周波数をゲイン交差周波数 $f_{gc}$ と呼び，$f_{gc}$ における位相の0°(360°)までの残量を位相余裕 $P_m$ と呼ぶ．

(2) 位相極性が0°と交差する周波数を位相交差周波数 $f_{pc}$ と呼び，$f_{pc}$ における0 dBからのゲインをゲイン余裕 $G_m$ と呼ぶ．

(3) 図A(a)は安定なシステム，$P_m$ は45°，$G_m$ は6 dB以上が望ましい．図A(b)は安定限界，ショックで発振状態になる．図A(c)は不安定なシステム．

　　　(a) 安定：$f_{gc} < f_{pc}$　　　　　(b) 安定限界：$f_{gc} = f_{pc}$　　　　　(c) 不安定：$f_{gc} > f_{pc}$

〈図A〉ボード線図による安定判別と位相余裕，ゲイン余裕

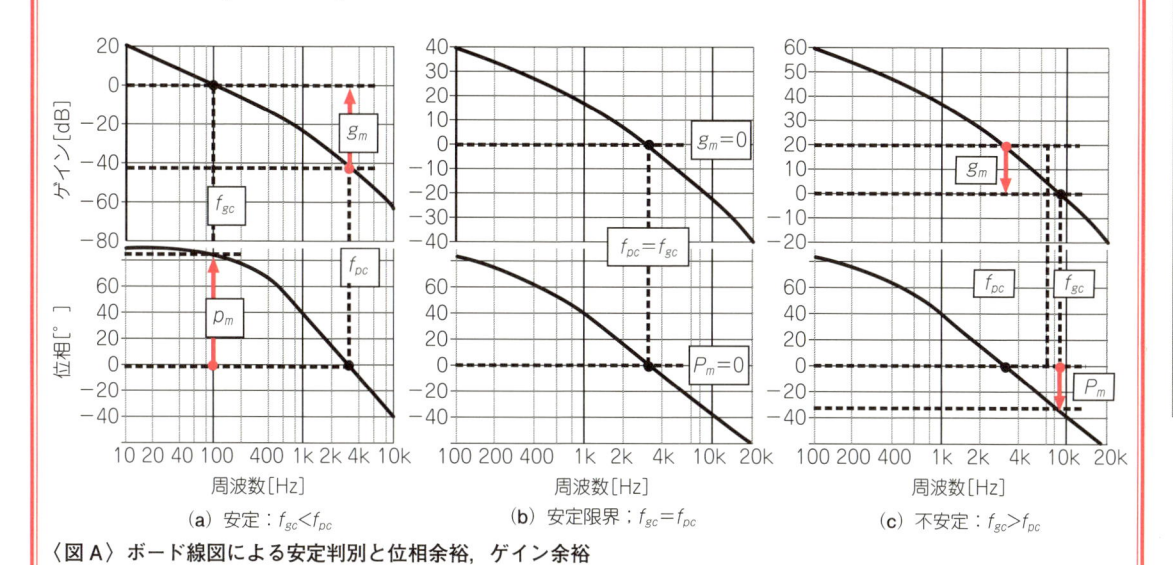

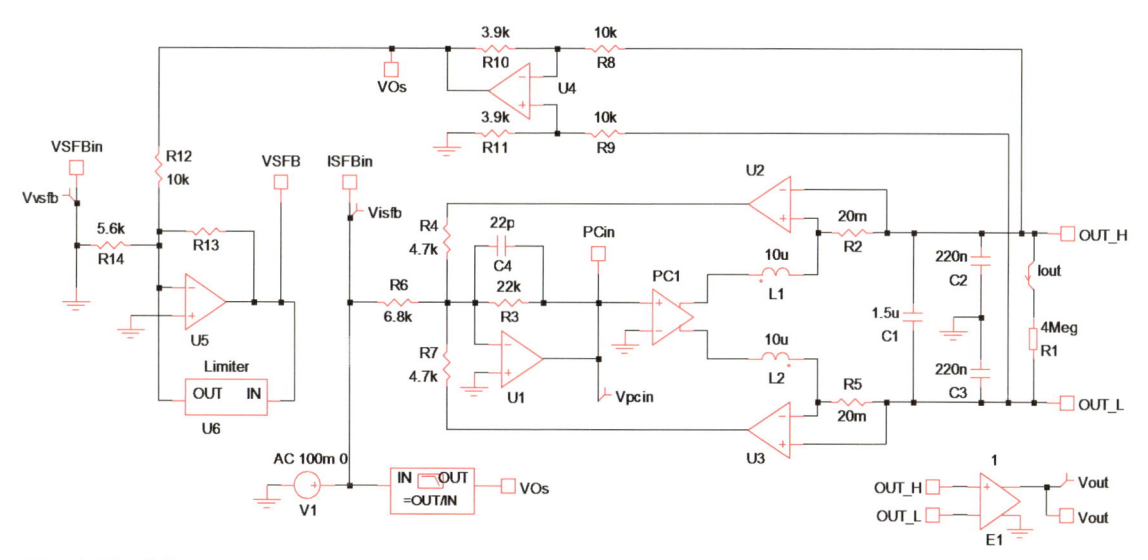

〈図24〉電圧状態フィードバックのループ・ゲイン決定のために位相とゲインを測る
電流状態フィードバック段入力(ISFBin)から $V_o$ センシング出力(VOs)までの周波数応答を求める．負荷($R_1$)は無負荷，この条件がゲイン最大になるためである

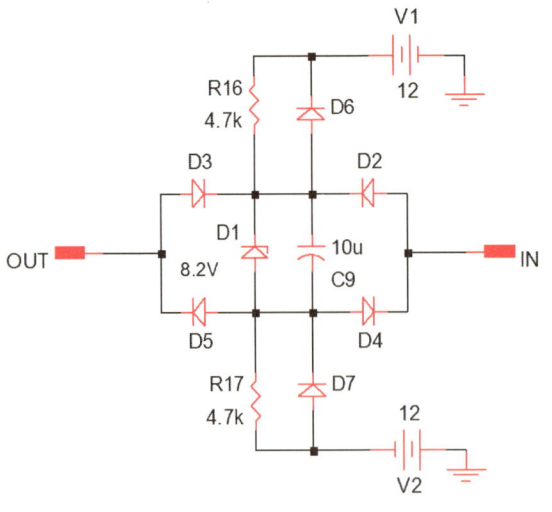

〈図25〉リミッタ回路（図24の$U_6$の内部回路）
IN→OUT間の抵抗は$V_{LIM} = V_Z + 2V_F$を越えると急激に低下する．この特性を使って，図24の$U_5$の出力電圧を$V_{LIM}$内に制限する．$V_Z$：$D_1$のツェナー電圧(8.2V)，$V_F$：$D_2$〜$D_5$の順方向電圧

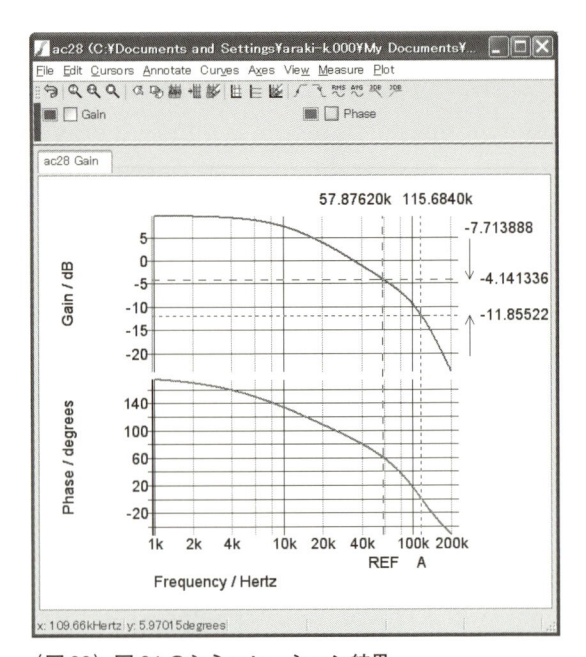

〈図26〉図24のシミュレーション結果
このデータからVSFBのフィードバック・ループの安定な最大のループ・ゲインを決め，位相余裕とゲイン余裕を予測する．位相(Phase/degrees)は，ボード・プローブ内で反転(＋180°)してある

③④⑤を考慮し，3dB程度の余裕をみて，$U_1$のゲインは27dBアップとして$R_3$は22kΩ，ローパス・フィルタは$R_3$に22pFを並列に接続することにします．
▶位相余裕とゲイン余裕を確認する
　図22が，位相余裕とゲイン余裕[注2]を確認するためのシミュレーション回路です．図23のシミュレーション結果から，ゲイン交差周波数$f_{gc} ≒ 70$kHz，位相余裕$P_m ≒ 60°$(REFカーソル)，位相交差周波数$f_{pc} ≒ 222$kHz，ゲイン余裕$G_m = 13.2$dB(Aカーソル)が読み取れます．どの値も理想的な値です．

● 電圧状態フィードバック（VSFB）の設計と検証
　シミュレーション回路は図24です．ここでは，ISFBの入力抵抗$R_6$とVSFBのゲインを決定する$R_{13}$の値を決めます．
▶$V_o$センシング
　$U_4$は平衡出力(OUT_H, OUT_L)をセンシングして，GND電位の不平衡信号に変換する差動アンプです．OUT_H，OUT_Lの電圧範囲は0〜24Vです．この電圧範囲が$U_4$の同相入力電圧許容値を越えないように，$R_8$，$R_9$，$R_{10}$，$R_{11}$を選びます．
　$U_4$のゲイン$G_{U4}$は，$R_8 = R_9$，$R_{10} = R_{11}$なので，
$$G_{U4} = \frac{V_{U4OUT}}{VOUT\_H - VOUT\_L} = -\frac{R_{10}}{R_8} = -0.39$$
です．
▶VSFB出力電圧はリミッタで制限
　VSFB制御器の$U_5$は，リミッタ回路$U_6$によって出力電圧が制限されます．
　リミッタ回路は図25です．$D_2$〜$D_5$のブリッジの中に$V_Z = 8.2$Vのツェナー・ダイオード$D_1$が入っています．$D_1$は$R_{16}$，$R_{17}$によるバイアス電流で$V_Z$に維持されています．IN端子の電圧が$V_{LIM} = V_Z + 2V_F ≒ 9.5$Vを越えると，IN→OUT間の抵抗値が急激に低下します($V_F$は$D_2$〜$D_5$の順電圧)．$C_9$は電源ON時に$V_{LIM}$をショートしてスロー・スタートの働きをします．
　リミッタ回路は，$U_5$の−INとOUT間に接続されているので，$U_5$の出力電圧は$V_{LIM}$の9.5V以内に制限されます．
▶$R_6$の値を決める
　出力電流の制限値は$U_5$の出力の最大値($V_{LIM}$)に比例し，$R_6$の値に反比例します．$R_6$の電流は，$R_4$，$R_7$と$R_3$に流れます．
① $R_4$，$R_7$の電流は$I_{L1}$，$I_{L2}$に比例し，$I_{L1} = I_{L2} ≒ I_{out}$です．$I_{out} = 5$Aのとき，$I_{(R4 + R7)} = 0.85$mAです．
② $R_3$の電流$I_{R3}$は，$V_{pcin}$に比例し，$V_{pcin}$は$V_{out}$(= VOUT_H − VOUT_L)の電力変換部のゲイン分の1，すなわち1/2.4です．$V_{out} = 20$Vのとき，$I_{R3} = 0.38$mAです．
　①と②の合計を$R_6$に流す必要があります．$R_6$に加わる電圧の最大値は$V_{LIM} = 9.5$Vですから，
　$R_6 < 9.5$V$/1.23$mA$= 7.72$kΩ

〈図27〉電流状態フィードバックの位相余裕とゲイン余裕を確認する
ループ内に試験信号($V_1$)を注入し，その前後にボード・プローブを繋ぐ

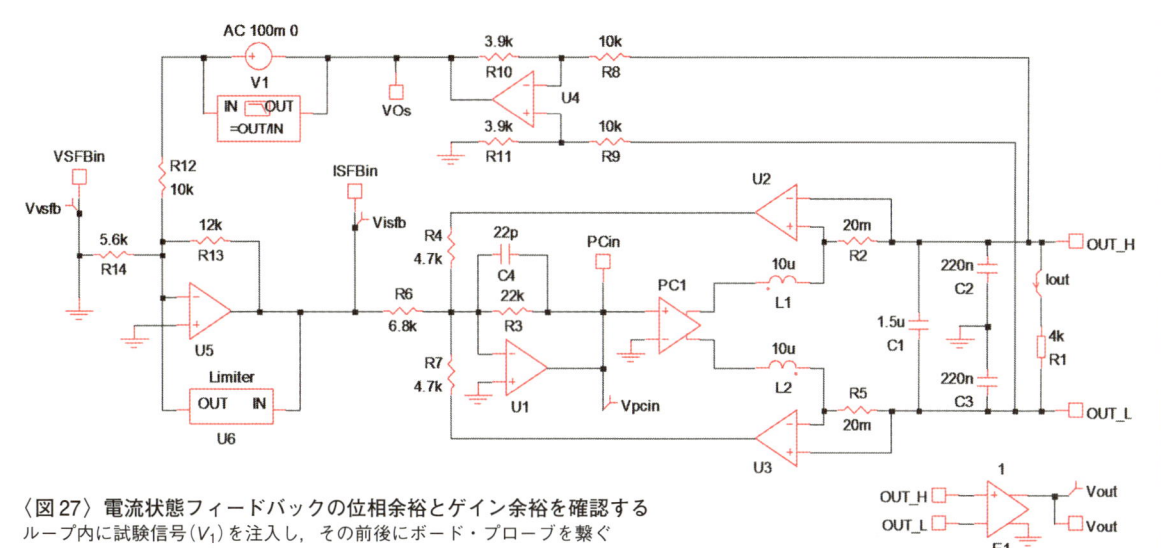

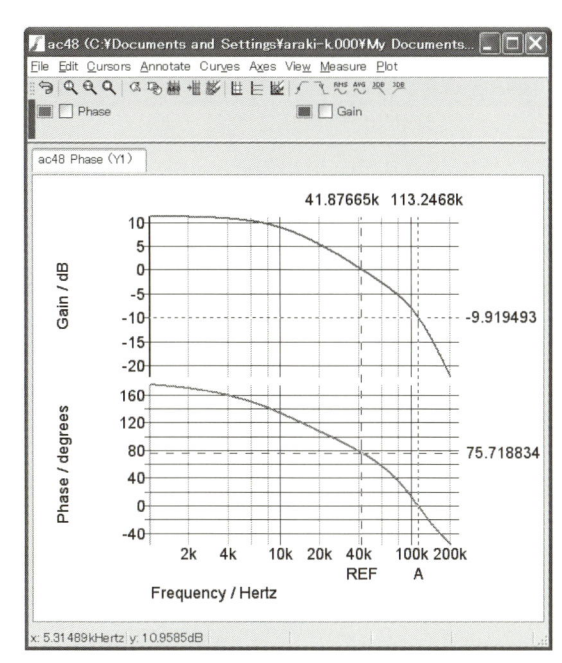

〈図28〉図27によるVSFBループ・ゲインの評価結果
$f_{gc} = 41.8$kHz，$P_m = 75.7°$（REFカーソル），$f_{pc} = 113.2$kHz，$G_m = 9.9$dB（Aカーソル）

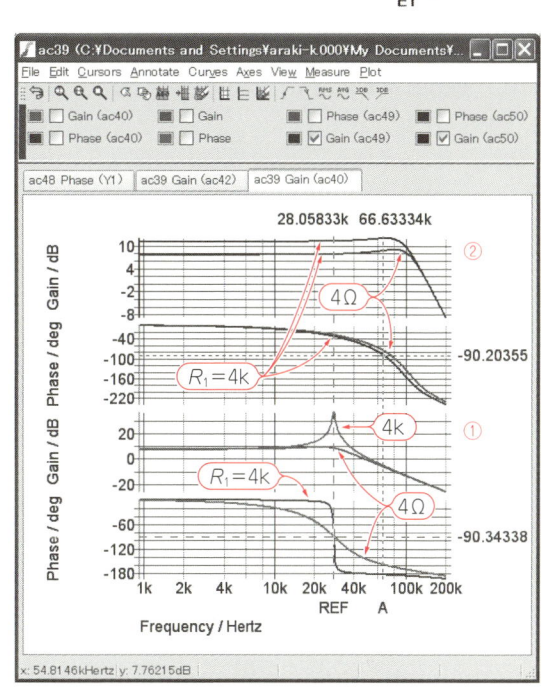

〈図29〉状態フィードバックの効果を見る
① PCin → $V_{out}$（図20）
② VSFBin → $V_{out}$（図27）

となります．余裕をみて，$R_6 = 6.8$ kΩとします．

$R_6$の電流を$I_{R6}$，電力変換部のゲインを$G_{pc}$，$R_4$と$R_7$の電流を$I_{(R4+R7)}$，$R_3$の電流を$I_{R3}$，出力電流を$I_{out}$とすると，

$$I_{R6} = I_{(R4+R7)} + I_{R3}$$
$$I_{(R4+R7)} = KI_{out}$$
$$I_{R3} = \frac{V_{out}}{G_{pc}}$$
$$KI_{out} = I_{R6} - I_{R3} = I_{R6} - \frac{V_{out}}{G_{pc}} \quad \cdots\cdots (4)$$

Kは式(3)を参照

となります．過電流制御のリミッタが働き，$U_5$の出力と$I_{R6}$が一定でも，$I_{out}$は，$V_{out}$に影響されることを示しています．

この結論は，出力電流$I_{out}$の制限値は出力電圧$V_{out}$に依存することを示しています．その結果，出力を短絡した場合の制限電流は，過負荷保護が動作し始める制限電流に比べて増加します．短絡状態では$V_{out} \simeq 0$ Vだからです．

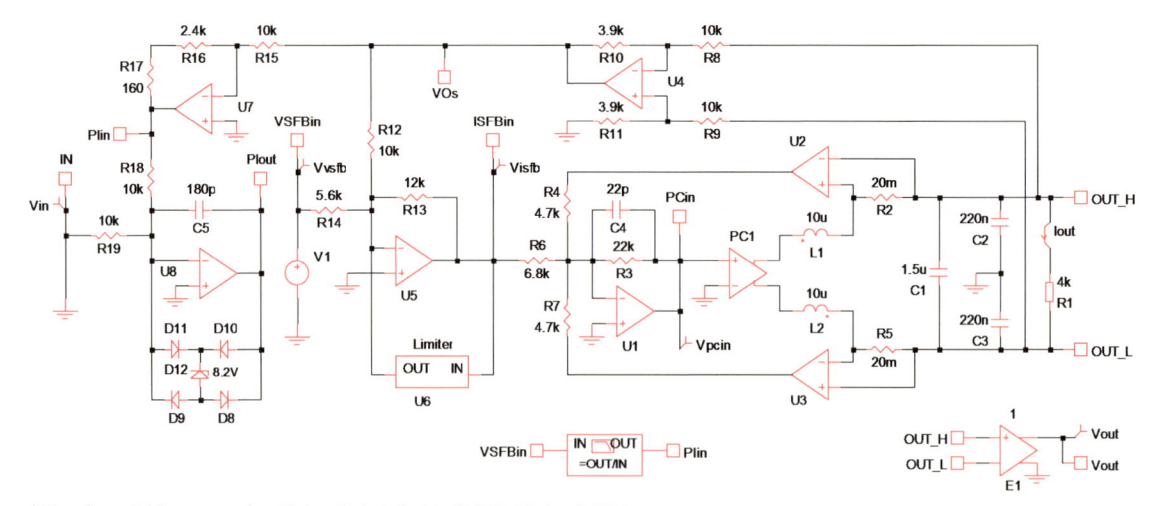

〈図30〉PI制御のループ・ゲイン決定のために位相とゲインを測る
電圧状態フィードバック段入力（VSFBin）からPI入力（Plin）までの周波数応答を求める．負荷（$R_1$）は無負荷，この条件がゲイン最大になるためである

▶無負荷のボード線図からVSFBのループ・ゲインを予想する

次に，ISFBinから$U_4$出力VOsまでの周波数応答をシミュレーションで求めます．条件は最大ゲイン状態です．最大ゲインは，無負荷（$R_1 = \infty$）の場合です．目的は，VSFBループの安定性を確保し，最大のループ・ゲインを設定するためです．VSFBゲインは$R_{13}$で設定します．

図24のシミュレーション回路の$R_1$を十分に大きな値にしてボード線図を出力します．図26がISFBinからVOsまでのボード線図です．この図から$U_5$出力のVSFBとISFBinを結び，VSFBを閉ループとし，位相余裕を60°とするためには，VOsから$U_5$出力までのゲインを+4.14 dB（1.61倍）とすれば，57 kHz付近でゲインが0 dBとなることが予想できます．

位相余裕からは，$R_{13}/R_{12} = 1.61$，$R_{12} = 10$ kΩなので，16 kΩが妥当なのですが，ゲイン余裕が不足すると判断されるので2.5 dBほどゲインを下げることにし，$R_{13} = 12$ kΩとします．ゲイン余裕が不足すると判断されるのは，図26において，位相60°の周波数のゲイン（REFカーソル）と0°の周波数（Aカーソル）のゲイン差が-7.7 dBと少ないためです．

▶ループ・ゲインの周波数応答を確認

VSFBループ・ゲイン評価用のシミュレーション回路が図27，その結果が図28です．図28から，

$f_{gc} = 41.8$ kHz，$P_m = 75.7°$（REFカーソル）
$f_{pc} = 113.2$ kHz，$G_m = 9.9$ dB（Aカーソル）

が読み取れます．これらの数値は，フィードバック制御ループを安定に保つのに十分な値です．

▶状態フィードバックの効果

図29は，電力変換部入力から出力まで（図20，PCin→$V_{out}$）と，VSFBinから$V_{out}$まで（図27，VSFBin→$V_{out}$）の周波数応答を比較したグラフです．負荷抵抗は4 Ωと4 kΩです．

PCin→$V_{out}$のグラフでは，4 kΩ負荷では，28 kHzに50 dB以上のピークがありますが，VSFBinから$V_{out}$のグラフでは3 dB程度のピークに収まっています．

4 kΩ負荷の位相-90°の周波数を比較すると，28 kHz対66.6 Hzと2.38倍になっており，帯域幅が2.38倍に広がったことになります．ただし，パワー・

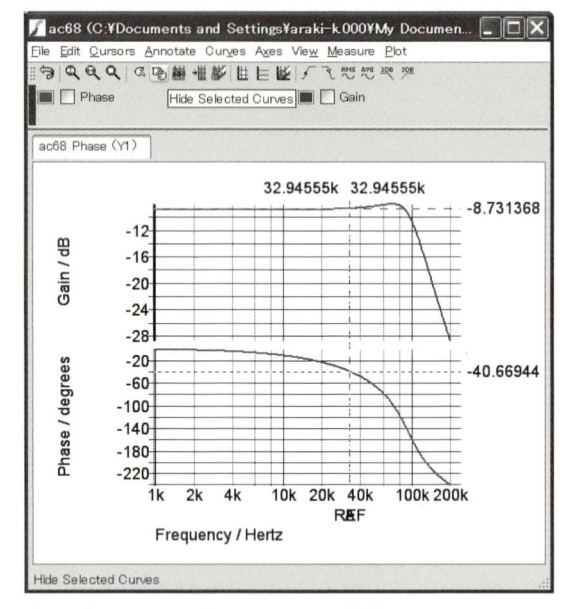

〈図31〉図30のシミュレーション結果
このデータから，積分時定数（$C_5 \times R_{18}$）を決め，位相余裕とゲイン余裕を予測する

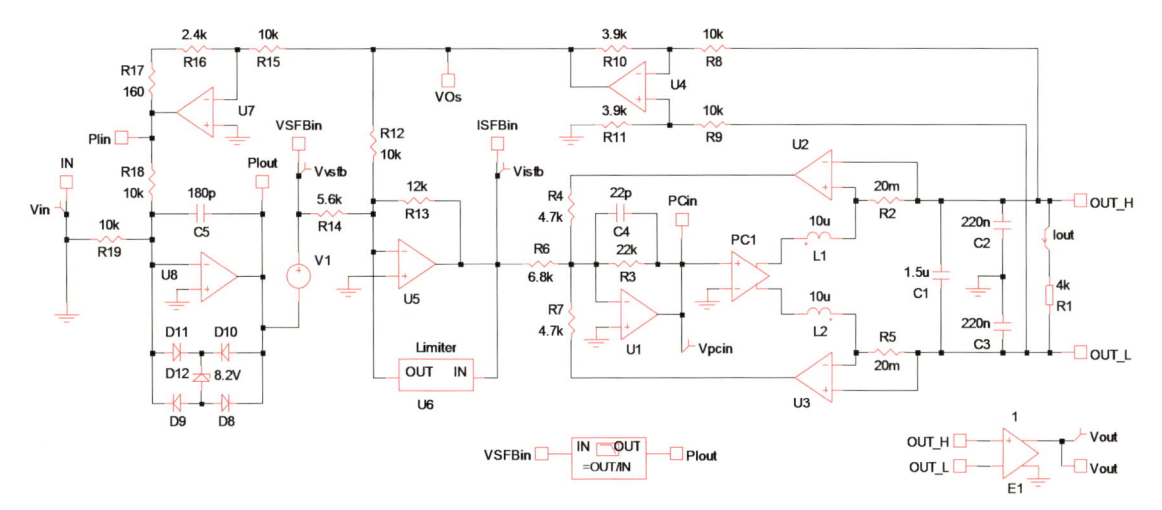

〈図32〉PI制御ループの位相余裕とゲイン余裕を測る
試験信号($V_1$)をPloutとVSFBin間に挿入，$V_1$両端にボード・プローブをつなぎAC解析．PI制御のループ・ゲインのボード線図を出力する

バンド幅（大出力時のバンド幅）が広がったわけではありません．小信号の帯域が拡大したのです．

● PI制御ループの設計

最後にPI制御ループの積分時定数のコンデンサ $C_5$ の値を決定します．シミュレーション回路は図30です．

$U_7$ はフィードバックの極性を合わせるための位相反転用です．$(R_{16} + R_{17})$ と $R_{15}$ の値は，$V_{out}$ からゲインが1/10になるように決めました．PIin端子を出力波形のモニタ用に使う場合に1/10は便利だからです．

入出力間のゲインは，$-R_{18}/R_{19} \times 1/(V_{out}$ から PIin までのゲイン)です．$V_{out}$ から PIin までのゲインは1/10，$R_{18} = R_{19}$ なので入出力間のゲインは$-10$です．

▶ VSFBin → PIin の周波数応答から PI のゲインを決める

図31はVSFBGinからPIinまでの，無負荷時($R_1 = 4\,\text{k}\Omega$)の周波数応答です．無負荷時が最大ゲインになるからです．PI制御器の設計では，PI制御器を除く全段の位相遅れが40°付近の周波数とゲインに注目します．PIoutとVSFBinを結んで閉ループにしたとき，PI制御器の位相遅れ90°が加わるためです．

図31のカーソルの位置から，位相遅れが40°の周波数は33 kHzで，ゲインは$-8.73\,\text{dB}$（1/2.73倍）が読み取れます．積分器のPIinからのゲインをこの周波数で2.73倍にすれば，その周波数が $f_{gc}$ となり，$P_m$ は $180 - 90 - 40 = 50°$ になると予想できます．

PI制御器 $U_8$ のPIinからPIoutまでのゲイン $G_{PI}$ は次式で表されます．

$$G_{PI}(s) = \frac{V_{PIout}(s)}{V_{PIin}(s)} = -\frac{1/sC_5}{R_{18}} = -\frac{1}{sC_5R_{18}} \quad \cdots (5)$$

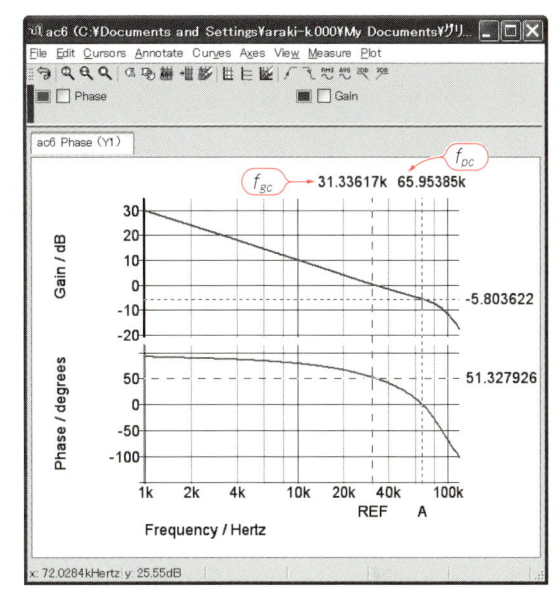

〈図33〉図32のシミュレーション結果のボード線図（無負荷：$R_1 = 4\,\text{k}\Omega$）
$f_{gc} = 31.3\,\text{kHz}$, $P_m = 51.3°$, $f_{pc} = 66\,\text{kHz}$, $G_m = 5.8\,\text{dB}$

$s = j\omega$

上式から，33 kHzにおけるゲインが2.73倍となる $C_5$ の値は176.3 pFとなるので，$C_5 = 180\,\text{pF}$ とします．

▶ 位相余裕とゲイン余裕を確認

図32のシミュレーション回路で，位相余裕とゲイン余裕を確認します．図33がシミュレーション結果です．REFカーソルから $f_{pc} = 31.3\,\text{kHz}$, $P_m = 51.3°$，Aカーソルから $f_{pc} = 66\,\text{kHz}$, $G_m = 5.8\,\text{dB}$ が読み取れます．このデータは，無負荷時($R_1 = 4\,\text{k}\Omega$)のデー

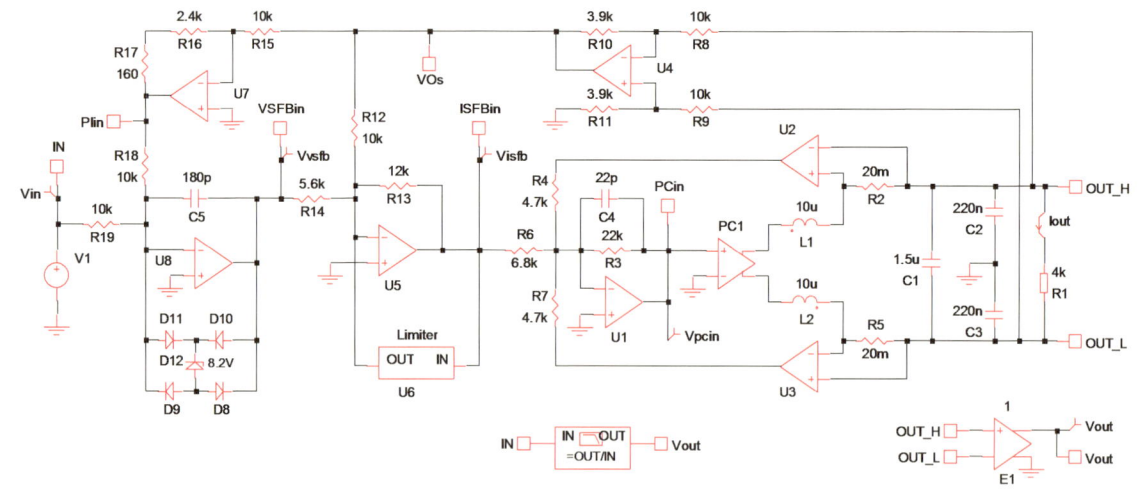

〈図34〉総合特性と過負荷保護特性を見る(SIMetrix，AC解析，過渡解析)
AC解析：入力(IN)から出力($V_{out}$ = VOUT_H − VOUT_L)までの総合周波数特性．過渡解析：負荷抵抗$R_1$を4mΩ，1Ω，3Ω，4Ωにして過負荷保護特性

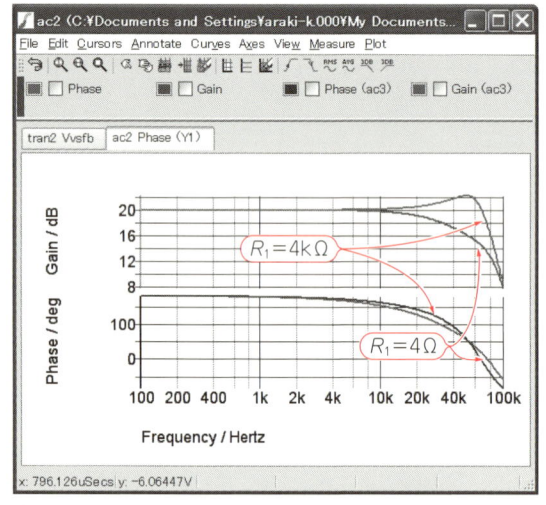

〈図35〉図34の入力から出力までの周波数特性

タです．

● **総合特性を確認**

図34は総合特性のシミュレーション回路です．

図35がAC解析結果の入出力間のボード線図です．負荷抵抗が4Ωの場合，20kHzで約−1dB，同4kΩでは2dB強のピークが発生しています．

図36は過渡解析で過電流保護特性をシミュレーションした結果です．負荷抵抗$R_1$が4Ω，3Ω，1Ω，4mΩの場合の出力電圧波形($V_{out}$/V)と出力電流波形($I_{out}$/A)，入力波形($V_{in}$/V)をプロットしています．入力は1kHz，±2Vの正弦波です．

出力電流波形($I_{out}$/A)のデータから，3Ω負荷の最大電流は±6A，4mΩ(短絡)では±8Aに制限され

ていることがわかります．制限電流に出力電圧依存性があります．

● **結論**

SPICE系回路シミュレータのAC解析結果のボード線図を使ったフィードバック制御設計法を紹介しました．その設計法を，フル・ブリッジ方式PWM D級パワー・アンプ用の制御部設計と安定性検証に応用しました．

このD級パワー・アンプは，復調用の2次LPFもフィードバック・ループ内に含めているため，定格負荷から無負荷まで変動の少ない周波数特性となっています．過負荷保護動作では，定電圧から定電流的な出力特性へのスムーズな移行が行われます．

## 過電流保護特性を改善する

● **ねらい**

前節で設計した制御部の過電流保護特性は，図36に見るように，制限電流に出力電圧依存性がありました．そこで本節では，出力電圧依存性が極めて低い過電流保護回路を設計し，その効果をSPICE系シミュレータの過渡解析を使って検証します．

過渡解析ですから，電力変換部のモデルは線形・平均化モデルである必要はありません．実回路に近いスイッチング回路のフル・ブリッジを使います．

▶ 出力電圧依存性をなくす

制限電流が出力電圧によって変わる理由は，前節の「$R_6$の値を決める」(p.82)に説明があります．図19で示した回路の過電流保護時の動作は，ISFB部の$I_{R6}$ = $I_{R3}$ + ($I_{R4}$ + $I_{R7}$) = 一定なので，$I_{R3}$は出力電圧に

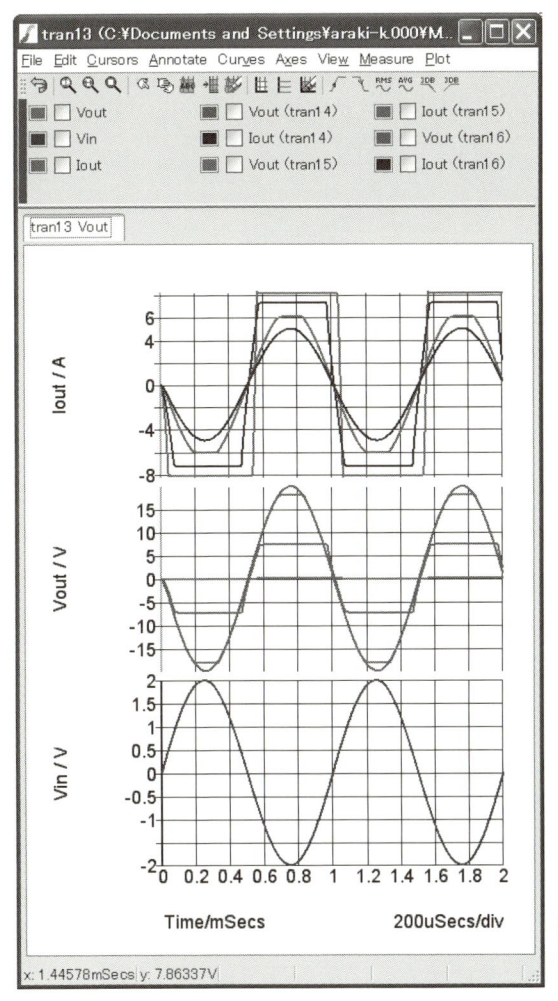

〈図36〉**図34の過負荷保護特性**($f_o = 1000$Hz)
出力電圧($V_{out}$/V)：高電圧から $R_1 = 4$ Ω（正弦波），同 3 Ω，同 1 Ω，
同 4m Ω，出力電流($I_{out}$/A)：大電流から $R_1 = 4$m Ω，同 1 Ω，同 3 Ω，
同 4 Ω（正弦波）．$I_{out}$/A のデータから，制限電流が負荷抵抗 $R_1$ の値
によって 6A ～ 8A 変化することがわかる

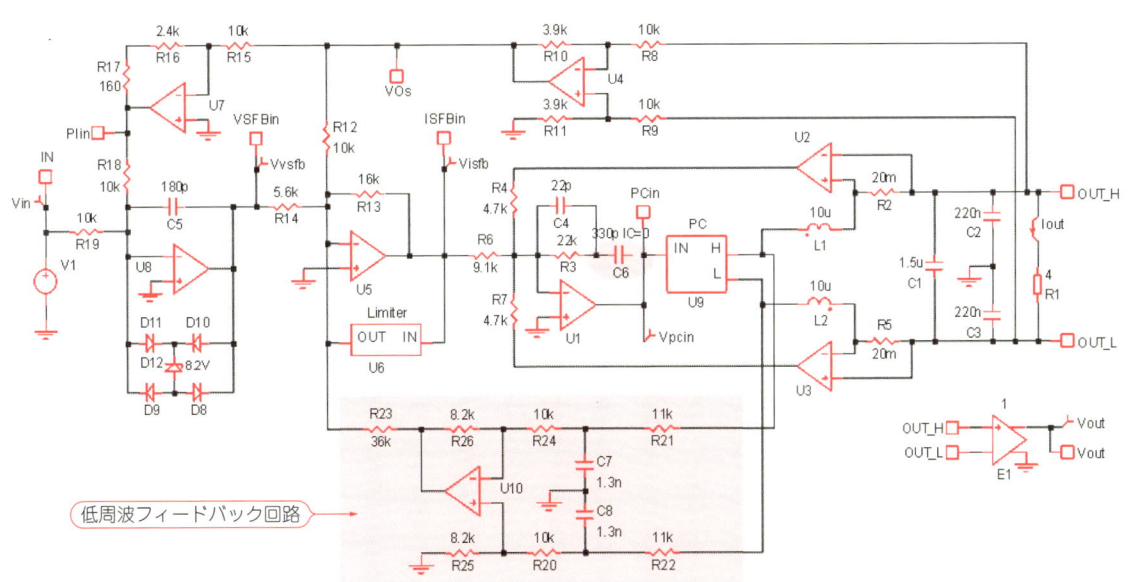

〈図37〉**過電流保護特性を改善したフル・ブリッジ PWM D 級パワー・アンプ**
電力変換部モデル(PC, $U_9$)はスイッチング・モデル（図38）である．$U_9$ にスイッチング回路が含まれているので，AC 解析シミュレーションはできない

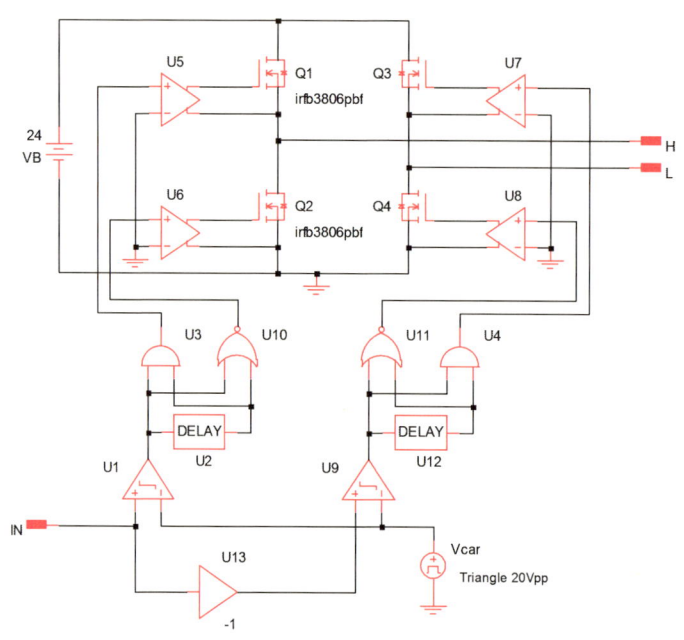

〈図38〉フル・ブリッジ電力変換部のスイッチング・モデル（ファイル名：PC-SW.sxcmp）
コンパレータ $U_1$, $U_9$ は LAP（Laplace Transfer Function）素子．伝達関数は"tanh((v(n1)-v(n2))*1000)*2.5+2.5"．$U_2$, $U_{12}$ はデッド・タイム生成用ディジタル遅延素子．MOSFET ゲート・ドライバ $U_5 \sim U_8$ は LAP 素子．伝達関数は "2.2"

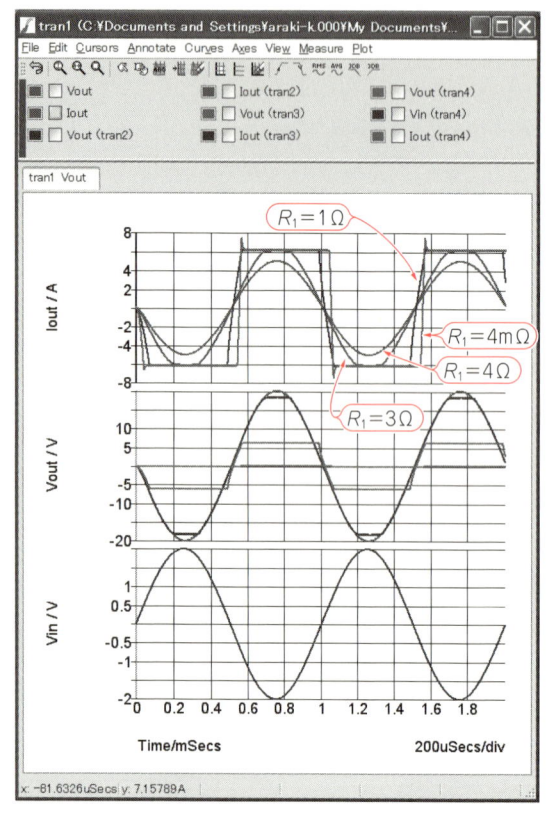

〈図39〉図37の過負荷保護特性（$f_o = 1000$Hz）
出力電圧（$V_{out}$/V）：高電圧から $R_1 = 4\Omega$（正弦波），同 3Ω，同 1Ω，同 4mΩ．$I_{out}$/A のデータから，制限電流が負荷抵抗 $R_1$ の値が変わっても ±6A 一定に保たれていることがわかる

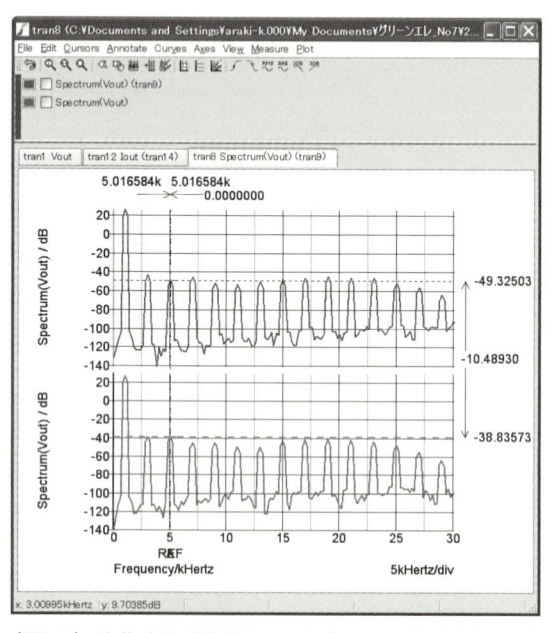

〈図40〉改善前後の高調波スペクトラムを比べる（上：改善後，下：改善前）
出力：1kHz, 40$V_{p-p}$，正弦波，負荷：4Ω，デッド・タイム：図38, $U_2$ $U_{12}$ の $T_D$ = 100ns．改善後の回路は図37．改善前の回路は図37の定数を次の値に変更している．$C_6$：330pF → ショート, $R_{23}$：36k Ω → ∞, $R_6$：9.1k Ω → 6.8k Ω, $R_{13}$：16k Ω → 12k Ω. $R_{23}$：36k Ω → ∞ によって低周波フィードバック回路は切り離され，$C_6$：330pF → ショートで $U_1$ は P 制御のみに戻される

比例するために，（出力電圧の低下）→（$I_{R3}$ の減少）→（$I_{R4}$, $I_{R7}$ の増加）→（制限電流の増加）となります．

この制限電流の出力電圧依存性を改善するには，$I_{R3}$ を（$I_{R4} + I_{R7}$）に対して無視できる値まで減少すればよいことになります．$R_3$ に直列にコンデンサをつなぎ，電流状態フィードバック（ISFB）を比例（P）制御から比例・積分（PI）制御にすれば解決できます．

しかし，ISFB を PI 制御にすると，P 制御が前提の状態フィードバックは最適設計が困難です．そこで，過電流保護動作が働かない定常時には P 制御で，過電流保護動作時（リミッタ動作時）には ISFB が PI 制御に切り換わるような回路を設計しました．

▶ 例題回路

図37，図38 が過電流保護特性を改善したシミュレーション回路です．ISFB 制御器 $U_1$ のフィードバック回路の $R_3$ に積分用コンデンサ $C_6$ を追加しました．さらに，$U_{10}$ の低周波フィードバック回路を追加しました．

低周波フィードバック回路は，電力変換部出力の PWM スイッチング波形を平衡→不平衡に変換し，電圧状態フィードバック段にフィードバックします．

このループには，次の二つの目的があります．

(1) 定常状態では電流状態フィードバック制御器 $U_1$ を P 制御，過電流制限状態では PI 制御とする
(2) $U_1$ の PI 制御の効果で電力変換部の非直線性，ゲイン変動などを改善する

このフィードバック・ループは，$U_6$ のリミッタが働かない定常状態では完結して閉ループですが，過電流になってリミッタが働くと，ループ・ゲインはほとんどゼロになり，開ループと等価になります．閉ループでは下記の条件を満足すると，あたかも $C_6$ がショートされたように働き，$U_1$ は I 制御機能のみとなります．

各素子の定数は下記の式によります．

$$\frac{R_3}{R_4} = \frac{R_{23}}{R_{13}} \times \frac{R_{21}+R_{24}}{R_{26}} \times \frac{R_6}{R_4} \times \frac{1}{G_{pc}}$$

$$C_6 \times R_3 = C_7 \times \frac{R_{21} \times R_{24}}{R_{21}+R_{24}}$$

$G_{pc}$：電力変換部のゲイン（2.4）
$R_{24} = R_{20}$
$R_{21} = R_{22}$
$R_{26} = R_{25}$
$C_7 = C_8$

閉ループでは上記の条件を満足すると，あたかも $C_6$ がショートされたように働き，$U_1$ は I 制御機能のみとなります．

● 効果を検証

図39 が過電流保護特性です．負荷抵抗の値に関係なく制限電流は一定に保たれています．図36 と比べてみてください．短絡（$R_1 = 4$ mΩ）時には出力電流にオーバーシュートが見られます．この条件では電流状態フィードバックの位相余裕，またはゲイン余裕が減少している可能性があります．

$U_1$ の PI 制御の効果で電力変換部の非直線性，ゲイン変動などは改善されたのでしょうか？

図40 にその結果を示します．1 kHz 正弦波出力の高調波スペクトラムを改善前後で比較しました．第3高調波で 10 dB ほどの改善が見られます．ほかの高調波も 2～5 dB の改善が見られます．

両グラフとも電力変換部のデッド・タイムは 100 ns です．

改善後の回路は，図37 です．改善前の回路は，同図の部品定数を以下のように変更してシミュレーションしたものです．

$C_6$ : 330 p → ショート
$R_{23}$ : 36 k → ∞
$R_6$ : 9.1 k → 6.8 k Ω
$R_{13}$ : 16 k → 12 k

$R_{23}$：36 k→∞ によって低周波フィードバック回路は切り離し，$C_6$：330 p→ショートで $U_1$ は P 制御のみに戻されます．これらの値は，図19 と同じです．

● 結論

過電流保護特性を改善する回路を設計し，その効果を SPICE 系シミュレータ SIMetrix の過渡解析機能で検証しました．電力変換部モデルにスイッチング回路を使いました．

その結果，1000 Hz の正弦波出力では，制限電流は負荷抵抗の値によらず一定に保たれることがわかりました．制限電流が負荷抵抗に依存せず一定であることは，定常時は定電圧，過電流保護時は定電流出力にスイッチされていることを示しています．この特長は，リミッタ電圧を制御し，制限電流を外部の信号でプログラムするアプリケーションに有用です．

また，本改良回路は，電力変換部の特性改善にも効果があることが，高調波スペクトラム解析で検証されました．

◆ 参考文献 ◆
(1) グリーン・エレクトロニクス，No4, p.101, CQ 出版社．
(2) 杉江 俊治，藤田 政之；フィードバック制御入門，1999 年，コロナ社．

# Appendix-A
# SIMetrix/SIMPLIS Intro のインストール手順と制限事項

高橋 謙司
Takahashi Kenji

　ここでは，回路シミュレータ SIMetrix/SIMPLIS イントロ版のインストール方法と制限事項について説明します．

## インストールの手順

① 本書の付属 CD-ROM に収録されているインストール・プログラム sxint61.exe をダブルクリックします．

　最新版は SIMetrix 社のウェブ・サイト（http://www.simetrix.co.uk/site/demo.html）からダウンロードできます（図 A-12 参照）．

② 図 A-1 のようにインストーラ・プログラムが展開されます．

③ 図 A-2 の画面で[Next]ボタンを押します．

④ 図 A-3 の画面で SIMetrix のみか，または SIMPLIS もインストールするかを選択します．SIMPLIS のみの選択はできません．[Next]ボタンを押します．

⑤ 図 A-4 の画面で示される SIMetrix 社の License Agreement に同意できたら，同意する選択をして[Next]ボタンを押します．

⑥ 図 A-5 の画面でインストールするデスティネーション・フォルダを指定します．デフォルトでは Program Files に SIMetrixIntro610 としてインストールします．[Next]ボタンを押します．

〈図A-1〉インストーラの展開

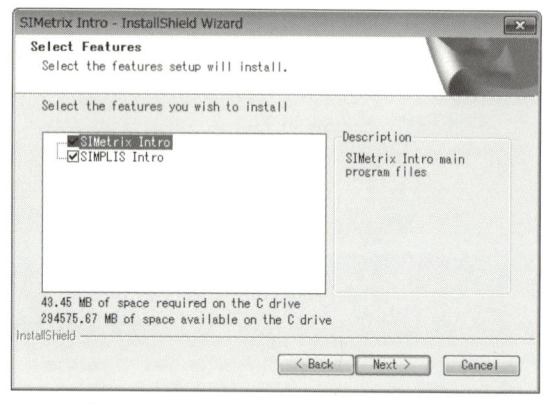

〈図A-3〉インストールするシミュレータの選択（本書の利用では両方を選択する）

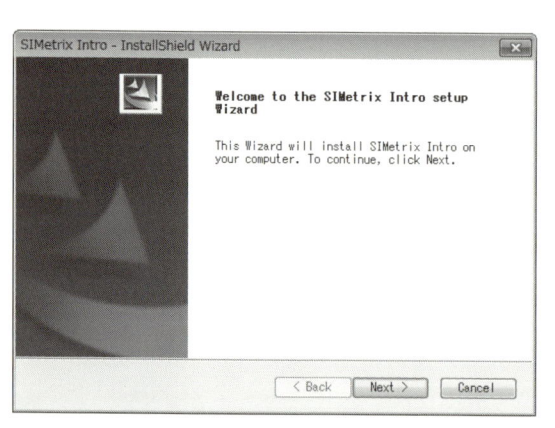

〈図A-2〉インストールの開始

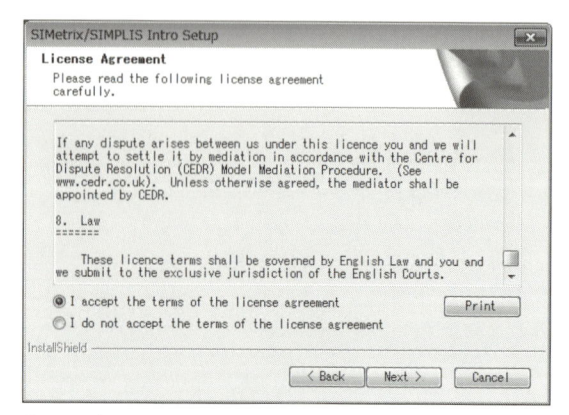

〈図A-4〉使用許諾条件に同意する

⑦ 図A-6の画面で[Install]ボタンを押します．
⑧ インストールが開始されます（図A-7）．
⑨ インストールが完了したら図A-8の画面になりますので，[Finish]ボタンを押します．
⑩ Windowsスタートのプログラム・メニューから"SIMetrix-SIMPLIS Intro 6.10"を選択すると，オペレーションが開始できます．

インストール後，初めての操作のときには図A-9の画面が表示されます．

"File associations"で"Yes"を選択すると，エクスプローラなどでファイルはSIMetrixのアイコンで表示され，ファイルをダブルクリックするだけでSIMetrix SIMPLIS Intro 6.10が起動するようになります．

また，"Example files"ではサンプル・ファイルをインストールするかどうかを"Yes"か"No"で選択します．

最後に[Close]ボタンを押します．
⑪ 図A-10のようなSIMetrix/SIMPLISのロゴが表示されますので，[OK]ボタンを押します．
⑫ コマンド・シェル"SIMetrix/SIMPLIS Command Shell"が表示され，シミュレーションが開始できます．

## イントロ版の制限事項

SIMetrix/SIMPLIS Intro（シメトリックス／シンプリス イントロ版）は，無償バージョンのプログラムで，ライセンスは必要なく，コピーの制限もありません．ほとんどすべての機能が動作しますが，回路規模には制限があります．イントロ版の制限は，実際の業務に使用できるよう十分に緩やかで寛容なものとなっています．このイントロ版を皆さんに活用していただければ，私どもの喜びとするところです．

● 要求されるシステム
▶ Windows版

Windows用SIMetrixイントロ版，SIMetrix/SIMPLISイントロ版に要求されるシステムはWindows 7（Home Premiumまたはそれ以上），Windows Vista（Home Basicまたはそれ以上），Windows XP（HomeまたはProfessional），Windows 2000です．いずれも32ビット，

〈図A-5〉インストール先の指定（デフォルトのインストール先が表示される）

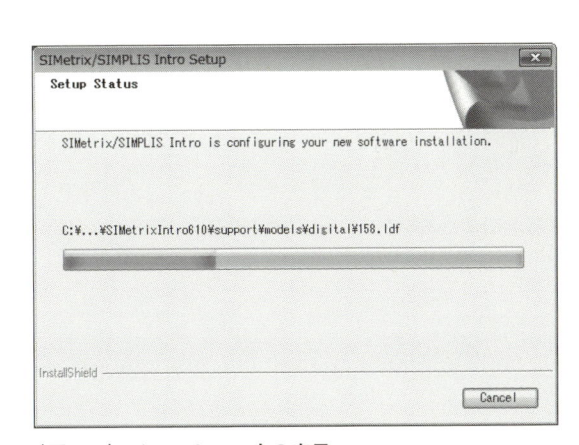

〈図A-7〉インストール中の表示

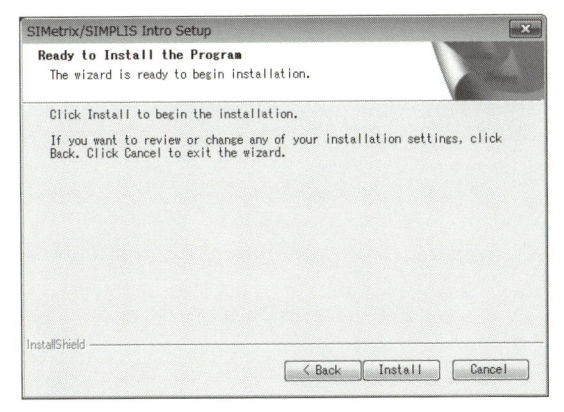

〈図A-6〉指定したインストール先にインストールする

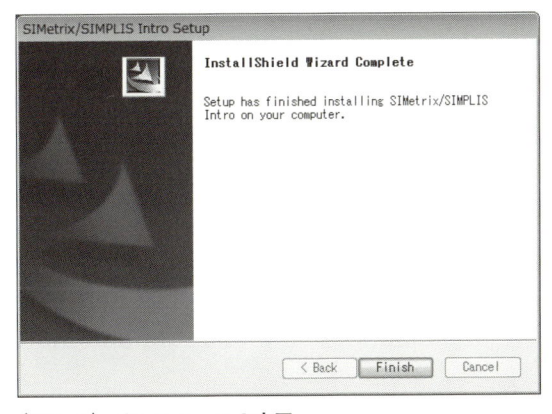

〈図A-8〉インストールの完了

64 ビットのプラットフォームをサポートしています．

▶ Linux 版

Linux 用 SIMetrix イントロ版は Redhat Enterprise Linux versions 3，4 または 5 が必要です．他のディストリビューションでも動作はしますが，検証はされていません．SIMPLIS には Linux 版はありません．

● SIMetrix イントロ版の制限事項

製品版にあるすべての機能が入っていますが，以下は除きます．

（1）コマンド・ラインはありません．コマンド・ラインが必要な機能は使用できませんが，この数はわずかです．
（2）ユーザ・スクリプトは実行できません．
（3）Verilog-A コンパイラはありません．
（4）Verilog-HDL ミックスド・シグナルのシミュレーションはありません．
（5）メニューのカスタム化，キーの定義はできません．
（6）PSpice トランスレータは小さな回路に限定されています．
（7）SPICE3 生ファイルのインポートはできません．
（8）安全動作範囲のテストはありません．
（9）メニュー／キー・エディタはありません．

上記の機能のうちいくつかは，アンロック機能で 30 日間だけ動作します．メニューの Help → Unlock Features... をご覧ください．

SIMetrix イントロ版には 64 ビット版はありません（製品版では 32 ビット，64 ビット版の両方がある）．

▶ 回路規模の制限

回路規模がおもな制約となりますが，正確には次のようになります．

　　内部アナログ・ノード：120（下記参照）
　　ディジタル：36
　　ディジタル・ポート：72
　　ディジタル・コンポーネント：24
　　ディジタル出力：36

内部アナログ・ノードには OP アンプのような内部エレメントのノードも含まれます．

アナログ・コンポーネントの数にも制限があります．コンポーネントの種類によって制限が変わります．例えば，BJT 18 個，またはダイオード 76 個が許されますが，BJT 18 個とダイオード 76 個の両方が許されません．BJT 9 個とダイオード 38 個の両方では許されます．いくつかのコンポーネントには制限がありません．例えば，抵抗，独立したソース，制御されたソースなどです．

▶ 制限がないもの

任意ソースや任意ロジック・ブロック定義の複雑な表現には制限がありません．

回路図入力で，入力や印刷をする際に規模の制限はありません．一般的な目的で，無償の回路図作成用ツールとして SIMetrix を活用されるのは，大歓迎です．

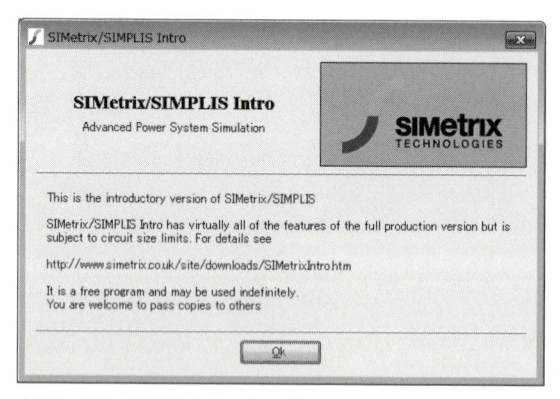

〈図A-10〉起動時のメッセージ

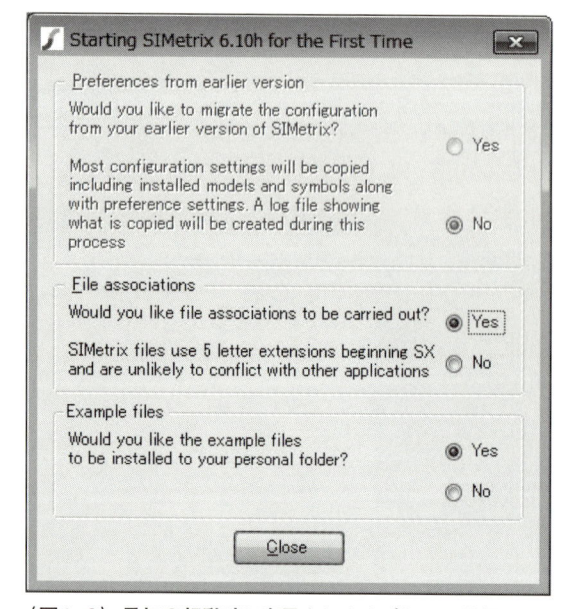

〈図A-9〉最初の起動時に表示されるオプション選択

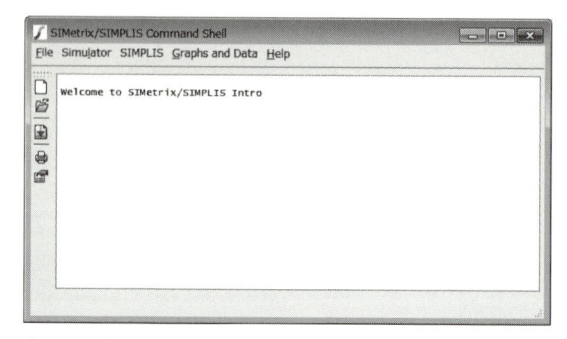

〈図A-11〉コマンド・シェル

● SIMetrix/SIMPLIS イントロ版の制限事項

　SIMetrix/SIMPLIS イントロ版は SIMetrix イントロ版のすべての機能を含みますので，上に述べたすべての制限が適用されます．さらに，SIMPLIS シミュレータとして，以下の制限があります．
（1）state variable は合計で 15 個までです．キャパシタやインダクタはそれぞれ 1 個の state variable となります．
　time-varying source や small-signal AC source は 1 個の state variable となりますが，例外として，SINusoidal や COSinusoidal source はソースごとに 2 個の state variable が必要となります．
（2）キャパシタとインダクタは合わせて 10 個までです．
（3）simple や transistor の switch は合わせて 10 個までです．
（4）論理ゲートは合計で 6 個までです．
（5）"state" は合計で 26 個までです．PWL エレメントには 1 個，スイッチごとに 1 個，それぞれの time-varying source には 1 個の state がそれぞれ必要です．logic gate ごとに 1 個の state が必要となります．
（6）トポロジーは合計で 100 個までです．100 個のトポロジーは簡単なモデルを使った簡単なスイッチング回路では十分です．しかし，複雑な回路や複雑なモデルを使った回路では制限を越えてしまいます．

　　たかはし・けんじ　　　　　　　　（株）インターソフト

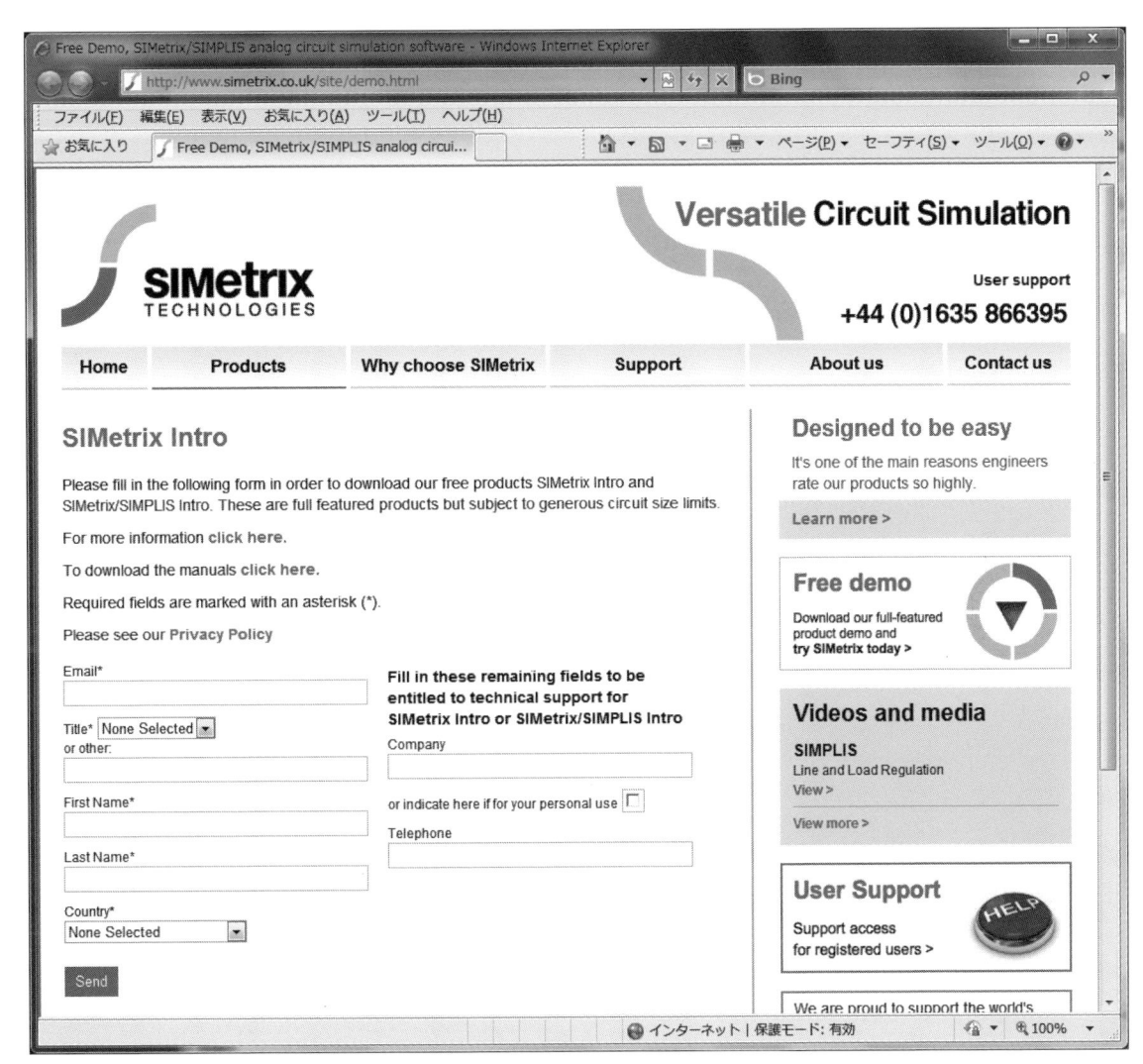

〈図A-12〉最新版は SIMetrix 社のウェブ・サイトからダウンロードできる

# Appendix-B
# 付属CD-ROMの内容と使用方法

### 編集部

### ● 付属CD-ROMの内容

図B-1に付属CD-ROMの内容一覧を示します．

▶ SIMetrix/SIMPLIS Intro Release 6.10d

"sxint61.exe"がインストール用のファイルです．ダブルクリックすることで，自動解凍されてインストーラが起動します．

SIMetrix/SIMPLIS Intro Release 6.10dのインストール方法や制限事項については，Appendix-Aを参照してください．

▶ SIMetrix/SIMPLIS 簡易マニュアル

"Tutorial_2.doc"が「SIMetrix/SIMPLIS簡易マニュアル」の「第2章 すぐに始めましょう」です．Microsoft WORDのドキュメント・ファイルなので，閲覧や印刷にはWORDが必要です．

"Tutorial_2.htm"は，上記のファイルをHTML形式に変換したものです．一般のウェブ・ブラウザで閲覧できます(図B-2)．サブフォルダTutorial_2.filesには，上記のHTMLファイルから参照されるファイル類が収録されています．

▶ SPICE Models useful sites SIMetrix

PDFファイルの"SPICE Models useful sites SIMetrix.pdf"は，デバイス・モデルがダウンロードできる半導体メーカのサイト一覧です．閲覧にはPDFファイルを表示できるソフトウェア（Adobe Readerなど）が必要です．

▶ シミュレーション回路ファイル

特集記事で解説されている回路のシミュレーションを行うためのファイルです．拡張子が"sxsch"のファイルが回路図データです．拡張子が"sxcmp"のファイルは，コンポーネントのデータです．いずれかの回路図ファイルから読み込まれて利用されます．

シミュレーション・ファイルは下記のように，特集の各章ごとにフォルダに分けて収録してあります．

    Sec_2：第2章
    Sec_3：第3章
    Sec_4：第4章
    Sec_5：第5章
    Sec_6：第6章
    Sec_7：第7章
    Sec_8：第8章
    DeviceModel：本書用デバイス・モデル

回路図ファイルのファイル名は，各章で掲載している図番号と対応しています．例えば，第8章の図3の回路図ファイルは，"Sim_8-03.sxsch"というファイル名でSec_8フォルダに入っています．ファイル名の"Sim_$x$-$yy$.sxsch"で，$x$が章番号，$yy$が図番号です．

本書用デバイス・モデルとしては，下記の三つのファイルが収録されています．

    AD823an.lb
    AD8210.lb
    IRFB3806.lb

これらのデバイス・モデルは，SIMetrix/SIMPLISをインストールした場所の"…¥models"フォルダの中にコピーしておく必要があります．

### ● デバイス・モデルの組み込み

デフォルトのインストール先にインストールした場合は，下記のような階層になっているはずです．

〈図B-1〉付属CD-ROMの内容構成

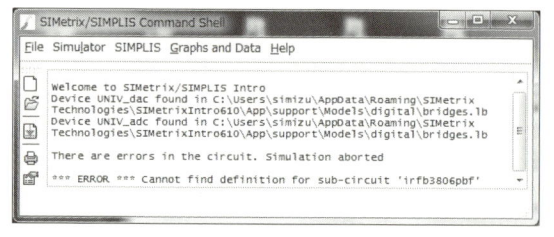

〈図B-3〉デバイス・モデルが正しい場所にコピーされていないとシミュレーションが実行されない

C:¥Program Files¥SIMetrix Technologies¥SIMetrixIntro610¥App¥support¥models

デバイス・モデルの三つのファイルを，上記の"…¥models"フォルダにコピーします．

デバイス・モデルが正しく組み込まれていないと，図B-3のようなメッセージがコマンド・シェルに表示され，シミュレーションは実行されません．

● 著作権ならびに免責事項

(1) 本CD-ROMに収録してあるプログラムの操作によって発生したトラブルに関しては，著作権者，収録ツール・メーカ各社，ならびにCQ出版株式会社は一切の責任を負いかねますので，ご了承ください．

(2) 本CD-ROMに収録してあるプログラムやデータ，ドキュメントには著作権があり，また工業所有権が確立されている場合があります．したがって，個人で利用される場合以外は，所有者の承諾が必要です．また，収録された回路，技術，プログラム，データを利用して生じたトラブルに関しては，CQ出版株式会社ならびに著作権者は責任を負いかねますので，ご了承ください．

(3) 本CD-ROMに収録してあるプログラムやデータ，ドキュメントは予告なしに内容が変更されることがあります．

(4) 本CD-ROMに収録されているドキュメント類に掲載されているすべての回路，技術の使用に起因する第三者の特許権，工業所有権，その他の権利侵害に関してCQ出版株式会社はその責を負いません．

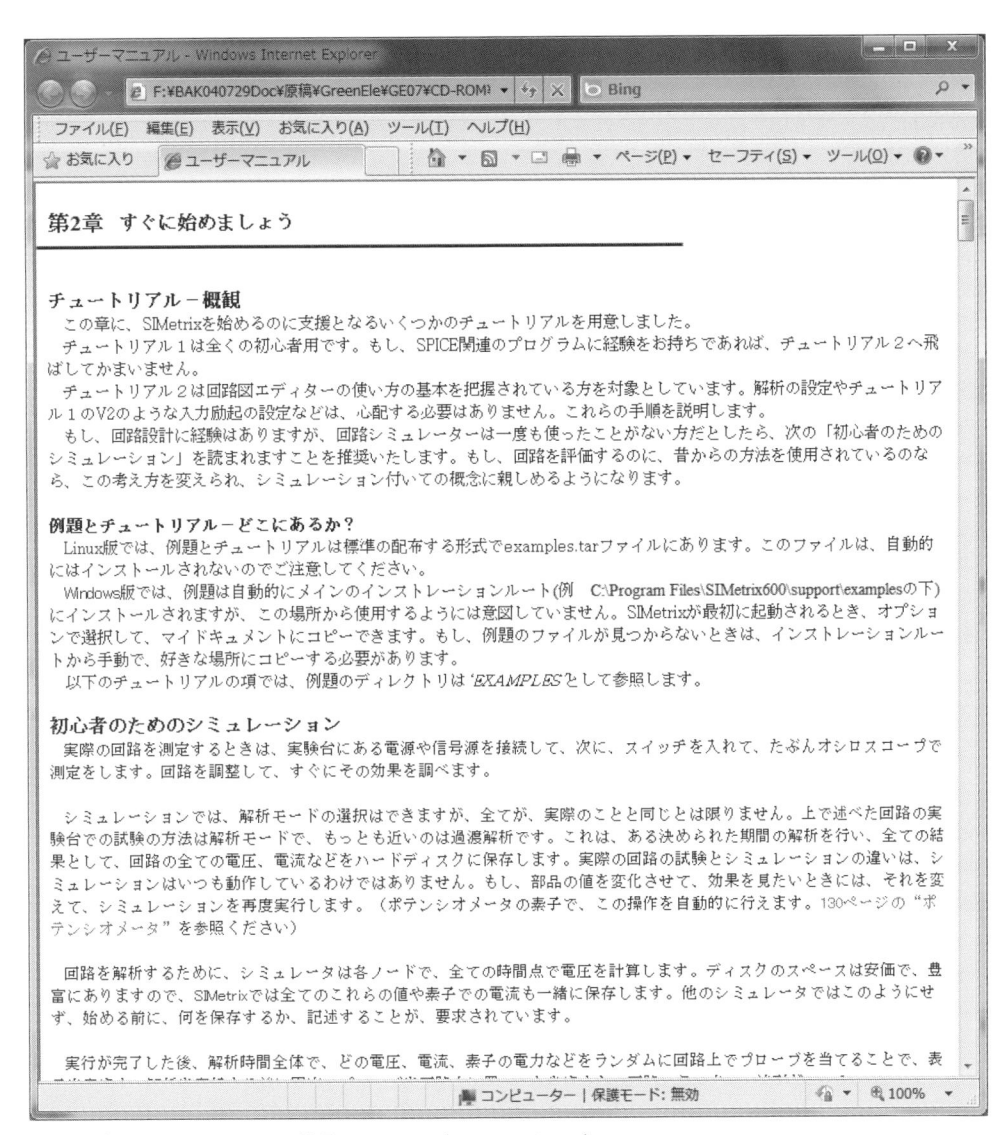

〈図B-2〉SIMetrix/SIMPLIS 簡易マニュアル(Tutorial_2.htm)

## ディジタル・パワー・アンプへの応用も可能な
# ディジタル選択方式スイッチト・キャパシタ電源の設計

### 大田 一郎
Oota Ichirou

電源回路は，入力電圧や負荷が変化しても常に一定の電圧を供給することが使命です．電源回路の入力は，世界中に対応できる（ワールド・ワイドの）交流電圧からバッテリや太陽電池など直流電圧まで，レベルや波形もさまざまです．また，電源回路の出力もIC用の直流低電圧からコピー機用の高電圧，インバータ用の交流電圧と多種多様であります．

したがって，電源の設計は多様な要求を満足するために難しくなってきています．最近の負荷はディジタルで動作するものが多くなり，低電圧／大電流化しており，電源の設計がますます困難となりつつあります．

## 寄生素子による電圧降下

図1は基板に供給した電圧 $V$ が負荷へ達するまでの等価回路を表しています．

同図で，$R_S$ は配線抵抗で，$L_S$ は配線による寄生インダクタンスを表しています．同図より配線に電流 $i$ が流れたときに電圧降下が生じ，負荷の端子電圧 $V_{DD}$ は，

$$V_{DD} = V - R_S i - L_S \frac{di}{dt} \quad \cdots\cdots\cdots (1)$$

となります．

最近の電源の負荷であるCPU，FPGA，DSPなどは，動作電圧の低電圧化が進んだため電流 $i$ が大きくなり，配線抵抗 $R_S$ による電圧降下 $R_S i$ が大きくなっています．例えば，銅箔厚 20 $\mu$m，線幅 0.5 mm，長さ 10 cm の場合，配線抵抗 $R_S$ は 0.168 Ω となり，1 A のピーク電流が流れた場合の電圧降下は 0.168 V です．わずかなように思えますが，電源電圧 $V_{DD}$ が 1.5 V の場合は 11 % の電圧低下となり，ICの仕様を満足できないことになります（配線抵抗の求めかたは「トランジスタ技術」2010年6月号，p.134を参照）．

しかし，さらに深刻なのはディジタル化のため電流変化が大きくなっていることです．例えば，上の場合と同じ条件では，寄生インダクタンス $L_S$ は 8.32 nH となり，電流変化が 0.1 A/ns の場合の電圧降下 $L_S di/dt$ は，0.83 V（55 % の電圧低下）で，配線抵抗による電圧降下よりかなり大きくなります．

● 電圧降下を少なくする方法

このような寄生素子による電圧降下を少なくする方法として，図2に示すように最近では電源回路を負荷の近くに配置して，配線長を短くして寄生素子の影響を少なくする方法（Point of Load；POL）が取られています．

すなわち，同図のように供給電圧 $V'$ を高くして電流 $i'$ を小さくすることで，POLコンバータまでの電圧降下を少なくします．POLコンバータから負荷までの距離は短いので，負荷の端子電圧 $V_{DD}$ の電圧変動を非常に少なくすることができます．

さらに，電源と負荷との距離を短くする方法として図3に示すように，ICの中に電源回路を組み込むオン・チップ電源があります．オン・チップ電源ではすべての素子をICチップ内に配置するので，磁性部品であるコイルやトランスを用いることはできません．

そこで登場するのが，キャパシタとスイッチ素子のみで構成できるスイッチト・キャパシタ（Switched-

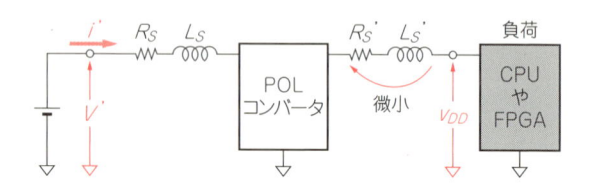

〈図2〉基板の等価回路（最近の電源供給）

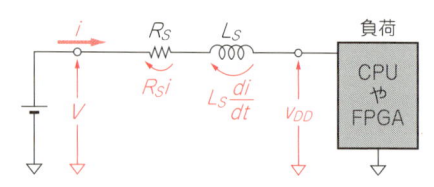

〈図1〉基板の等価回路（従来の電源供給）

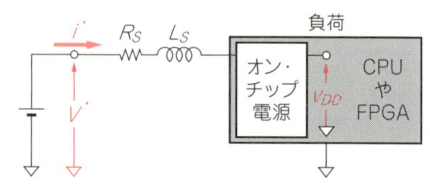

〈図3〉基板の等価回路（これからの電源供給）

〈表1〉市販のチップ・キャパシタが蓄えられるエネルギー密度

| 容量 $C$ | サイズ $V_{ol}$ [mm] | | | 耐圧 $V$ [V] | 蓄えられるエネルギー | | 品名 |
|---|---|---|---|---|---|---|---|
| | 長さ $L$ | 幅 $W$ | 厚さ $t$ | | $W_c = CV^2/2$ [mW] | $W_c/V_{ol}$ [mW/cc] | |
| 10 nF | 0.4 | 0.2 | 0.2 | 6.3 | 0.0002 | 12.4 | CM02X5R103K06AH |
| 47 nF | 1.6 | 0.8 | 0.8 | 50 | 0.0588 | 57.4 | GRM188F11H473ZA01D |
| 1 μF | 1.6 | 0.8 | 0.8 | 16 | 0.1280 | 125.0 | CM105B105K16AT |
| 10 μF | 3.2 | 1.6 | 1.6 | 35 | 6.1250 | 747.7 | GMK316F106ZL-T |
| 100 μF | 3.2 | 2.5 | 2.5 | 10 | 5.0000 | 250.0 | LMK325ABJ107MM-T |

〈表2〉市販のチップ・インダクタが蓄えられるエネルギー密度

| インダクタンス $L$ | サイズ $V_{ol}$ [mm] | | | 定格電流 $I$ [A] | 蓄えられるエネルギー | | 品名 |
|---|---|---|---|---|---|---|---|
| | 長さ $L$ | 幅 $W$ | 厚さ $t$ | | $W_L = LI^2/2$ [mW] | $W_L/V_{ol}$ [mW/cc] | |
| 68 μH | 12.5 | 12.5 | 5.5 | 1.81 | 0.111 | 0.1296 | NS12555T680MN |
| 47 μH | 3 | 3 | 1.5 | 0.32 | 0.002 | 0.1783 | NR3015T470M |
| 100 μH | 2 | 1.6 | 1.6 | 0.11 | 0.001 | 0.1182 | CBC2016T101K |
| 1,500 μH | 12.5 | 12.5 | 5.5 | 0.4 | 0.120 | 0.1396 | NS12555T152MN |
| 12,000 μH | 25 | 25 | 21 | 0.9 | 4.860 | 0.3703 | TLF24HBH1230R9K1 |

Capacitor：SCと略記す）電源となります．ただし，オン・チップ電源はICを設計するときから組み込む必要があり，汎用の電源というわけにはいきませんので，価格や仕様が制限されて，限られた用途となっています．

● エネルギー蓄積密度

参考までに，キャパシタとインダクタのエネルギー蓄積密度を計算してみましょう．

電磁気学で馴染みの式を使うと，電圧 $V$ に充電されたキャパシタ $C$ のもつエネルギー $W_C$ は，

$$W_C = \frac{1}{2}CV^2 \qquad (2)$$

となります．

一方，電流 $I$ が流れているインダクタンス $L$ のもつエネルギー $W_L$ は，

$$W_L = \frac{1}{2}LI^2 \qquad (3)$$

です．

市販のチップ・コンデンサとチップ・インダクタの数種類について，式(2)，式(3)と素子サイズから素子に蓄えられるエネルギー密度を計算してみると，表1と表2に示すようになります[1][2][3]．

同表から蓄えられるエネルギー密度を比較すると，キャパシタはインダクタより約2000倍ものエネルギーを蓄えられることがわかります．これだけで単純比較はできませんが，インダクタを用いたスイッチング電源より，キャパシタを用いたSC電源のほうが小形化に有利と言えます．

## 各種スイッチト・キャパシタ電源と特性解析

● 基本的なSC電源

SC電源は図4に示すように，キャパシタとスイッチ素子のみから構成され，キャパシタ間の接続をスイッチ素子で高速に切り換えることによって電圧変換を行う回路です．磁性素子を使用していないため，集積化が可能となります．

基本的なSC電源としては，
(1) 直並列切り換え方式[4]
(2) 直列固定方式[5]
(3) リング形[6]
などがあります．

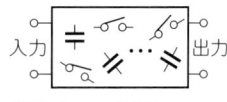

〈図4〉SC電源

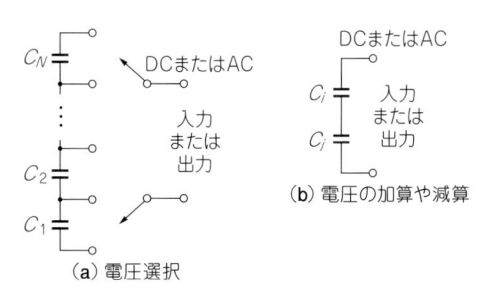

〈図5〉各種の方式によるSC電源の原理
(a) 電圧選択
(b) 電圧の加算や減算

これらの基本的なSC電源は，各キャパシタ電圧がすべて同じ電圧に充電されるので，直列接続されるキャパシタの個数を変えて電圧変換を行っています．

例えば，図5に示すように，入力端子に接続されるときに$r$個のキャパシタが直列接続され，出力端子に接続されるときに$s$個のキャパシタが直列接続されれば，無負荷定常時の出力電圧は入力電圧の$s/r$倍になります．

● 直並列切り換えSC変成器

それでは，具体的に直並列切り換えSC変成器について見てみましょう．図6にその回路構成を示します．図中の四角で囲んだ記号1，2はスイッチを表し，互いに重なり合わない2相クロックで駆動されます．

まず，スイッチ1がONとなる状態1のとき，同図のように$N$個の電荷転送用キャパシタ$C_1$，$C_2$，…，$C_N$は$N$個直列となり，入力電圧$V_1$で充電されます．キャパシタがすべて等しい容量の場合は，各キャパシタは$V_1/N$まで充電されます．

次に，スイッチ2がONとなる状態2になると，$N$個のキャパシタ$C_1$，$C_2$，…，$C_N$は$N$個並列となり，出力に接続されます．したがって，無負荷定常時には出力電圧$V_2$は$V_1/N$となります．状態2でキャパシタがすべて並列接続されるので，各キャパシタの容量値が異なっていても，出力電圧$V_2$は$V_1/N$となります．

ここで，出力電圧$V_2$は電荷転送用キャパシタの個数$N$だけで決定されます．設定出力電圧$V_{2n}$を得るには，図7に示すように，SC変成器で得たい出力電圧$V_{2n}$より高い出力電圧$V_{SCout}$を作り，レギュレータ（ドロッパ型電源）で設定出力電圧$V_{2n}$まで電圧降下させる方法が取られています．

● SC電源の特性解析と高効率を得るための手段

図8に示すように，一般的にSC電源の等価回路は変成比$r:s$の理想変成器と出力抵抗$R_O$の縦続接続で表されます．ここで出力抵抗$R_O$は，キャパシタの充放電に基づくSC抵抗$R_{SC}$と，スイッチのオン抵抗に基づく出力抵抗$R_{on}$によって決まります．また，レギュレータの等価回路は$R_{eg}$で表されます．

SC電源の電力変換効率$\eta$は，

$$\eta = \frac{P_2}{P_1} = \frac{V_2 I_2}{V_1 I_1} \quad \cdots\cdots (4)$$

で定義されます．図8から，入出力の電流比は変成比に反比例しますので，

$$\frac{I_2}{I_1} = \frac{r}{s} \quad \cdots\cdots (5)$$

の関係が成り立ちます．式(5)を式(4)に代入すると効率$\eta$は，

$$\eta = \frac{rV_2}{sV_1} \quad \cdots\cdots (6)$$

となります．また，図8から出力抵抗$R_O$とレギュレータの抵抗$R_{eg}$が損失になるので，

$$\eta = \frac{R_L}{R_O + R_{eg} + R_L} = \frac{1}{1 + (R_O + R_{eg})/R_L} \quad \cdots (7)$$

で表すこともできます．

したがって，式(7)から，負荷抵抗$R_L$に比べて$R_O + R_{eg}$が十分に小さい場合は，高効率を維持できます．

▶出力電流の変化と効率

図9に，出力電流$I_2$が変化した場合の効率特性を示します．

出力電圧$V_2$を安定化しない場合はレギュレータの抵抗$R_{eg}$は最小であるため，効率は高くできます．出力電流$I_2$を増やすと負荷抵抗$R_L$は減少するので，式(7)から効率はゆっくりと低下します．

一方，出力電圧$V_2$は図8から，

$$V_2 = \frac{R_L}{R_O + R_{eg} + R_L} \frac{s}{r} V_1$$

$$= \frac{1}{1 + (R_O + R_{eg})/R_L} \frac{s}{r} V_1 \quad \cdots\cdots (8)$$

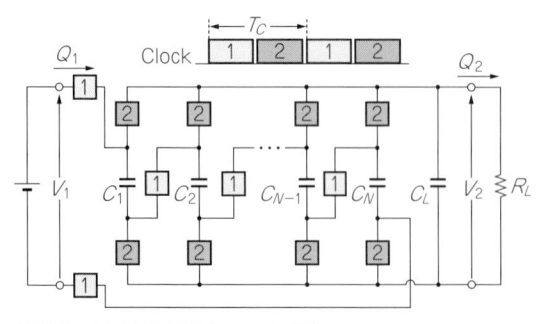

〈図6〉直並列切り換えSC変成器

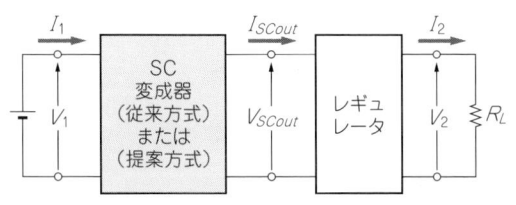

〈図7〉SC電源のブロック図

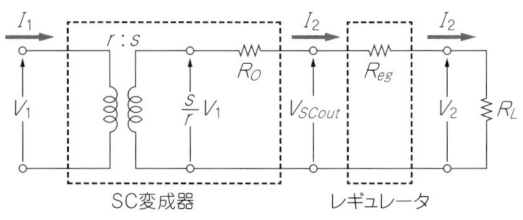

〈図8〉SC電源の等価回路

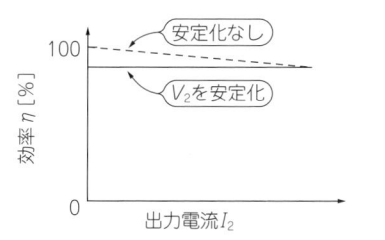

〈図9〉出力電流を変化した場合の効率特性

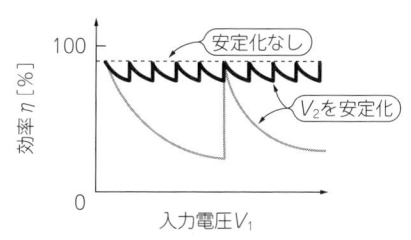

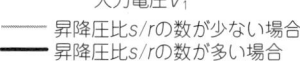

〈図10〉入力電圧を変化した場合の効率特性とその改善

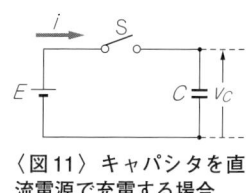

〈図11〉キャパシタを直流電源で充電する場合

で表されます．
式(7)と式(8)を比較すると，負荷抵抗 $R_L$ に対して同じ特性となるので，出力電圧 $V_2$ を安定化した場合は効率 $\eta$ は一定になることがわかります．

▶入力電圧の変化と効率

次に，入力電圧 $V_1$ が変化した場合の効率特性を見てみましょう．

出力電圧 $V_2$ を安定化しない場合は，レギュレータの抵抗 $R_{eg}$ は最小になっており負荷抵抗 $R_L$ も変化しないので，式(7)から効率は高いままで一定となります(**図10**の破線の特性)．

出力電圧 $V_2$ を安定化した場合は，式(6)の $rV_2/s$ は一定となり，$V_1$ が増加すると効率 $\eta$ は $V_1$ に反比例して減少することがわかります．

ここで，リアクトルを用いたスイッチング・レギュレータでは昇降圧比 $m(=s/r)$ は時比率 $d$ で決まり，連続的に変化させることができます．このため，入力電圧 $V_1$ を変化しても効率を高く維持できます．

しかし，SC電源の場合は昇降圧比 $m=s/r$ は分数比で離散的にしか変化できないため，昇降圧比の選択数が少ないと**図10**の細線のように効率が低下します．この解決のために，昇降圧比を数多く選択できる回路にすることによって，同図の太線のように効率を高く維持できます．

● キャパシタの充放電を高効率で行う方法

次に，キャパシタの充放電はどのように行うと高効率になるかを考えてみましょう．最も簡単な例として**図11**に示すように，直流電源 $E$ でキャパシタ $C$ を充電するときの効率を計算してみましょう．

**図12**のように，キャパシタ $C$ の電圧 $V_C$ はスイッチSがONしている期間 $T$ の間に $V_1$ から $V_2$ まで変化したとします．このとき，直流電源 $E$ がキャパシタ $C$ に供給するエネルギー $W_{in}$ は，

$$W_{in} = \int_0^T Eidt = EC(V_2 - V_1) \quad \cdots\cdots (9)$$

で表されます．このときキャパシタ $C$ が得たエネルギー $W_C$ は，

$$W_C = \frac{1}{2}CV_2^2 - \frac{1}{2}CV_1^2 \quad \cdots\cdots (10)$$

となります．したがって，効率 $\eta$ は，

$$\eta = \frac{W_C}{W_{in}} = \frac{C(V_2^2 - V_1^2)}{2EC(V_2 - V_1)} = \frac{V_2 + V_1}{2E} \quad \cdots\cdots (11)$$

となります．ここで，$CR_{on} \ll T$ では，$V_2 = E$ となりますから，

$$\eta \approx \frac{V_2 + V_1}{2V_2} = \frac{1+k}{2} \quad \cdots\cdots (12)$$

で表されます(**図13**)．ただし，$k = V_1/V_2 (0 < k < 1)$ です．$k = 0$，すなわちキャパシタ $C$ の電荷をすべて放電してから充電すると，効率 $\eta$ は50%となります．これはスイッチSのオン抵抗 $R_{on}$ には関わらずキャパシタ電圧の変化ぶん，すなわちキャパシタ電圧リプ

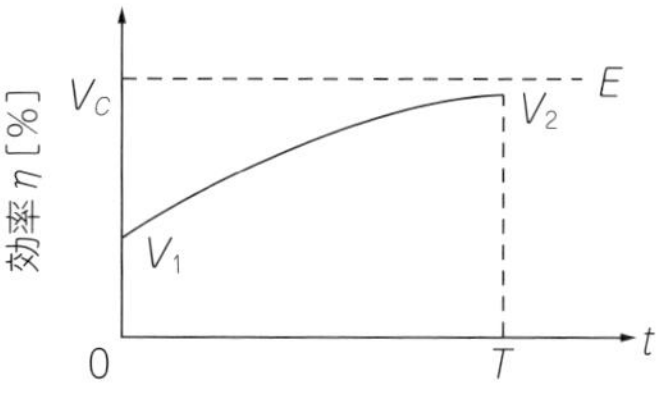

〈図12〉キャパシタ電圧の変化

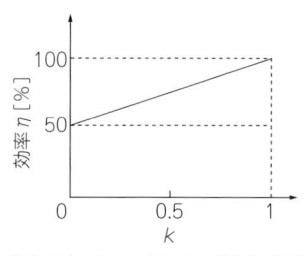

〈図13〉キャパシタ電圧と効率の関係

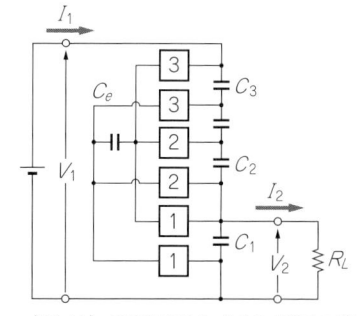

〈図14〉直列固定方式SC電源の構成 ($s/r = 1/3$，降圧の場合)

ルだけで決定されます．

したがって，SC電源を高効率で動作させるには，各キャパシタ電圧の変化（リプル）が少なくなるようにスイッチングする必要があります．具体的には，大きな容量のキャパシタをなるべく高速でスイッチングすることになります．しかし，容量を大きくすると電源のサイズも大きくなります．このぶんの損失は，キャパシタの充放電に基づくSC抵抗$R_{SC}$によるものです．

次に，スイッチのオン抵抗に基づく出力抵抗$R_{on}$を考えてみましょう．具体例として，**図14**に示す昇降圧比$s/r$が1/3となる直列固定方式SC電源[5]について，出力抵抗を見てみましょう．まず，SC抵抗による出力抵抗$R_{SC}$は，

$$R_{SC} = \frac{4rs - 4s^2 - r}{2r^2 Cf_C} = \frac{5}{18Cf_C} \quad \cdots\cdots (13)$$

で求まります．次に，スイッチのオン抵抗に基づく出力抵抗$R_{on}$は，

$$R_{on} = \frac{8s^2(r-s)^2 R_{on}}{dr^2} = \frac{32R_{on}}{9d} \quad \cdots\cdots (14)$$

となります．式(13)と式(14)で容量値$C = 33\ \mu F$，スイッチのオン抵抗$R_{on} = 0.1 \sim 0.3\ \Omega$，時比率$d = 0.5$として，スイッチング周波数$f_C$を1kHzから100kHzまで変化したときの出力抵抗$R_{SC}$と$R_{on}$を計算した結果を**図15**に示します．

式(13)からわかるように，SC抵抗$R_{SC}$はスイッチング周波数$f_C$に反比例して減少するので，**図15**のように両対数で目盛を描くと，$R_{SC}$は直線状に減少します．一方，スイッチのオン抵抗による出力抵抗$R_{on}$は式(14)から，周波数に関係なく一定となることがわかります．**図15**の実線はSPICEによるシミュレーション結果で，□が測定値です．$R_{on} = 0.2\ \Omega$のシミュレーション結果は測定値とよく一致していることがわかります．

これらの特性から，スイッチング周波数$f_C$をどれだけ高くしても，出力抵抗はオン抵抗による出力抵抗$R_{on}$よりも低下せず，逆に，オン抵抗による出力抵抗$R_{on}$が小さくてもスイッチング周波数$f_C$が低い場合はSC抵抗による出力抵抗$R_{SC}$が支配的になることがわかります．

したがって，効率のよいスイッチング周波数$f_C$は，$R_{on} = R_{SC}$となる周波数の3倍程度であることがわかります．

## 2倍昇圧スイッチト・キャパシタ電源の試作

ここで，簡単な直並列切り換えSC電源で2倍昇圧の回路を作ってみましょう．

製作する回路の電源部を**図16**に，クロック発生部の回路を**図17**に示します．回路の部品表は**表3**に示します．**写真1**はブレッド・ボードで試作した回路の外観です．

● クロック発生回路の動作

**図17**のNOT回路（$X_1$，$X_2$）で無安定マルチバイブレータを構成し，周波数$f_C = 1/(2.2 R_{OSC} C_{OSC})$の方形波$\Phi$を発生します．可変抵抗$R_{OSC}$を調整して，発振周波数$f_C$を約100kHzにします．

次に，デッド・タイム発生回路で，パルスの立ち上がりだけを時定数$R_{D1}C_{D1}$（$R_{D2}C_{D2}$）で遅らせます．立ち下がりはダイオード$D_{D1}$（$D_{D2}$）を通るので，ほとんど遅れません．したがって，**図18**に示すような遅延波形$\Phi_{D1}$（$\Phi_{D2}$）が得られます．

これをFETドライバTC428に入力して，クロック$\Phi_1$（$\Phi_2$）を得ます．**写真2**にクロック発生回路の実測波形を示します．

● 電源部の動作

**図16**において，クロック$\Phi_2$がHレベルになったとき$Q_2$がONします（NチャネルMOSFETはゲート電位がソース電位より高くなったときONとな

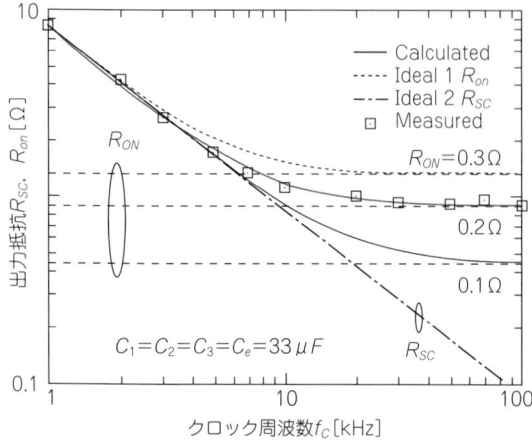

〈図15〉クロック周波数を変化したときの$R_{SC}$と$R_{on}$の変化

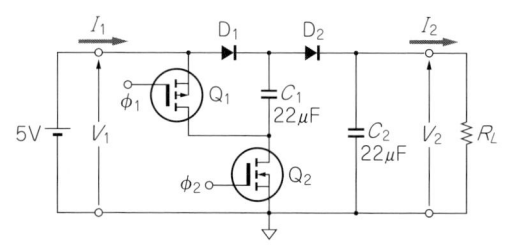

〈図16〉2倍昇圧SC電源の回路（直並列切り換え方式）

〈図17〉クロック発生回路

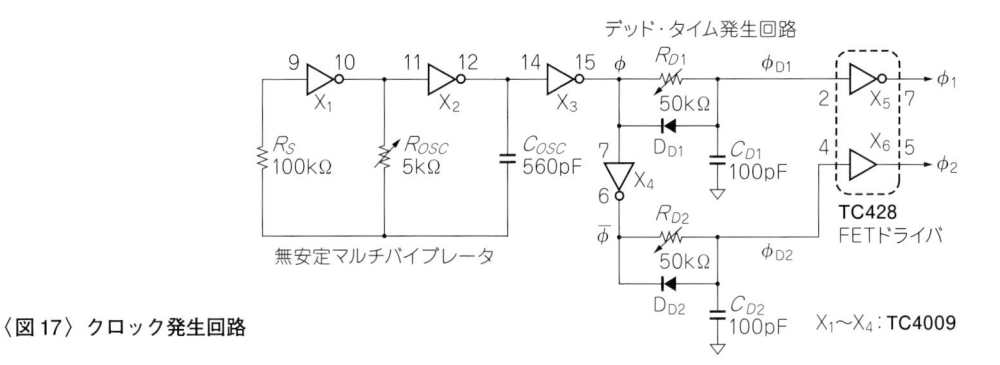

〈表3〉試作回路の部品表

| 記号 | 品名 | 型番/素子値 |
|---|---|---|
| $Q_1$ | Pチャネル MOSFET | IRF9530 |
| $Q_2$ | Nチャネル MOSFET | IRF530 |
| $D_1$, $D_2$ | 高速整流用ダイオード | SBYV27-200 |
| $C_1$, $C_2$ | 積層セラミック・コンデンサ | 22μF |
| $R_{OSC}$ | 可変抵抗 | 5kΩ |
| $C_{OSC}$ | フィルム・コンデンサ | 560pF |
| $C_{D1}$, $C_{D2}$ | フィルム・コンデンサ | 100pF |
| $R_S$ | カラー抵抗 | 100kΩ |
| $R_{D1}$, $R_{D2}$ | 可変抵抗 | 50kΩ |
| $D_{D1}$, $D_{D2}$ | 小信号用ダイオード | 1SS133 |
| $X_1 \sim X_4$ | インバータ | TC4009 |
| $X_5$, $X_6$ | FETドライバ | TC428 |

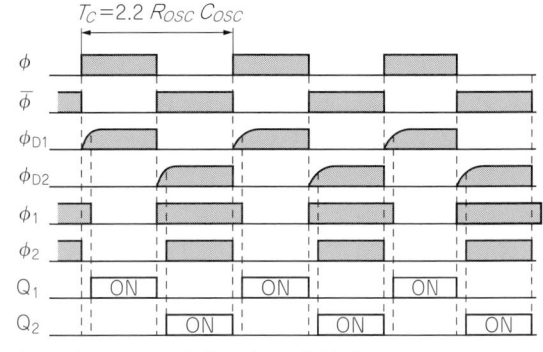

〈図18〉クロック発生回路の理想波形

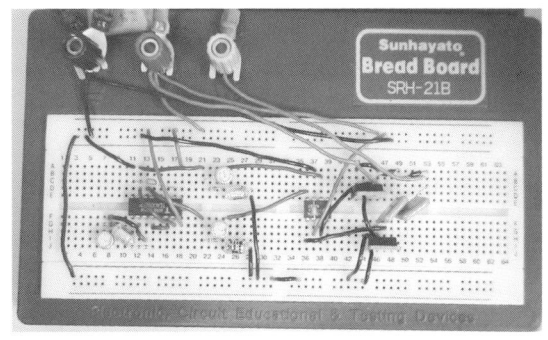

〈写真1〉試作回路の外観

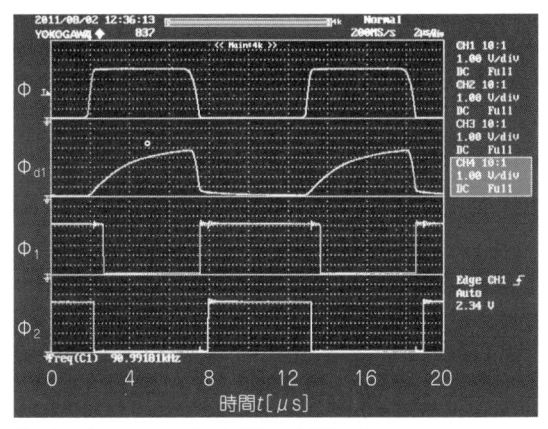

〈写真2〉クロック発生回路の実測波形

る）．したがって，キャパシタ $C_1$ の下側が接地され，ダイオード $D_1$ がONして $C_1$ が入力電圧 $V_1$ まで充電されます．

次に，クロック $\Phi_1$ がLレベルになったとき $Q_1$ がONします（PチャネルMOSFETはゲート電位がソース電位より低くなったときONとなる）．すると $V_1$ と $C_1$ が直列になりダイオード $D_2$ をONさせて，出力電圧 $V_2$ は入力電圧 $V_1$ の約2倍の電圧となります．

負荷抵抗 $R_L$ を20Ω，入力電圧 $V_1$ を5Vにした状態で $V_1$ の電源を投入したときの各部の波形を**写真3**に示します．入力電圧 $V_1$ が4Vを越えた付近でク

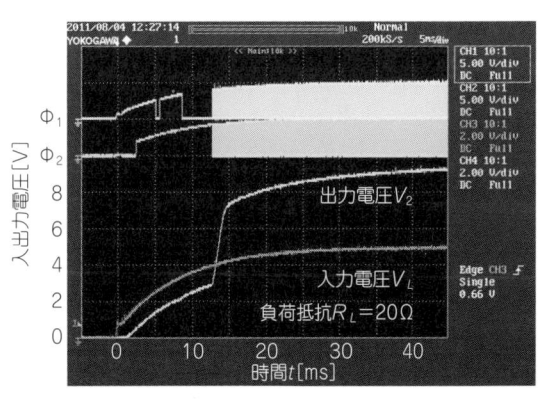

〈写真3〉電源投入時の入出力波形

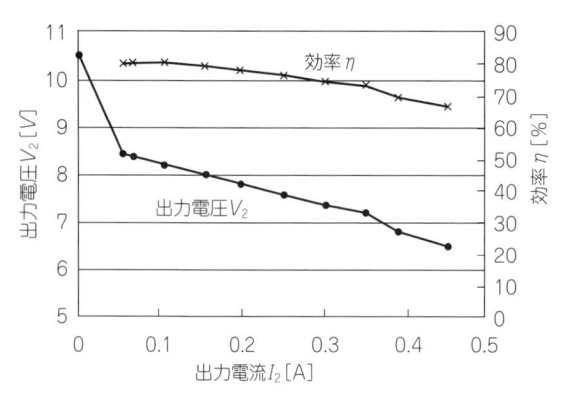

〈図19〉試作回路の特性

〈表4〉従来方式とディジタル選択方式のキャパシタ電圧

(a) 基本的なSC電源（直並列，リング形など）

| $C_1$ | $C_2$ | $C_3$ | $C_4$ | $C_5$ | 直列電圧 |
|---|---|---|---|---|---|
| 1V | 1V | 1V | 1V | 1V | |
| 0 | 0 | 0 | 0 | 1 | 1V |
| 0 | 0 | 0 | 1 | 1 | 2V |
| 0 | 0 | 1 | 1 | 1 | 3V |
| 0 | 1 | 1 | 1 | 1 | 4V |
| 1 | 1 | 1 | 1 | 1 | 5V |

(b) ディジタル選択方式

| $C_1$ | $C_2$ | $C_3$ | $C_4$ | $C_5$ | 直列電圧 |
|---|---|---|---|---|---|
| 8V | 4V | 2V | 1V | 1V | |
| 0 | 0 | 0 | 1 | 0 | 1V |
| 0 | 0 | 1 | 0 | 0 | 2V |
| 0 | 0 | 1 | 1 | 0 | 3V |
| 1 | 0 | 0 | 1 | 0 | 9V |
| 1 | 1 | 1 | 1 | 1 | 16V |

〈表5〉昇降圧比の組み合わせ

| 変化項目 | 昇降圧比 | 異なる組み合わせ |
|---|---|---|
| 基本的なSC電源 | 1/5 ～ 5倍 ($r = 1 \sim 5$, $s = 1 \sim 5$) | 23通り |
| ディジタル選択方式 | 1/16 ～ 16倍 ($r = 1 \sim 16$, $s = 1 \sim 16$) | 159通り |

ロック$\Phi_1$($\Phi_2$)が動作し始めて，$V_2$は$V_1$の約2倍の電圧で増加していくことがわかります．

● 効率

図19に，負荷抵抗$R_L$を変えて出力電流$I_2$を変化させた場合の出力電圧$V_2$と効率$\eta$の特性を示します．同図より，無負荷時で$V_2$は10.5Vと，$2 \times V_1$の10Vより高くなっていますが，これは配線による寄生インダクタンスとの共振でオーバーシュートした電圧をダイオードで整流することにより生じています．

出力電流$I_2$を増やすと，スイッチのオン抵抗やキャパシタの充放電に基づくSC抵抗による出力抵抗で電圧降下が増えるため，出力電圧$V_2$は減少していきます．

効率は，$I_2$が0.3Aまでは75 % 以上が得られています．ダイオード$D_1$($D_2$)をFETスイッチに置き換えると順方向電圧降下による損失がなくなるため，80 % 以上の効率が得られるでしょう．

## ディジタル選択方式スイッチト・キャパシタ電源

● 2進数の重み付けで充電する方法

それでは，昇降圧比を数多く選択するにはどのように充放電すればよいでしょうか．直並列切り換え方式やリング形などの従来方式のSC電源では，各キャパシタはすべて同じ電圧に充電されます．

わかりやすいように各キャパシタ電圧を1Vとして，例えばキャパシタの数が5個の場合，表4(a)に示すようにキャパシタを直列にして得られる電圧は1 ～ 5Vの5通りとなります．同表の1Vの下の"0"と"1"の欄は，"1"のキャパシタのみを直列接続して取り出すことを意味しています．

もし，表4(b)に示すように各キャパシタを異なる電圧に充電できれば，キャパシタを直列接続して得られる電圧の組み合わせは1 ～ 16Vと飛躍的に増やせます．

この充電電圧は，次のようにすれば実現できます．まず，$C_4$と$C_5$を並列接続し，同電圧1Vにします．次に，$C_4$と$C_5$を直列接続した回路で$C_3$を充電すると，$C_3$は2Vになります．さらに，$C_3 \sim C_5$を直列接続した回路で$C_2$を充電すると，$C_2$は4Vになります．最後に，$C_2 \sim C_5$を直列接続した回路で$C_1$を充電すると，$C_1$は8Vまで充電されます．

このように，$C_1 \sim C_4$の電圧比は8 : 4 : 2 : 1と2進数の各桁に比例する電圧に充電されるので，ディジタル選択方式と呼ばれます[7]．

入力端子および出力端子に接続したときの直列電圧をそれぞれ$r$と$s$とすると，$s/r$が昇降圧比$m$となります．電荷転送用キャパシタ数を$N$個とすると基本的なSC電源では$r$と$s$は$1 \sim N$となりますが，ディジタル選択方式のキャパシタ直列電圧は$1 \sim 2^{N-1}$となります．

したがって，表5に示すように，キャパシタ数$N$が5個の場合，昇降圧比の組み合わせは同じものを除いて，基本的なSC電源で23通りですが，ディジタル選択方式では159通りと飛躍的に増加することがわかります．

● 回路の構成

次に，表4(b)の充電を行う回路について見てみましょう．電荷転送用キャパシタ数$N$を5個とした場合の回路構成は図20のようになります．同図で四角で囲んだ記号はスイッチを表し，各スイッチは入力接続用クロック$\Phi_i$，電荷分配用クロック$\Phi_1 \sim \Phi_4$，出力接続用クロック$\Phi_o$で駆動されます．

定常状態では，各キャパシタの電圧は1周期まえの

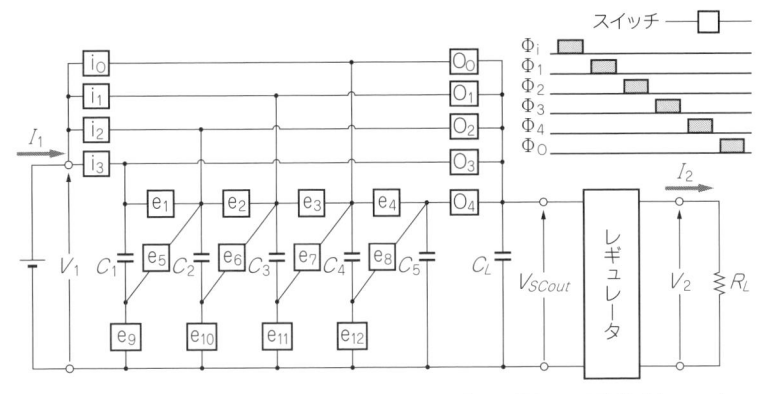

〈図20〉ディジタル選択方式スイッチト・キャパシタ電源の回路構成($N = 5$)

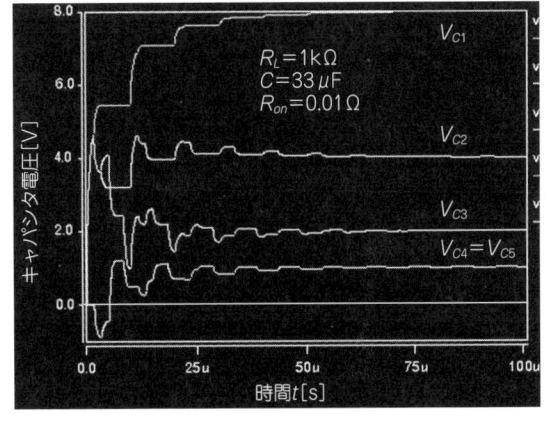

〈図21〉各キャパシタの充電電圧の変化

電圧と等しいので，わかりやすいようにクロック$\Phi_4$から$\Phi_1$の順番で説明します．まず，$\Phi_4$がHレベルのとき，$C_4$は$C_5$と並列に接続され，同電圧になります．例えば1Vまで充電されたとします．次に，$\Phi_3$がHレベルのとき，$C_4$と$C_5$は直列接続されて$C_3$を充電するので，$C_3$の電圧は2Vになります．次に，$\Phi_2$がHレベルのとき，$C_3$，$C_4$，$C_5$は直列接続されて$C_2$を充電するので，$C_2$の電圧は4Vになります．最後に$\Phi_1$がHレベルのとき，$C_2$，$C_3$，$C_4$，$C_5$は直列接続されて$C_1$を充電するので，$C_1$の電圧は8Vになります．したがって，各キャパシタ$C_1$～$C_5$の電圧比は，8：4：2：1：1になります．

しかし，実際のクロックは説明とは逆に$\Phi_1$から$\Phi_4$の順番で動作するので，この方法でも各キャパシタが2進数の重み付けで充電されることをシミュレーションで確かめてみましょう．

**図21**は，わかりやすくするため$C_4$と$C_5$の電圧が1Vになるように，入力電圧$V_1$を14V，設定出力電圧$V_{2n}$を0.95V，負荷抵抗$R_L$を1kΩとしたときで，昇降圧比は3/14に設定されたときの各キャパシタの充電電圧の時間変化を示しています．

最初にクロック$\Phi_i$で入力電圧$V_1$は$C_1$，$C_2$，$C_3$を直列充電しますので，$V_{C1}$，$V_{C2}$，$V_{C3}$は同図のように0から4.67V($=14/3$)まで急増します．次に，クロック$\Phi_1$で$C_1$は$C_2$，$C_3$，$C_4$，$C_5$の直列接続と繋がるので，$V_{C1}$は増加して，$V_{C2}$と$V_{C3}$は減少して，$V_{C4}$と$V_{C5}$は負電圧に充電されます．最初の1周期では各キャパシタはばらばらに変化しているようですが，2～3周期目で2進数の各桁に比例する電圧に充電され始めて，0.1ms程度でほぼ定常になり，$V_{C1}:V_{C2}:V_{C3}:V_{C4}:V_{C5} = 8:4:2:1:1$になることがわかります．

● 入出力接続時に直列にするキャパシタの選択方法

式(7)と式(8)および**図8**の等価回路から，高効率でSC電源を動作させるには，SC変成器の出力電圧$V_{SCout}(= sV_1/r)$は，設定出力電圧$V_{2n}$よりわずかに高くして，レギュレータの抵抗$R_{eg}$を最小にする$s/r$を選択することが必要となります．入力電圧$V_1$や負荷抵抗$R_L$は随時変化するので制御が複雑となり，DSPなどを用いる必要があります．

**図22**と**図23**に，それぞれ入力電圧$V_1$を変化した場合の出力電圧および効率の特性を示します．両図とも電荷転送用キャパシタの数が5個の場合について，従来回路(直並列切り換え方式)と提案回路(ディジタル選択方式)で特性を比較しています．

**図22**から，SC変成器の出力電圧$V_{SCout}$は提案回路では設定出力電圧$V_{2n}$(3.3V)よりわずかに高くなり細かく変化していますが，従来回路では$V_{2n}$から大きく増加しています．いずれの回路でも$V_{2n}$から増加したぶんをレギュレータで電圧降下して，出力電圧$V_2$は3.3V一定になります．**図23**の効率特性に示すように，従来回路では$V_{2n}$から大きく増加した$V_{SCout}$はレギュレータでの損失が大きくなり，効率が大きく

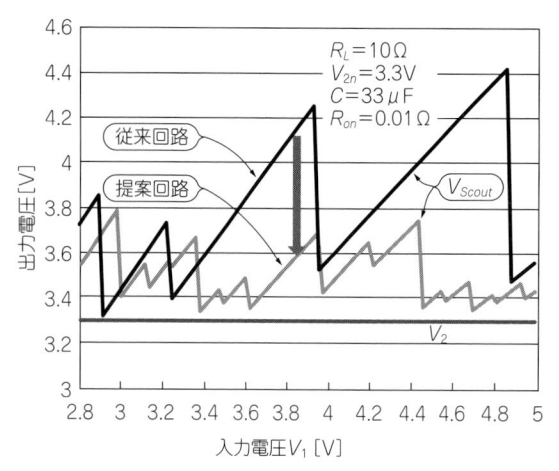

〈図22〉入力電圧が変化した場合の出力電圧変化

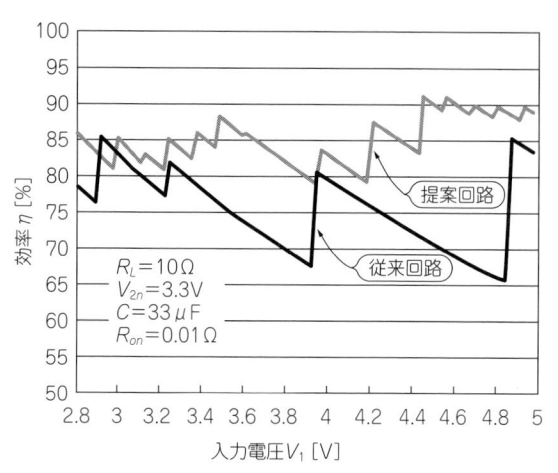

〈図23〉入力電圧が変化した場合の効率特性

低下していることがわかります．

　以上より，ディジタル選択方式のSC電源を用いると昇降圧比の選択数が飛躍的に増加して，レギュレータでの損失を最小に抑え，**表6**のように電源全体の効率を高く維持できることがシミュレーションにより明らかになりました．

## ディジタル・パワー・アンプへの応用

### ● ディジタル入力からアナログ・パワー出力を得る方法

　CDやDVDに記録されているのは'0'と'1'のディジタル・データです．このディジタル信号からスピーカを鳴らすには，**図24**に示すように，まずディジタル入力信号をD-Aコンバータで小信号のアナログ信号に変換して，そのあと増幅器で増幅してスピーカを鳴らします．

　同図の増幅器はD級増幅器の例で，発振回路から三角波を発生して，D-Aコンバータの出力と比較することでPWM波形を得ます．この信号でスイッチング回路を駆動して振幅を大きくしたあとで，LPF(ローパス・フィルタ)を通すと大振幅のアナログ出力が得られます．D級増幅器のICとしては，トライパス社のTA2020などがあります[9]．

〈表6〉効率の改善結果

| 変化項目 | 入力電 $V_1$ (2.8〜5V) | 出力電流 $I_2$ (0〜0.5A) |
|---|---|---|
| 基本的なSC電源 | 65.6〜85.3% | 78.1〜82.9% |
| ディジタル選択方式 | 78.7〜90.9% | 77.6〜96.7% |
| 比　較 | 9.4%改善 | 8.5%改善 |

　前節で提案したディジタル選択方式SC電源では，各キャパシタが2進数の各桁に比例する電圧に充電されるので，ディジタル入力信号の対応する桁が'1'になっているキャパシタを直列接続すれば，そのままで対応するアナログ・パワー出力電圧を得ることができます．

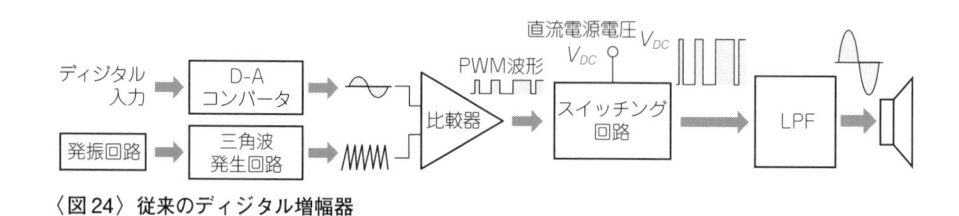

　**図25**に，提案するディジタル増幅器のブロック図を示します．同図に示すように，ディジタル入力信号と論理ゲート回路(組み合わせ回路)でキャパシタを直列接続するFETスイッチのゲート信号を制御するだけで，簡単にアナログ・パワー出力が得られます．

　簡単のために，ディジタル入力信号が5ビットの場合のディジタル増幅器の回路構成を**図26**に示します．論理ゲート回路は省略して動作を説明すると，クロック$\Phi_1$〜$\Phi_4$が動作している間にスイッチ$e_1$〜$e_{11}$で，各キャパシタ$C_1$，$C_2$，$C_3$，$C_4$はそれぞれ$V_{DC}/2$，$V_{DC}/4$，$V_{DC}/8$，$V_{DC}/8$に充電されます．

〈図24〉従来のディジタル増幅器

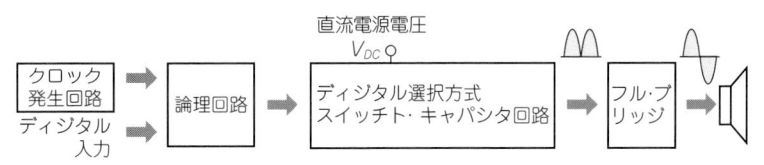

〈図25〉提案するディジタル増幅器

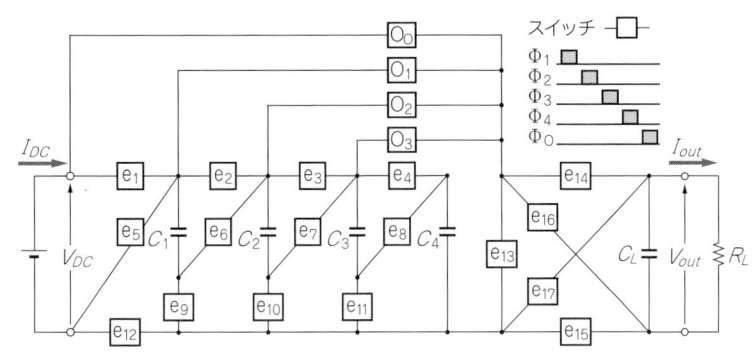

〈図26〉5ビットのディジタル増幅器の回路構成

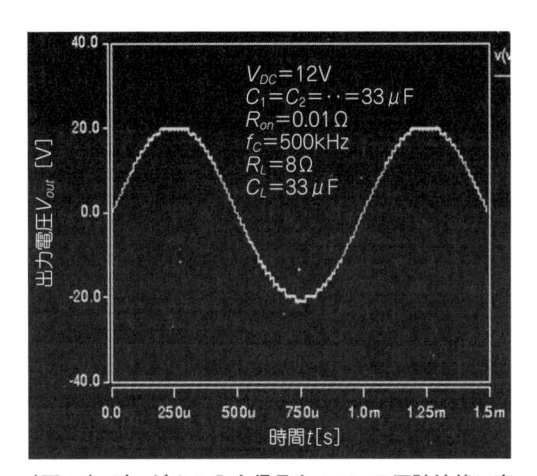

〈図27〉ディジタル入力信号を1kHzの正弦波状に変化したときの出力電圧波形

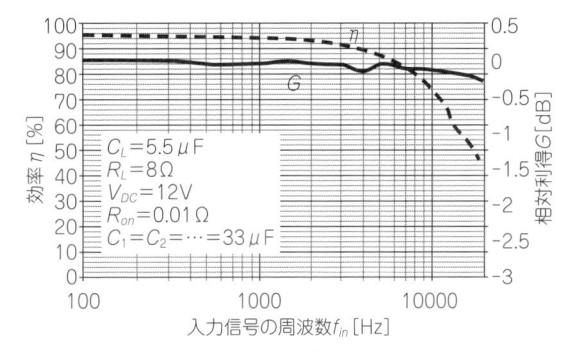

〈図28〉電力変換効率と相対利得の周波数特性

レーションしたものです．同図から，$V_{out}$ は $2^5 = 32$ のステップで正弦波となり，8Ωの負荷抵抗 $R_L$ に 27 W の電力を供給できていることがわかります．

このときの効率 $\eta$ は 94.6% が得られました．ここで，効率 $\eta$ は直流電源 $V_{DC}$ が供給する電力のうち，負荷抵抗 $R_L$ に供給できる電力の割合です．

● 電力変換効率と相対利得の周波数特性

図28に，ディジタル入力信号の周波数 $f_C$ を 20 kHz まで変化した場合の電力変換効率 $\eta$ と相対利得 $G$ の周波数特性を示します．同図から，4 kHz までは 90% 以上の高効率が得られています．周波数が変化しても負荷抵抗 $R_L$ に流れる電流は一定ですが，周波数が高くなると平滑キャパシタ $C_L$ のインピーダンスが低下し，スイッチに流れる電流が増えて損失が増加するため，4 kHz 以上で効率が低下しています．

次に，クロック $\Phi_O$ が動作している間にスイッチ $e_1 \sim e_{11}$ と $o_0 \sim o_3$ でディジタル入力信号に対応したキャパシタを直列接続して出力します．スイッチ $e_{14} \sim e_{17}$ はフル・ブリッジを構成しており，符号ビット $b_4$ が '0' の場合は $e_{14}$ と $e_{15}$ を ON させて，出力電圧 $V_{out}$ は正の値となり，符号ビット $b_4$ が '1' の場合は $e_{16}$ と $e_{17}$ を ON させて，出力電圧 $V_{out}$ は負の値となります．スイッチ $e_{13}$ はディジタル入力信号が "00000" の場合に ON させて，出力電圧 $V_{out}$ を 0 V にするためのスイッチです．

図27は，ディジタル入力信号を 1 kHz の正弦波状に変化させたときの出力電圧 $V_{out}$ の波形をシミュ

相対利得 $G$ は，入力周波数 $f_{in}$ が 100 Hz のときの出力電圧 $V_{out}$ からの減衰量をデシベルで表して，

$$G = 20\log\left|\frac{V_{out}}{V_{out}(f_{in}=100)}\right| \quad \cdots\cdots\cdots\cdots(15)$$

で定義しています．同図から直流から 20 kHz の範囲内で相対利得 $G$ は $-0.3$ dB (0.97倍) 以上で，ほとんど減衰していないことがわかります．

図29は，電源投入時と負荷急変時の過渡応答を示しています．同図から電源投入後，出力電圧 $V_{out}$ は約 30 $\mu$s で定常状態になります．定常状態になってから負荷抵抗 $R_L$ を定格負荷 8 Ω と開放 (∞) とで急変させた場合は約 10 $\mu$s で定常になり，オーバーシュートやアンダーシュートは生じないことがわかります．

以上，ディジタル選択方式 SC 電源を用いて，5 ビットのディジタル入力信号からパワー用のアナログ出力が 90 % 以上の高効率で得られることをシミュレーションによって確かめることができました．今後は，実用化に向けて 16 ビットのディジタル・アンプを開発する予定です．

● まとめと今後の課題

スイッチト・キャパシタ電源の原理と特性について解説しました．今後，電源回路は小形化/高効率化に加えてさらなる高機能化が要求されるようになります．このため電力変換効率の改善，スイッチング周波数の高周波化による部品の小形化が必要となり，現在主流のリアクトルを用いたスイッチング・レギュレータに代わるオン・チップ電源の量産化，低価格化が望まれます．

また，携帯機器の DC-DC コンバータだけでなく，交流出力のインバータや周波数変換，およびハイブリッド車や電気自動車などの誘導性負荷や，減速時やブレーキを踏んだときのエネルギー回生などをより効率的に行う電源回路など，その用途は多種多様に渡っています．そのため，最近の電源回路の設計はますます複雑化して職人芸的な要素が必要な面もありますが，SC 電源回路は今後さらなる開発が見込まれます．

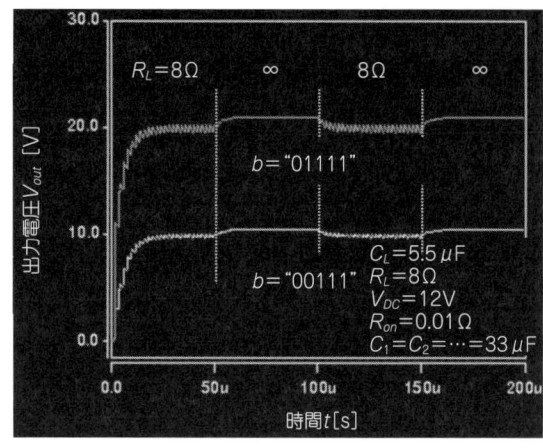

〈図29〉電源投入時と負荷急変時の過渡応答

◆ 参考文献 ◆

(1) 京セラ株式会社；製品情報ウェブ・サイト
　　http://www.kyocera.co.jp/prdct/
(2) 株式会社村田製作所；製品情報ウェブ・サイト
　　http://www.murata.co.jp/products/lineup/
(3) 太陽誘電株式会社；製品情報ウェブサイト
　　http://www.yuden.co.jp/jp/product/
(4) 大田一郎，井上高宏，上野文男；スイッチトキャパシタ変成器を用いた小電力電源の構成とその解析，電子通信学会論文誌，vol.J66-C, no.8, pp.576～583, Aug. 1983.
(5) 原 憲昭，大田一郎，鈴木昭二，上野文男；集積化可能な新しい超小形スイッチトキャパシタコイルレス電源の構成と解析，電子情報通信学会論文誌，vol.J81-D-I, no.2, pp.165～178, Feb. 1998.
(6) 原 憲昭，大田一郎，上野文男；プログラマブルなスイッチトキャパシタ電源の特性について，第14回 回路とシステム (軽井沢) ワークショップ，pp.341～346, 2001年4月．
(7) K. Kuwamoto, S. Terada, K. Eguchi, I. Oota ; A new DC-DC converter using a digital-selecting type switched-capacitor, Proc. of ISII2011, pp.3631～3637, May 2011.
(8) K. Nabeta, S. Terada, K. Eguchi, I. Oota ; A novel type digital power amplifier using a switched-capacitor, Proc. of ISII2011, pp.3639～3645, May 2011.
(9) 近藤 光，浅井紳哉；最新 D 級アンプ IC の実際，トランジスタ技術，2008年5月号，pp.165～175, CQ出版社．

高耐圧ならではの熱対策やサージ・ノイズ対策

# 100～1200V耐圧のゲート・ドライバICの使い方

西村 康
Nishimura Yasushi

　ゲート・ドライバICは，マイコンなどの制御デバイスと，パワー・スイッチング・トランジスタをインターフェースするICです（**写真1**）．容量性のゲートを確実にON/OFFするゲート・ドライバや，制御デバイスの出力の基準電位をハイ・サイドの基準電位にシフトするレベル・シフト回路を内蔵しています．

　ゲートに加える電圧がグラウンドに対して高いフル・ブリッジのハイ・サイドも，ゲート・ドライバICを使えばシンプルな回路で駆動できます．
　ここでは，100～1200V耐圧のハーフ・ブリッジ用ゲート・ドライバICを使うにあたり，よくあるトラブルと，解決策を紹介します．

〈編集部〉

## ブリッジ回路も1チップで簡単に駆動できる高耐圧ゲート・ドライバIC

　100～1200Vの高耐圧ゲート・ドライバICは，スイッチング出力段を簡単かつ安価に構成できるICですが，使い方を間違えると非常に破壊や誤動作しやすい面をもっています．しかし，破壊や誤動作のモードさえ理解していれば，これほど使いやすいICはありません．なお，スイッチング・トランジスタの耐圧は一般的にゲート・ドライバの耐圧以下，かつ必要な出力電圧以上のものを選びます．

　独特の破壊や誤動作のモードに対しては，半導体プロセスだけでなくアプリケーション面からも対策が確立されています．当初はモータ・ドライブ用として開発されました．故障率が低く，しかも安価ということで，エアコンなどのモータ駆動，通信用DC‐DC電

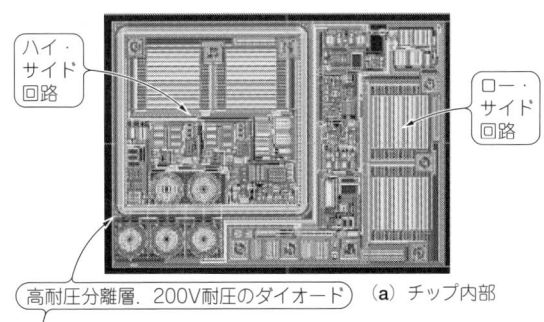

〈写真1〉200V耐圧のハーフ・ブリッジ用高耐圧ゲート・ドライバIC
IR2011（インターナショナル・レクティファイアー）

（a）チップ内部

〈図1〉200V耐圧のハーフ・ブリッジ・ゲート・ドライバICの内部は200V耐圧のダイオードによる高耐圧分離層で分かれている
IRS2011Sの内部．200V耐圧のゲート・ドライバの内部には20V耐圧部もある

（b）内部ブロック

源，100Wを超えるようなハイ・パワーD級アンプ，プラズマ・ディスプレイのパネル駆動回路など，高圧スイッチング出力回路に広く使われるようになりました．

● 内部の回路全体が高耐圧というわけではない

高耐圧を要するスイッチング・アプリケーションでは大変便利なICなのですが，IC回路の全体が高耐圧（100～1200V）となっているわけではありません．

高耐圧ゲート・ドライバICは，MOSFETやIGBTを駆動するために開発されたCMOSプロセスのディジタルICです．一般的なCMOSディジタルICとは違い，高電圧のゲート駆動用スイッチング波形を出力できるように，シリコン・チップ上にロー・サイドとハイ・サイドの分離層をもっていることが特徴です．図1にハーフ・ブリッジ用高耐圧ゲート・ドライバIC IRS2011の内部を示します．インターナショナル・レクティファイアー社（以降，IR社）の分離層は高耐圧ダイオードになっていて，逆バイアスされることで電気的な分離を得られます．図2に，ハーフ・ブリッジ出力段の接続方法を示します．

IC内の回路全体を高耐圧化してしまえば，シリコン・チップは大きなものとなり不経済ですが，必要な部分だけを高耐圧化することにより，低価格で現実的なドライバを構成できます．

● ハイ・サイドのゲート駆動回路を簡単に作れる

高耐圧ゲート・ドライバICを使ううえで，ハイ・サイド回路ブロックは出力中点（$V_S$）を基準に動作するため，フローティング電源が必要になります．フローティング電源をチャージ・ポンプ回路やトランスを使うよりも簡単に構成できるブートストラップ電源は，高耐圧ゲート・ドライバICによく使われる回路です．

ブートストラップ電源の原理は図3に示すとおりです．ロー・サイド・スイッチ（$Tr_2$）がONしている間にハイ・サイド電源用のブートストラップ・コンデンサを充電します．その後，$Tr_2$をOFFし，蓄えられた電荷を出力中点$V_S$に重畳することで，ハイ・サイドの$Tr_1$をONします．

### ドライバIC一般のトラブル例：起動しない！

ブートストラップ電源は部品選択や定数を誤ると起動しないことがあります．

● 原因：ブートストラップ・コンデンサへの充電が不十分

PWM信号が入力された場合，ロー・サイド・スイッチがONしている間に，ダイオードを介してコンデンサに電荷が充電されます．ここで充電が不十分だと，次のハイ・サイド・スイッチがONの期間に，ハイ・サイドの電源電圧不足によりハイ・サイドがONせず起動できません．

入力が他励のPWM信号であれば，何度か周期を繰り返すことによって，ブートストラップ・コンデンサがフルチャージされ正常に発振できる場合もあります．

しかし，自励発振回路のように，出力の状態を入力にフィードバックさせて発振させるような回路の場合，ハイ・サイドが最初のONに失敗すれば発振が始まることはありません．図4に自励発振回路の例としてオーディオD級アンプの回路を示します．

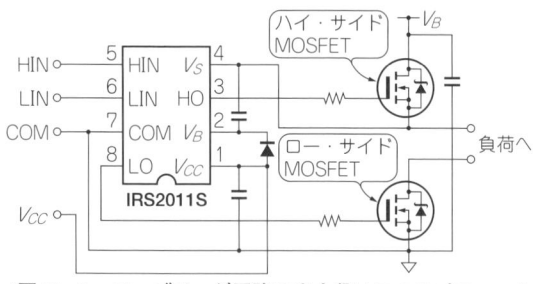

〈図2〉ハーフ・ブリッジ回路の出力段は二つのパワー・トランジスタ（ハイ・サイドとロー・サイドと呼ぶ）で構成されている

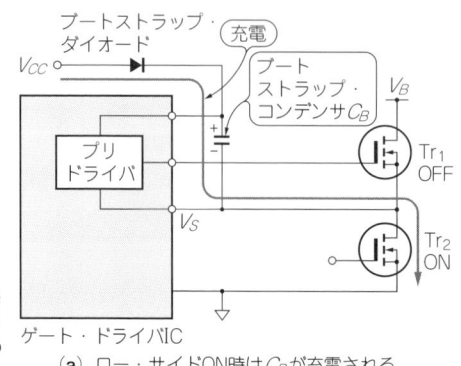

〈図3〉高耐圧ゲート・ドライバICを使えば出力を基準に動作するハイ・サイドMOSFETの駆動も簡単

(a) ロー・サイドON時は$C_B$が充電される

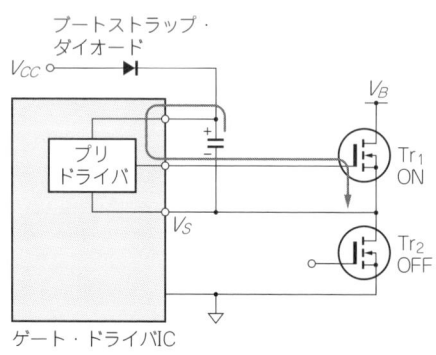

(b) $C_B$の放電電流で$Tr_1$がONする

## 100～1200V耐圧のゲート・ドライバICの使い方

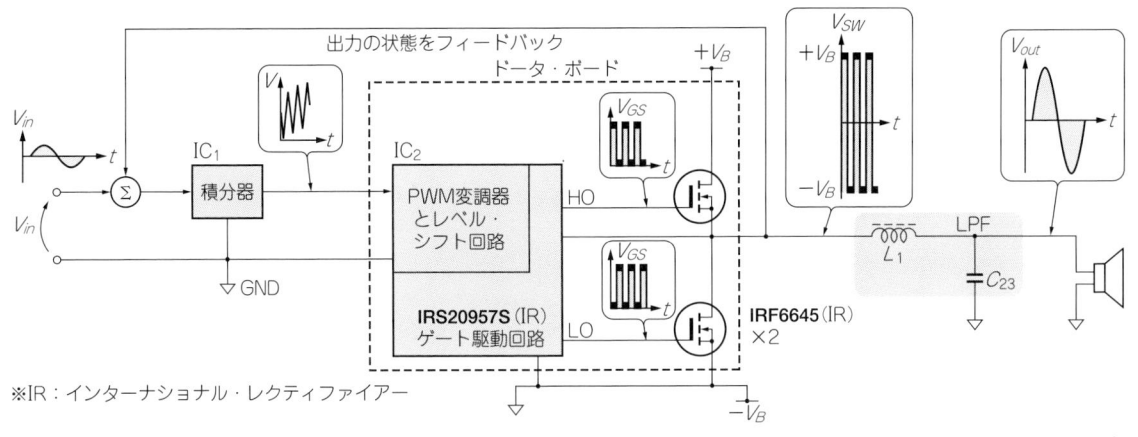

〈図4〉起動時にブートストラップ・コンデンサの充電に失敗する可能性がある自励発振回路の例（オーディオ用D級アンプ）

● **対策：あらかじめコンデンサを充電する回路を接続**

対策として，図5のようにプリチャージ用の抵抗（$R_1$）と，$V_B$-$V_S$間の電圧上昇防止用にツェナー・ダイオード（$ZD_1$）を追加します．

ちなみにIR社のD級アンプ用高耐圧ゲート・ドライバIC（IRS20957など）では，ツェナー・ダイオードはICに内蔵されているので抵抗だけで済みます．

### ドライバIC一般のトラブル例：出力波形が発振している！

フィードバック制御を必要としないアプリケーションで発振が不安定になることがあります．

● **原因：ブートストラップ・コンデンサの容量不足がほとんど**

ブートストラップ電源では，ハイ・サイド回路で消費する電力はブートストラップ・コンデンサに蓄えられた電荷ですべてまかなわれます．

また，この電力はハイ・サイド回路で使われるばかりでなく，ハイ・サイドのMOSFETの入力容量をチャージ/ディスチャージするためにも使います．そのため，MOSFETの$Q_G$が大きければ大きいほど，またスイッチング周期が短ければ短いほど，コンデンサの容量を大きくする必要があります．

▶ 容量が不足しているとドライバIC内の低電圧保護が動作し間欠発振する

供給電力が不足すると，電源電圧が減少し低電圧保護（UVLO：Under Voltage Lock Out）回路が働きハイ・サイド回路の出力はOFFします．そのため発振が不安定になります．

高耐圧ゲート・ドライバICのなかにはUVLO回路がないICもあります．このようなICを使う場合は，さらに注意が必要です．MOSFETは規定のゲート電圧を加えた場合だけ，オン抵抗が保証されています．

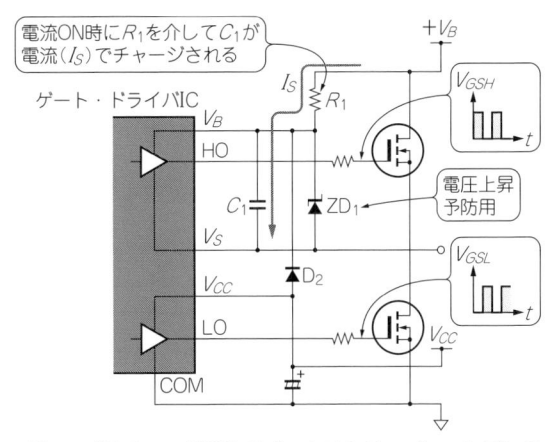

〈図5〉プリチャージ抵抗でブートストラップ・コンデンサに充電しておけばハイ・サイドの電源電圧不足での起動失敗を防げる

ゲート駆動電圧が不足した場合，オン抵抗は規定値よりも大きくなり，それによってMOSFETの損失が増え破壊に至る場合があります．UVLO回路はそのような破壊を防ぐために必要な回路です．

この回路がごく短い期間で働いた場合など，知らず知らずのうちにMOSFETが破壊から守られている場合もあるようです．

● **対策：充分な容量のブートストラップ・コンデンサを接続**

必要なコンデンサの値はどのようにして決まるのでしょうか．

IR社の高耐圧ゲート・ドライバICの場合は，ブートストラップ・コンデンサ$C_{BS}$の最小値は下記の式で求められます．基本的には，ハイ・サイド回路を動作させるための電荷と，MOSFETの$Q_G$をチャージ/ディスチャージするための電荷の総和から計算されます．

(a) ブートストラップ・ダイオードの接続
(b) ダイオードの特性

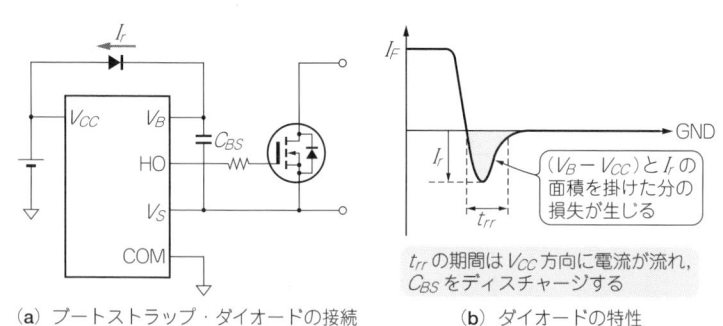

〈図6〉ブートストラップ・ダイオードには逆回復時間が短いファスト・リカバリ・ダイオードを使う

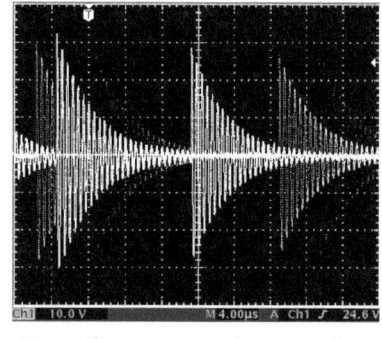

$t_{rr}$ の期間は $V_{CC}$ 方向に電流が流れ，$C_{BS}$ をディスチャージする

$(V_B - V_{CC})$ と $I_r$ の面積を掛けた分の損失が生じる

〈図7〉ブートストラップ用のコンデンサやダイオードが不適切だと発振する（10 V/div, 4 μs/div）
出力：$V_S$ 端子

$$C_{BS} \geq \frac{2\left(2Q_G + \dfrac{I_{qbs(max)}}{f_{SW}} + Q_{lshift} + \dfrac{I_{Cbs(leak)}}{f_{SW}}\right)}{V_{CC} - V_F - V_{LS} - V_{BS(min)}}$$

ただし，$Q_G$：ハイ・サイドMOSFETのゲート電荷 [C]，$f_{SW}$：動作周波数 [Hz]，$I_{Cbs(leak)}$：ブートストラップ・コンデンサの漏れ電流 [A]，$I_{qbs(max)}$：$V_{BS}$ の最大静止電流 [A]，$V_{CC}$：論理回路の電源電圧 [V]，$V_F$：ブートストラップ・ダイオードの順方向電圧降下 [V]，$V_{LS}$：ロー・サイドMOSFETまたは負荷の電圧降下，$V_{BS(min)}$：$V_B$ と $V_S$ との間の最小電圧 [V]，$Q_{lshift}$：各周期ごとに必要とされるレベル・シフト電荷（500 V/600 V のゲート駆動ICでは標準値で5 nC，1200 V のゲート駆動ICは標準20 nC）[C]．

ここで得られた値は絶対的なものではなく，あくまでも最小値です．IR社ではこの値に対して**15倍程度大きな値を推奨**しています．

またPWMの変調度が高いオーディオ・アンプのような用途では，最大変調度が100％に達することもあるのでコンデンサの値はこの値よりもさらに2倍ほど大きくする必要があります．

● ブートストラップ・ダイオードは逆回復時間での損失で破損しないものを選ぶ

図6に，ブートストラップ・ダイオードの接続と特性を示します．

チャージ電流のピーク値が大きいのでピーク電流定格や必要耐圧に注意するのはもちろんのことですが，逆回復時間（$t_{rr}$）にも気をつけなければいけません．この時間が長い（50 ns以上）高耐圧の一般整流用ダイオードを使った場合，この逆回復時間の間にブートストラップ・コンデンサに蓄えられた電荷が $V_{CC}$ に放電され，ハイ・サイド電源電圧の低下や，ダイオード自体の損失が許容値を超えることがあります．一般的に，このダイオードには $t_{rr}$ の小さいファスト・リカバリ・ダイオードを使います．例えば，RF071M2S（ロ

ーム），CRH01（東芝），M1FL20U（新電元）などが挙げられます．

● フィードバックを使った自励発振回路の間欠発振の止め方

オーディオ用D級アンプなどのフィードバックを使った自励発振タイプの回路では，しばしば間欠発振に悩まされます．

図7のような間欠発振は，そのほとんどがハイ・サイドの電源電圧（$V_B - V_S$ 間の電圧）が低下し，ハイ・サイドのUVLO回路が働き，ハイ・サイドの回路が間欠動作していることが原因です．

ハイ・サイドの電源はフローティング動作をしているので，そのわずかな間の電源電圧低下をモニタすることは難しく，またフィードバックの効果により間欠発振モードは非常に複雑な動きになり，必ずしも図7のような波形になるわけではありません．それゆえ，この問題の原因を即座に突き止めることは難しいのですが，対策は簡単です．**前出の算出式で得た容量のコンデンサと，$t_{rr}$ が小さいダイオードを使うことで確実に直ります．**

## 大電力を扱う際のトラブル例：チップ温度が定格温度以上になってしまう

● 原因：ドライブ電流によるICの損失が大きい

損失が増えてICチップの温度が最大ジャンクション温度 $T_J$ 以上になると破壊の危険性があるばかりでなく，$T_J$ 以下の温度であっても，高温時は遅延時間の変動が大きくなり，スルーレートが低くなるなど，パラメータが変動します．

高耐圧ゲート・ドライバICの損失は，データシートに書かれた損失のほかに，接続されるMOSFETの $Q_G$ とスイッチング周期に依存するところが大きいです．

大電力を扱うアプリケーションでは，オン抵抗が低いMOSFETを使わなければいけないため $Q_G$ も大き

くなります．さらに，高速に動かそうとすると$Q_G$をチャージ/ディスチャージする回数が増えるため，ICの損失のほとんどが，MOSFETのドライブによるものになります．

● 対策：ドライブICとトランジスタの間に電流ブースタを入れる

このような場合，図8のようなトランジスタによる電流ブースタを追加し，高耐圧ゲート・ドライバICの損失を抑えます．

ちなみに，高耐圧ゲート・ドライバICは高耐圧の分離層間の信号伝達手段としてレベル・シフト回路を内蔵しています．ここで消費される電力が高耐圧ゲート・ドライバIC自体の消費電力の占める割合が大きいため，多くの場合，図9のようにPWM信号のエッジ部分においてだけ信号を伝達し，ハイ・サイドで波形を再合成して消費電力を削減するレベル・シフト回路が使われています．

## 高耐圧ならではのトラブル例：サージ電圧で定格電圧を超えてしまう

ブートストラップ電源を使った高耐圧ゲート・ドライバIC回路で最も多い破壊の原因は，サージ電圧による定格電圧オーバーやラッチアップです．

● 原因：低耐圧回路に高耐圧回路で生成しているスイッチング波形のサージが重畳する

高耐圧ゲート・ドライバICの基本回路は，低耐圧CMOSプロセスで構成されるロジック回路です．ハーフ・ブリッジ用の高耐圧ゲート・ドライバIC（図1）は，低耐圧プロセスで構成されるロー・サイド回路ブロックとハイ・サイド回路ブロック間を，接合分離技術やSOI技術によって分離しています．

ロー・サイド回路ブロックの耐圧は，通常のCMOSロジックと同じように20V～40Vの耐圧しかありません．電源電圧を15Vとした場合，耐圧が20VのICでは電圧マージンが5Vしかないので，出力段のスイッチングに伴う大きなサージ電圧が加わるとCMOS回路ブロックは簡単に定格電圧をオーバーしてしまいます．

特にブートストラップ回路は，ブートストラップ・コンデンサの充電時に急峻な電流が流れるので，配線や部品のリード線のインダクタンスによる大きなサージ電圧が発生します．このサージ電圧はハイ・サイドの耐圧オーバー（図10）を招くだけでなく，ロー・サイドでも，図11のように$V_S$端子がCOM電位（ICの

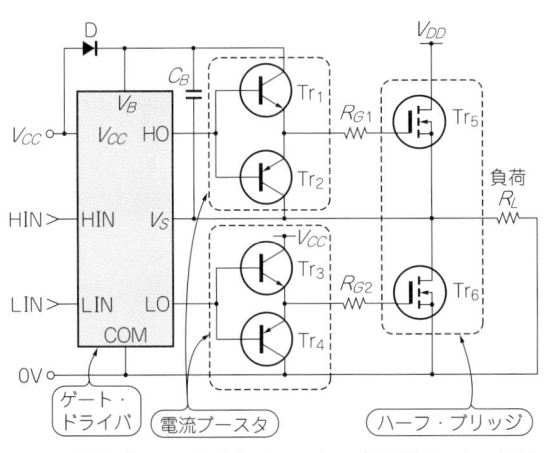

〈図8〉電流ブースタを追加することで高耐圧ゲート・ドライバICの損失を抑えられる

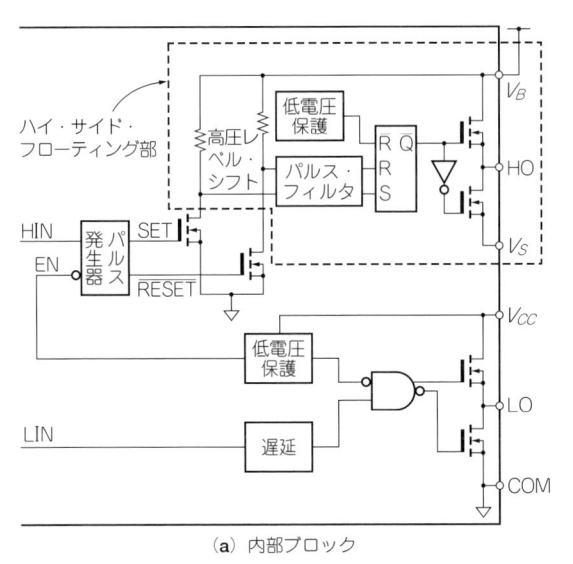

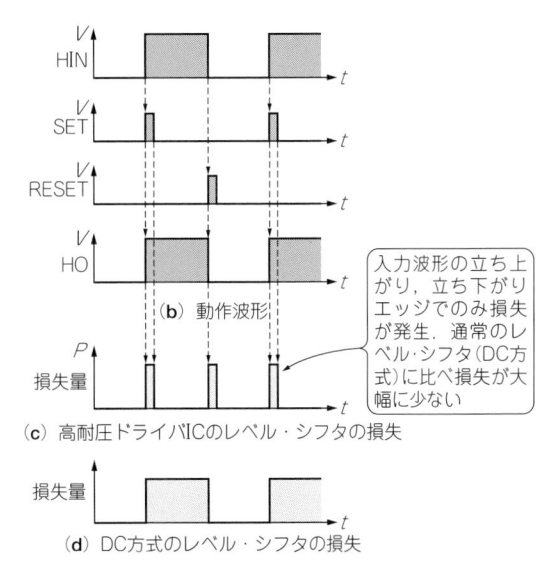

〈図9〉高耐圧ゲート・ドライバICのレベル・シフト回路は損失を低減するため省電力型を採用している

(a) 内部ブロック

(b) 動作波形

(c) 高耐圧ドライバICのレベル・シフタの損失

入力波形の立ち上がり，立ち下がりエッジでのみ損失が発生．通常のレベル・シフタ（DC方式）に比べ損失が大幅に少ない

(d) DC方式のレベル・シフタの損失

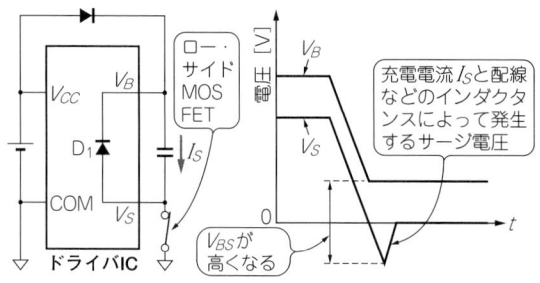

〈図10〉配線インダクタンスによりハイ・サイド回路が耐圧オーバーになることがある

〈図11〉ブートストラップ回路から発生するサージ電圧が重畳し制御ICの$V_S$端子が負電圧になり破壊に至ることがある

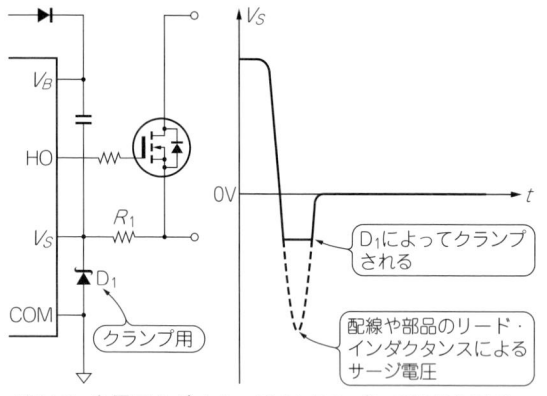

〈図12〉負電圧をダイオードでクランプして破損を防ぐ

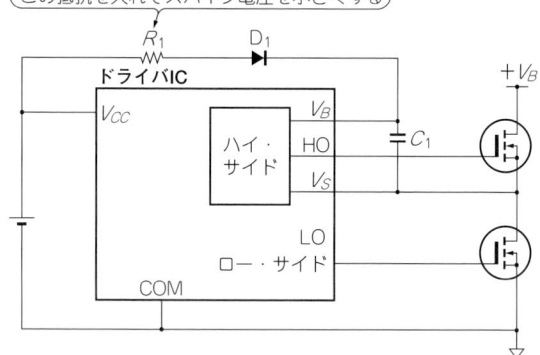

〈図13〉ブートストラップ・ダイオードと直列に抵抗を入れて充電電流のピークを抑える

最低電位）を下回り，IC内部のラッチアップ電流により破壊に至ります．

● 対策：ダイオードでサージ電圧をクランプする

このサージ電圧は，減らせても完全にはなくせません．一般的なCMOSロジックICに比べ高耐圧ゲート・ドライバICでは，この負のサージ電圧（ネガティブ・スパイク電圧）に対して大きな耐量をもたせた設計となっています．通常のCMOSロジックICが－0.5V以下の保証に対して，一般的な高耐圧ゲート・ドライバICでは－数V程度の保証をしています．

しかし，この程度の保証では耐量がまだ足りない用途は多く存在し（特に大電流や高速スイッチング回路），そのような場合は，図12に示すように$V_S$-COM間に$V_F$が低くスイッチング・スピードが速いショットキー・バリア・ダイオードなど（$D_1$）を繋ぎ，負のスパイク電圧をクランプし破壊を防ぎます．

ここで$R_1$は$D_1$の電流制限用ですが，ゲート抵抗と同じようにスイッチング・スピードを制限するので，数～数十Ω程度にしなければいけません．また$D_1$，$R_1$それぞれの損失は確認する必要があります．

負のスパイク電圧を減らすために，図13のようにブートストラップ・ダイオード（$D_1$）と直列に抵抗（$R_1$）を挿入し，ブートストラップ・コンデンサへの充電電流のピーク値を抑える方法も効果があります．

この抵抗値も，充電速度と損失の観点からあまり大きな値にはできません．一般的に10Ω以下の抵抗が使われます．

◆◆◆ 参考文献 ◆◆◆
(1) AN-1092，高耐圧ICのデータシートの読み方．
(2) DT97-3J，制御ICによって駆動されるパワー段の過渡時の注意点．
(3) AN-978，高耐圧のフローティングMOSゲート駆動IC．
(4) DT92-1J　パワーICによる大電力・高周波ドライブ時のノイズ問題の解決について．
(5) 120W×2チャネルD級オーディオアンプ　IRAUDAMP4データシート．
　以上，インターナショナル・レクティファイアー．
(6) 稲葉保；ゲート・ドライバの実力と使い方，トランジスタ技術2006年11月号，CQ出版社．

（初出：「トランジスタ技術」2010年10月号）

## 太陽電池の発電エネルギーを安定化して商用電源ラインに流し込む
# 太陽電池用パワー・コンディショナの基礎知識

梅前 尚 Umezaki Hisashi

## 働き

　自然エネルギーから電力を得られる太陽電池は，大変クリーンなエネルギー源です．しかしその発電量は日射量によって不規則に変動するために，電力源としてそのまま利用するには不都合があります．このため多くの場合，何らかの形で電力変換して，不安定な太陽電池の出力を安定化して連続的に利用できるようにしています．太陽電池の電力利用の形態は，直流のまま電圧を変換するなどして機器を動作させるものや，交流に変換して交流機器を動作させたりするものなど，さまざまです．パワー・コンディショナとは，これら太陽電池の出力を安定化して電力変換する機器の総称です．

　パワー・コンディショナの働きとして定義されているものには，**表1**のようなものがあります．なかでも

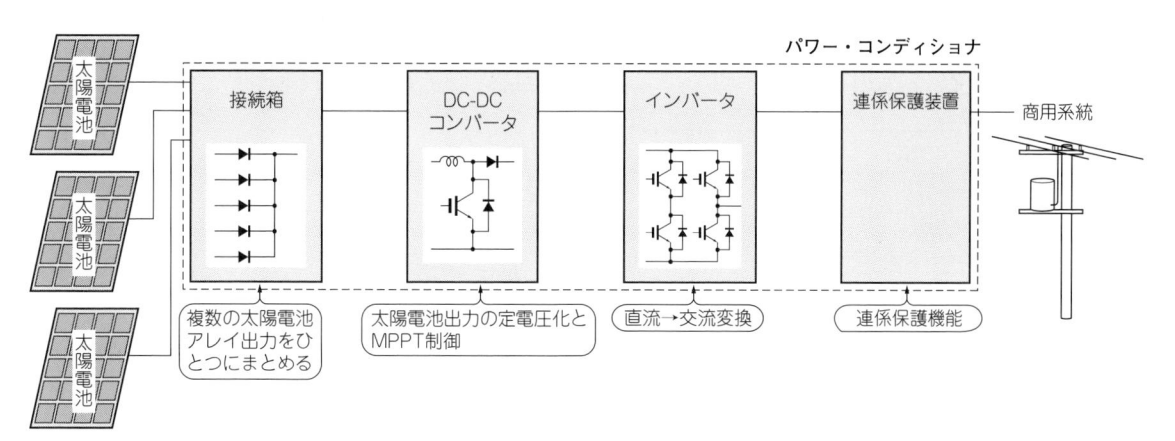

〈図1〉系統連系型パワー・コンディショナのブロック例

〈表1〉[(4)]　パワー・コンディショナの代表的な構成要素と働き

| 構成要素の名称 | 動作の概要 |
| --- | --- |
| 主幹制御監視装置 | システムおよびインバータの起動・停止制御，蓄電池充放電制御，系統・負荷の電力制御，手動・自動切り替え，太陽電池アレイ追尾およびデータ収集，データ通信，表示などの一部またはすべてを含み，太陽光発電システム全体の制御および監視機能を備えた装置 |
| 直流コンディショナ | 開閉器などの直流機器，直流-直流電圧変換，最大出力追従などの一部またはすべてを備えた装置 |
| 直流-直流インターフェース | 直流コンディショナの出力側と直流負荷との間のインターフェース．開閉器，補助直流電源の接続，フィルタなどで構成される |
| インバータ | 直流電力を交流電力に変換する装置 |
| 交流-交流インターフェース | インバータの出力側と交流負荷との間のインターフェース．交流-交流電圧変換部，補助交流電源の接続部，フィルタなどで構成される |
| 交流系統インターフェース | インバータの出力側と電力系統との間のインターフェース．系統と並列し，交流-交流電圧変換部，フィルタ，系統連系保護装置などで構成される |
| ACモジュール | 交流出力パワー・コンディショナを組み込んで，直接交流出力を発生するようにした太陽電池モジュール |
| 系統連系保護装置 | 系統連系形太陽光発電システムにおいて，商用電力系統と接続するために必要な保護装置 |

太陽電池出力をインバータによって交流に変換し，商用電力系統に接続して余剰となった電力を送り返す「系統連系」は，パワー・コンディショナのなかでも代表的な形態と言えるものです．近年普及が著しい「住宅用太陽光発電システム」に広く用いられており，一般にパワー・コンディショナとはこの系統連系インバータを指すことが多いです．図1は，系統連系型パワー・コンディショナのブロック図の例です．

## 分類

● 余剰ぶんを商用電源ラインに送り返せる「逆潮流あり」と送り返さない「逆潮流なし」がある

「系統連系型パワー・コンディショナ」は，出力を電力会社から供給される商用系統に直接接続し，系統電圧に同期するよう太陽電池の出力をインバータで直流-交流変換するものです．

系統連系型は電力の授受形態によって図2のように大きく二つに分類されます．一つはパワー・コンディショナの出力が負荷電力よりも常に少なく，不足分を系統から補う「逆潮流なし」と呼ばれるものです．

もう一つはパワー・コンディショナの出力が負荷電力を上回っているときに，負荷で消費しきれない余剰となった電力を商用系統に送り返す「逆潮流あり」のタイプです．「逆潮流あり」の機種においては，太陽光発電システム自体がいわば小さな発電所となり，商用系統に送り返した電力は必要な手続きをすることによって電力会社に買い取ってもらえます．

2009年11月1日からは新しい「太陽光発電の買い取り制度」がスタートし，従来よりも約2倍の価格で余剰電力が買い取られるようになり，今後さらなる普及が期待されています．

太陽光発電システムの設置者の立場では，余剰電力を買い取ってもらうことで電気料金を節約でき，システム導入費用の一部を回収できるという利点があります．また電力事業者（電力会社）からすれば，余剰電力を買い取り，ほかの需要家に使ってもらうことで，電力需要の大きな昼間の供給電力に余裕をもつことができ，発電所や送配電設備への新たな投資を抑制できます．

● 「逆潮流あり」はさらに三つに分けられる

系統連系型のパワー・コンディショナは，直流で発電される太陽電池出力を電力変換して商用電力系統に

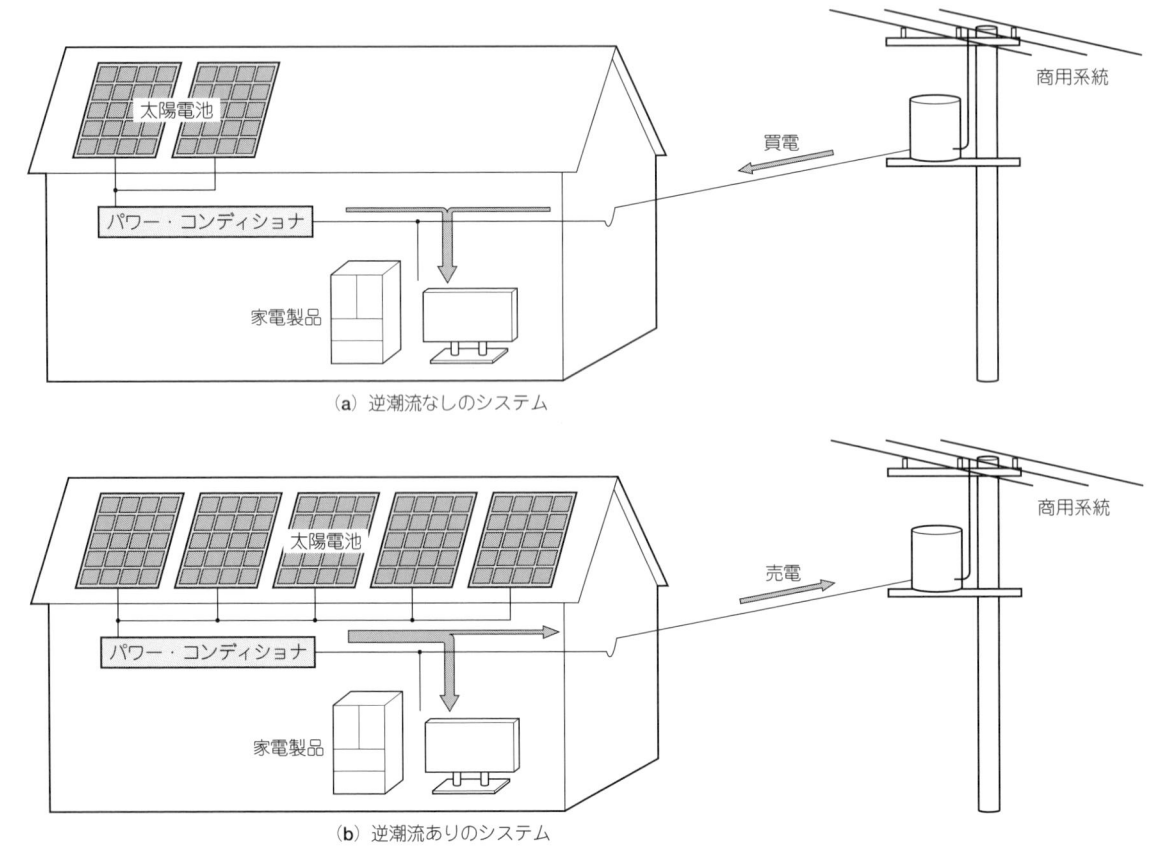

(a) 逆潮流なしのシステム

(b) 逆潮流ありのシステム

〈図2〉商用電力系統と家庭の屋根に取り付けた太陽電池間における電力の流れ

直接接続するために，直流と交流を確実に分離して系統に直流成分を流出させない工夫が必要です．この直流と交流の絶縁の有無や方法により，パワー・コンディショナは大きく三つに分類されます．

▶構造は簡単だが大きくて重い低周波絶縁方式

一つ目は「低周波絶縁方式（低周波トランス方式）」と呼ばれるもので，パワー・コンディショナの出力端に低周波トランスを設けて太陽光発電システムと商用系統を絶縁し，交流成分だけで系統連系するようにしたものです．

この形態のシステムは比較的構造が簡単で，確実にシステム側と系統側を分離できるため，太陽光発電システムの導入初期に多く採用されていました．しかし，絶縁トランスに数kVAの大きなものが必要であり，家庭内に設置するにはサイズが大きく重量もあるため，住宅用にはあまり使われなくなりました．

▶安全性の高い高周波絶縁方式

二つ目は「高周波絶縁方式（高周波トランス方式）」と呼ばれるもので，交流に変換するインバータ部分に高周波絶縁トランスを用いたものです．万が一パワー・コンディショナ内で部品故障や回路動作異常が起こっても，高周波絶縁トランスによって絶縁されているために商用系統に直接直流の太陽電池出力が接続されることがなく，また太陽電池側にも商用系統の電力が発生することのない非常に安全なシステムといえます．

▶変換効率の高い非絶縁方式

三つ目は「非絶縁方式」または「トランスレス方式」と呼ばれるもので，太陽電池と商用系統の間に回路的な絶縁がないシステムです．パワー・コンディショナの出力部に備えた直流分流出などの各種検出機能により，異常が発生した場合にも速やかに系統との接続を遮断し，絶縁型と同等の保護機能をもちます．

系統側から見た場合，太陽電池モジュールまでが連続して接続されているので，漏えい電流が絶縁型のシステムと比較すると大きくなるという問題はあります．しかし，絶縁トランスによる電力変換がないぶんだけ変換効率の面では有利となり，住宅用太陽光発電システムにおいては高周波絶縁方式と同じように広く採用されています．

## 特有の機能

### ● システムと電力系統の安全を守る連系保護機能

パワー・コンディショナは，変換した電力を2次側に供給する一種の電源装置として見ることができますが，系統連系の場合は負荷が配電系統という特殊な形態となっています．

そもそも配電系統は，さまざまな需要家が安全に電力を使用できるように，電力会社によって電圧や周波数などの電力品質が安定に保たれています．

パワー・コンディショナの出力は，その配電系統に接続されて電力会社が供給する電力と同じようにほかの需要家に使われるので，系統電圧に同期した交流電力を出力しなければなりません．さらに系統に異常が生じた場合には，配電系統を保護するために系統からの電力供給が遮断されるのと同時に，パワー・コンディショナの出力も速やかに停止する必要があります．

パワー・コンディショナ本体に異常が発生した場合，障害が系統に波及しないようすることはもちろんのこと，系統から電力が流れ込んでパワー・コンディショナの異常がさらに拡大しないように配慮することも重要です．

これら系統連系に起因する保護が「連系保護機能」です．

### ● 単独で交流を出力する自立運転機能

住宅用太陽光発電システムに用いられるパワー・コンディショナには，自立運転機能を備えているものがあります．通常は系統連系していて，太陽電池により発電されたエネルギは家庭内の負荷電力を賄いながら余剰電力があれば系統に逆潮流させています．

何らかの事情で系統からの電力が途絶えた場合，連系保護機能が働いてパワー・コンディショナは停止します．システムならびに系統を保護するという観点から，連系保護は必要不可欠な機能なのですが，地震などの災害により長期間配電系統が途絶えるような場合，せっかく太陽電池が発電しているのですからその電力を有効に活用したいものです．そこで連系出力とは別に，単独で交流出力を得られるようにするのが「自立運転機能」です．

自立運転出力は，多くの家電製品に対応できるよう出力電圧をAC100 $V_{RMS}$ としているものがほとんどです．多くの場合，電源周波数は連系運転時に，設置されている地域の系統周波数をモニタしておき，これと同じ周波数で出力するようになっています．

系統との誤接続を避けるために，系統連系出力とは別の出力端子を設けてます．自立運転時には，天候の変動などにより太陽電池の発電電力が低下して負荷に電力を供給できなくなる可能性がありますが，晴天時であれば小型のテレビやラジオ，パソコン，携帯電話などの充電器を動作させるには十分な電力を供給できます．従って系統からの電力が途絶えているときにも非常用電源としてシステムを活用できます．

## 太陽電池の発電能力を100％引き出すMPPT制御

● **太陽電池の最大出力点は日射や温度で常に変動する**

単結晶や多結晶の太陽電池モジュールは，一般的に図3のような定電圧，定電流に近い出力特性（$I$-$V$特性）をもっています．太陽電池の出力はこの$I$-$V$カーブ上で変化し，負荷電流を流さないときに最大電圧（開放電圧）を発生し，負荷電流を徐々に増していくと出力電圧もそれにつれて低下していきますが，出力可能な最大電流値に近づくと急速に出力電圧は低下していきます．出力電圧がゼロになる点，つまり出力短絡した状態が最大電流（短絡電流）となります．

この$I$-$V$特性図から，太陽電池から取り出せる電力をグラフにしたものが，図4の$P$-$V$特性です．パワー・コンディショナを無負荷の状態から徐々に出力電力を増やすように動作させると，太陽電池の出力電流の増加に伴い電力は増加します．やがて太陽電池の最大出力点に達しますが，さらに負荷を多くとろうとすると電流の増加は太陽電池の能力から頭打ちとなり出力電圧が低下するため，取り出せる電力は逆に小さくなってしまいます．つまり太陽電池の出力をできるだけ多く取り出すには，最大出力動作電圧と呼ばれる出力電力がピークとなる電圧の状態でパワー・コンディショナを動作させることが必要になってきます．

ところが最大出力動作電圧は，日射強度や太陽電池モジュールの温度などの環境条件により刻々と変動します．モジュールの温度による電圧の変動は非常に大きく，温度係数はおおむね−0.4～−0.5%/℃です．カタログでは通常25℃での代表特性が記載されていますが，実使用状態では日射により太陽電池の温度は上昇して出力電圧は低下する傾向にあり，20℃温度が上昇すると10%も低下してしまいます（図5）．

● **小出力なら開放電圧の80％で動作させるのが簡単**

簡易的に最大出力動作電圧付近で動作させるには，動作電圧を，使用する太陽電池モジュールの開放電圧の約80%となるように出力を制御する手法が用いられます．これは，多くの太陽電池モジュールの最大出力動作電圧が，開放電圧の約80%の特性をもっていることを利用したもので，パワー・コンディショナの昇圧回路やインバータなどの電力変換部分に太陽電池の出力電圧をフィードバックすることで，比較的簡単に実現できます．

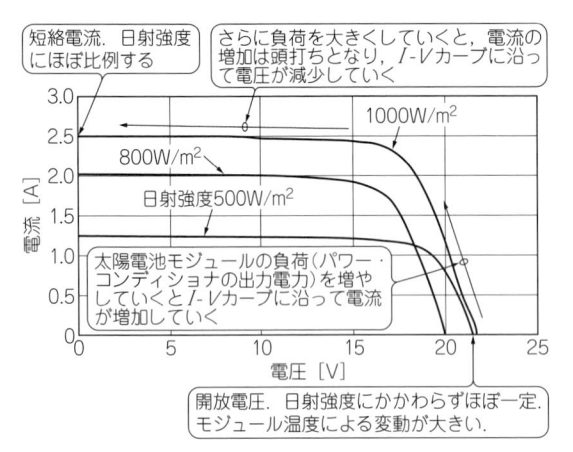

〈図3〉**太陽電池モジュールの$I$-$V$特性例**
電圧と電流の関係を示すグラフ．出力を短絡した状態が最大電流（短絡電流），負荷電流を流さないときが最大電圧（開放電圧）となる．モジュールの負荷を増やしていくと，動作点は$I$-$V$カーブ上を開放電圧から左へ移動していく

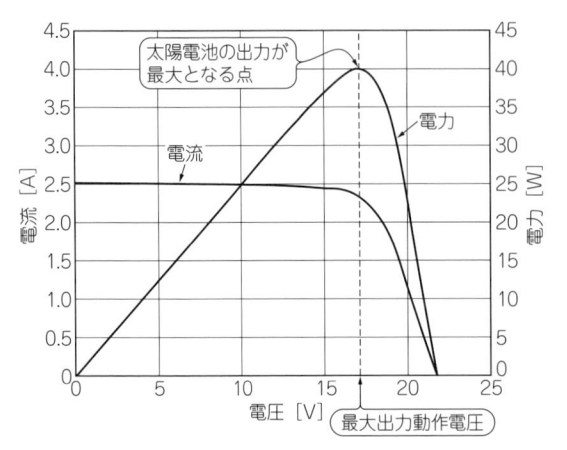

〈図4〉**太陽電池モジュールの$P$-$V$特性例**（1000 W/m²時の発電特性）
$I$-$V$カーブから$P$-$V$カーブが求まる．太陽電池出力をできるだけ多く取り出すには，最大動作電圧で太陽電池を動かすと良い

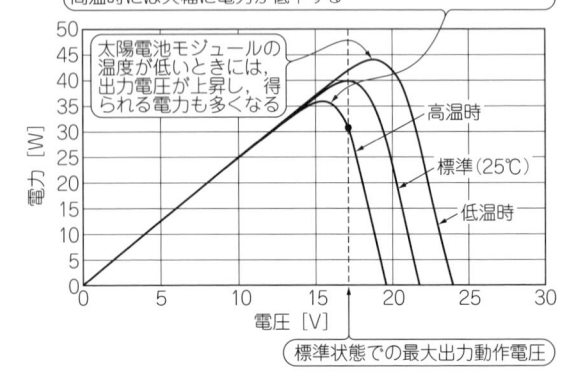

〈図5〉**モジュール温度による出力特性の変化**
最大出力動作電圧はモジュールの温度によって変動する．温度係数はおよそ−0.4～−0.5%/℃と大きい

### ● 大出力なら常に最大電力点で動作させる

しかし，この方法では動作電圧が固定となるため，最大出力動作電圧が変化すると $P-V$ カーブのピーク点からはずれ，太陽電池が出力できる電力をすべて利用することはできません．せっかく発電能力があるにもかかわらず，それより少ない電力しか活用していない状態が生じます．

蓄電池を併用したシステムや数百W程度の比較的小さなものであれば，動作電圧の不整合による10～30%程度の発電ロスはあまり影響がなく実用に耐えますが，1kWを超える容量のものや発電エネルギーを売電する系統連系システムでは，活用できない電力量が多くなることやシステムの設置費用をできるだけ短期間に回収するという観点から，少しでも多くの電力を利用することが望まれます．

そこで能動的に動作電圧を変化させ，常に最大出力動作電圧で動作させる仕組みが，多くのパワー・コンディショナに取り入れられています．これが「最大出力追従制御」で，簡単にMPPT（Maximum Power Point Tracking）と表記されることが多いです．

### ● MPPTの制御方式で最も一般的な「山登り法」

MPPTの代表格は「山登り法」と呼ばれる制御方式です．日射強度の変化などによる最大出力動作電圧の変化を検出し，常に最大出力動作電圧付近でパワー・コンディショナが動作するように，動作電圧を周期的に変動させてパワー・コンディショナの出力電力をモニタしながら，動作電圧を最大出力動作電圧に追従させる制御方法です．

基本的な考え方は，次のとおりです．まずパワー・コンディショナを無負荷で起動し徐々に出力を増加させて図6の開放電圧のポイントから動作電圧を下げていきます．パワー・コンディショナは出力電圧と出力電流を常にモニタしていて，その積から自身の出力電力の瞬時値を計算により求めます．太陽電池モジュールの発電電力は最大出力動作電圧を過ぎると，動作電圧の低下につれて出力電力が増加から減少に転じ，パワー・コンディショナの出力も小さくなっていきます．この状態ではパワー・コンディショナは出力電力を増やそうとする動き（例えばスイッチング素子のオン・デューティを広げるなど）をしているのに，出力電力が下がる現象がおきます．

山登り法では，動作電圧を下げたときに出力電力が低下すると，今度は動作電圧を上げるようにスイッチング動作を調整します．このように動作電圧を常に上げ下げしながら，出力電力が最大となる点を探す制御手法が山登り法です．山登り法では，太陽電池モジュールの温度変化や日射強度の変化により，太陽電池の出力特性が変わっても，そのモジュール状態での $P-$

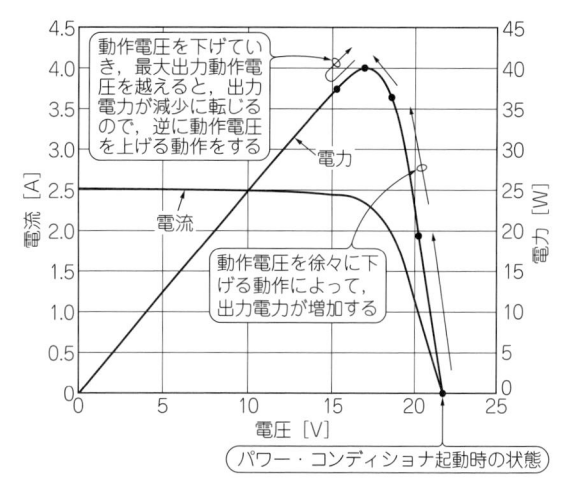

〈図6〉山登り法によるMPPT制御（1000 W/m² 時の発電特性）
最大電力点を探す動作．マイコンによって実現されることが多い．詳しくは本誌2010年3月号特集を参照

$V$ カーブ上で最大電力となるポイントを探して動作するので，太陽電池の性能を最大限発揮させることができる制御方法といえます．

## 電力系統を保護するために

### ● 電力会社との連系協議の代わりとなる認証制度

太陽光発電システムを系統連系するには，電力会社との連系協議が必要です．これは電力会社が電力系統を管理・運営していくにあたって，電力系統に影響を及ぼす可能性のある発電設備の技術検討や事前確認を行うもので，逆潮流のありなしにかかわらず工事の施工前に必ず協議を完了し，電力会社と契約書を締結しておかなければなりません．

申請にあたっては発電容量やパワー・コンディショナなどの発電設備の概要を連絡し，これらが資源エネルギー庁が定めた「電力品質確保に係る電力系統技術要件ガイドライン」に基づき，系統連系させるシステムが動作していることで系統の電力品質を損なう恐れがないことや，異常が発生した場合に速やかに異常状態を検出して安全にシステムを停止することができるかどうかなどが検証されます．

連系協議は，個々の需要家がそれぞれ電力会社とおこなうことになるのですが，パワー・コンディショナが系統連系に必要な要件を満たしていることを確認するために要求されている試験項目は，表2の例のように多岐にわたります．これらを申請する需要家が検証することは事実上不可能なうえに，電力会社側も都度確認するには無理があり，この手続きが住宅用太陽光発電システムに代表される分散型電源普及の妨げになりかねません．そこで連系協議にかかわる系統連系の検証作業を簡素化するために，「認証制度」が導入さ

〈表2〉(5) JISで規定されている太陽光発電用パワー・コンディショナの試験項目(系統連系形パワー・コンディショナの場合)

| | | |
|---|---|---|
| 1 | 絶縁抵抗試験 | |
| 2 | 耐電圧試験 | |
| 3 | 雷インパルス試験 | |
| 4 | 漏えい電流試験 | |
| 5 | 保護機能試験 | a) 入力過電圧および不足電圧保護機能試験 |
| | | b) 入力過電流保護機能試験 |
| | | c) 出力過電流保護機能試験 |
| | | d) 出力過電圧および不足電圧保護機能試験 |
| | | e) 入力側地絡保護機能試験 |
| | | f) 出力側地絡保護機能試験 |
| | | g) 電流制限および電力制限機能試験 |
| | | h) 過温度上昇保護機能試験 |
| | | i) 周波数上昇および低下保護機能試験 |
| | | j) 直流分流出保護機能試験 |
| | | k) 不平衡過電圧保護機能試験 |
| | | l) 出力電圧上昇抑制機能試験 |
| 6 | 定常特性試験 | a) 効率試験 |
| | | b) 無負荷損失試験 |
| | | c) 過負荷耐量試験 |
| | | d) 手動起動・停止試験 |
| | | e) 温度上昇試験 |
| | | f) 入力定電圧精度試験 |
| | | g) 直流入力リプル試験 |
| | | n) 待機損失試験 |
| | | o) 自動起動・停止試験 |
| | | p) 交流出力力率試験 |
| | | q) 電圧および周波数追従範囲試験 |
| | | r) 交流出力電流ひずみ試験 |
| | | s) 系統電圧ひずみ試験 |
| | | t) 系統不平衡試験 |
| | | u) 自立運転機能試験 |
| 7 | 過渡応答特性試験 | a) 入力電力急変試験 |
| | | g) 系統電圧急変試験 |
| | | h) 系統位相急変試験 |
| | | i) 負荷遮断試験 |
| 8 | 外部事故試験 | a) 入力側短絡試験 |
| | | b) 出力側短絡試験 |
| | | c) 系統電圧瞬時停電および瞬時低下試験 |
| 9 | 環境適合試験 | a) 騒音試験 |
| | | b) 高周波雑音試験 |
| 10 | 耐周囲環境試験 | a) 温湿度サイクル試験 |
| | | b) ノイズ耐量試験 |

れています．

認証は，第三者機関である(財)電気安全環境研究所(JET)が行っており，試験によりパワー・コンディショナが必要な技術基準を満足していることが確認されれば，認証番号が付与されます．認証品のパワー・コンディショナにはJETの交付する認証ラベルが張り付けられており，これを使用することで，連系協議の技術的な手続きが簡略化されます．

● 電力系統の運用停止時に電力を送り込まないための単独運転検出

電力系統に事故が発生したり，工事のために一時的に系統を遮断したりするときに，系統からの電力供給が途絶えることがあります．このような停電状態において，パワー・コンディショナが運転を継続することを「単独運転」と呼びます．

系統が遮断されるときは本来系統に電気を流さない状況でなければなりませんが，単独運転状態となってパワー・コンディショナが系統に電力を供給し続けると，事故が拡大したり工事作業者が感電の危険にさらされたりします．系統に異常が発生した際に，多くの場合は出力電圧異常などが起こってパワー・コンディショナは異常状態を検出して動作を停止するのですが，たまたまパワー・コンディショナの発電能力とそのときの負荷電力がつりあった場合には，電圧異常などの症状が現れずに単独運転状態となる可能性があります．このため，系統連系する際には単独運転状態を検出するための機能を盛り込む必要があります．

単独運転を検出する方法は，単独運転状態となったときに系統に現れる症状を検出する「受動的方式」と，パワー・コンディショナが出力を微小変動させるなど系統に常時働きかけて単独運転となったときに異常状態を発生させてこれを検出する「能動的方式」とに大別できます．ガイドラインではこの「受動的方式」と「能動的方式」の双方を備えることを求めています．表3は，「受動的方式」「能動的方式」それぞれのパワー・コンディショナに採用されている単独運転の検出方法の代表例です．

## 動作電圧の異なる太陽電池モジュールを接続する方法

● 太陽電池モジュールを最大出力で運転したい

住宅用太陽光発電システムに用いられる太陽電池モジュールは，一般に開放電圧が20 V～30 V程度で，出力は100 W前後のものがほとんどです．数kWのシステムを構築するには複数の太陽電池モジュールを直列につないだ1 kW程度の「ストリング」を構成し，このストリングをさらに複数，接続箱で並列接続する手法が取られています．

すべてのストリングが常に同じ条件で動作していれば，接続した太陽電池モジュールの数量分だけの発電量が期待できます．しかし，あるストリングを構成する太陽電池モジュールにだけ影がかかったり，設置場所の都合で一部のストリングが別の方角に設置されて

〈表3〉[(4)] 単独運転の検出方法

| 構成要素の名称 | | 動作の概要 |
|---|---|---|
| 受動的方式 | 電圧位相跳躍検出方式 | 単独運転となったときに，発電出力と負荷の不平衡による電圧位相の急変などを検出する方式 |
| | 3次高調波電圧歪急増検出方式 | 電流制御型インバータにおいて単独運転となったときに，系統中の変圧器により急増する3次高調波電圧を検出する方式 |
| | 周波数変化率検出方式 | 単独運転となったときに，発電出力と負荷の不平衡による周波数の急変などを検出する方式 |
| 能動的方式 | 無効電力変動方式 | パワー・コンディショナ出力に周期的な無効電力変動を意図的に加えておき，単独運転となったときに現れる電圧や電流の変化を検出する方式．連系運転しているときには，系統の状態に依存するためパワー・コンディショナが発生する無効電力の変化は検出されないが，系統が途切れるとパワー・コンディショナ出力に電圧あるいは電流が変化することを利用して，単独運転状態を検出する |
| | 有効電力変動方式 | パワー・コンディショナ出力に周期的な有効電力変動を意図的に加えておき，単独運転となったときに現れる電圧や電流の変化を検出する方式 |
| | 負荷変動方式 | パワー・コンディショナ出力にごく短時間，周期的にダミー負荷を接続し，単独運転時にこの負荷により生じる電圧または電流の変動を検出する方式 |
| | 周波数シフト方式 | 系統連系形太陽光発電システムにおいて，商用電力系統と接続するために必要な保護装置 |

いたり，直列数が少なくなっていたりすると，そのストリングだけがほかと比べて動作電圧が変わってしまいます．そのためMPPTが機能せず，最大出力で発電できなかったり，まったく発電に寄与しなかったりします．限られた設置条件のなかでできるだけ多くの太陽電池モジュールを搭載して少しでも多く発電しようとしても，これでは有効に活用できません．そこで動作電圧の異なるストリングが存在する場合でも，それぞれの太陽電池モジュールが最大出力で運転できるような工夫が考案されています．

● ストリング・コンバータ

一般的な太陽光発電システムでは，複数のストリングを接続箱の中でダイオードを介して接続し，これをパワー・コンディショナの入力としています．

動作電圧が異なるストリング出力を昇圧コンバータに接続し，その出力をほかのストリングとともにパワー・コンディショナに入力することで，どのストリングも最大出力付近で動作するような機能が追加されたものがあります．これは「ストリング・コンバータ」あるいは「ストリング・パワー・コンディショナ」という名称で商品化されており，さらに昇圧コンバータにMPPTの機能をもたせてストリングごとに最大電力点を追尾して，太陽電池の発電電力をより有効に利用できるよう改良されたものもあります．

● ACモジュール

ACモジュールとは，太陽電池モジュールの裏面にモジュール1枚ぶんの小容量インバータを組み込んだもので，AC出力の太陽電池モジュールです．それぞれの太陽電池モジュールが最大電力追従制御を行い，個々に系統連系に必要な保護機能を備えるため，1枚のモジュールから設置することができ，組み合わせて使用した場合にも枚数の組み合わせや設置方向，影の影響を意識することなく自由に設置することがきます．

現時点では設置場所が屋根上となり，回路を構成する電子部品にとっては温度・湿度などの環境条件が非常に厳しいことや，メンテナンス・フリーを実現する高信頼性が要求されること，発電量の管理が難しいなどの理由で実用化されているものはないようです．また，多数のパワー・コンディショナが接続されることで，連系保護システムが干渉し合って単独運転検出などの保護機能がうまく動作しない恐れがあり，いろいろな機関で検証作業が進められているところです．

ACモジュールは，出力電力が100 W前後と汎用のデバイスが使用できるパワーレンジであり，システムの数量もけた違いに多くなることから量産効果による価格低減も見込まれ，前述のシステムとしての発電性能の向上ともあいまって将来的に期待されるシステムの形態といえます．

◆ 参考文献 ◆

(1) "今こそ" 太陽光発電，経済産業ジャーナル 平成21年9・10月号，経済産業省．
http://www.meti.go.jp/publication/data/newmeti_j/meti_j_09_9_10/meti.pdf
(2) 塚本勝孝，延原高志；太陽電池をフルパワー発電させるMPPTの製作，トランジスタ技術2005年9月号，CQ出版社．
(3) 解説 電力系統連系技術要件ガイドライン'98，資源エネルギー庁，㈱エネルギーフォーラム．
(4) 太陽光発電用語，JIS C 8960，2004年改訂，㈶日本規格協会．
(5) 小出力太陽光発電用パワーコンディショナの試験方法，JIS C 8962，2008年改訂，㈶日本規格協会．
(6) 多結晶シリコン・中小型太陽電池モジュールSJJシリーズカタログ，シェルソーラジャパン㈱．
http://solatek.com/pdf-file/sjjseries.pdf
(7) 太陽光発電システム，シャープ㈱．
http://www.sharp.co.jp/sunvista/index.html
(8) 系統連系保護装置の認証，㈶電気安全環境研究所．
http://www.jet.or.jp/products/protection/index.html

（初出：「トランジスタ技術」2010年4月号）

# 照明用LEDの基礎知識

発光のしくみから寿命の長さまで

汲川 雅一
Kumikawa Masaichi

最近，電球の代替品として，高効率かつ長寿命のLEDが脚光を浴びています．このLEDがどういったものなのか，改めて確認してみます．

## 人工光源のいろいろ

照明用光源の歴史を振り返ると，各国にガス灯が設置され始めた1810年代以来，約60年ごとに大きな発明があることがわかります．1879年には人類初の「電気の明かり」となる白熱灯が，1938年に蛍光灯が，そして1996年には現在のLED照明用光源のベースとなる，白色LEDが誕生しています．

しかしLEDそのものの歴史は意外と古く，イリノイ大学のニック・ホロニアック（Nick Holonyak）によって1962年に赤色LEDが開発されています．

LEDを他の人工光源，具体的には白熱電球，蛍光灯，ハロゲン・ランプと比較してみましょう．

● 白熱電球

白熱電球とはガラス球内のフィラメント（抵抗体）のジュール熱による輻射を利用した光源です．電力の多くが赤外線や熱として放出されるため，発光効率はよくありません．

日常用いられる100Wガス入り白熱電球では，可視放射10％，赤外放射70％で，残りが熱伝導による消費となります．そのため白熱電球では照射された物が発熱します．

● 蛍光灯

蛍光灯は，放電で発生する紫外線を蛍光体に当てて可視光線に変換する光源です．白熱電球と比べると，同じ明るさでも消費電力を低く抑えられます．

消費したエネルギーの変換比率は，可視放射25％，赤外放射30％，紫外放射0.5％で残りは熱損失となります．

● ハロゲン・ランプ

ハロゲン・ランプは電球内部に封入する窒素やアルゴンなどの不活性ガスに，ハロゲン・ガス（主にヨウ素，臭素など）を微量封入します．不活性ガスのみを封入する通常の白熱電球よりも明るいのは，フィラメントが白熱する際の温度を高くできるためです．

ハロゲン・ランプはガラスの温度が非常に高いので，素手で触るとやけどをするなど，取り扱いには注意が必要です．冷時でも，そのまま素手で触ると手の皮脂がガラス面に残り，点灯時の破損の一因となることがあります．

● LED

LEDは，効率の面では蛍光灯と同じくらいになりました．しかし光源となるのは小さな半導体チップです．点光源に近いこと，小さな素子から発熱するため放熱対策が必要なことなどが問題になります．

電気的には，アナログ的な白熱電球に対してディジタル的なLEDとも言えます．LEDはある電圧に達するまで電流が流れません．逆に言うと，ある電圧以上になると急に明るくなります．

白熱電球の場合，フィラメントの加熱は電流の方向に依存しないので，プラスの電圧でもマイナスの電圧でも同様に発光します．

しかしLEDの場合は，マイナス側の電圧が低い間は電流が流れず，電圧を上げていくと電流が急に流れるようになります．

## LEDの構造と発光のメカニズム

● 構造

LEDは順方向に電圧を加えると発光する半導体素子です．照明用途に使われる大出力のものは，放熱のために表面実装パッケージのものが主流です．例としてフィリップス・ルミレッズのLuxeon Rebelシリーズの構造を**図1**に示します．

凸形状は，半導体素子から発生する光を拡散あるい

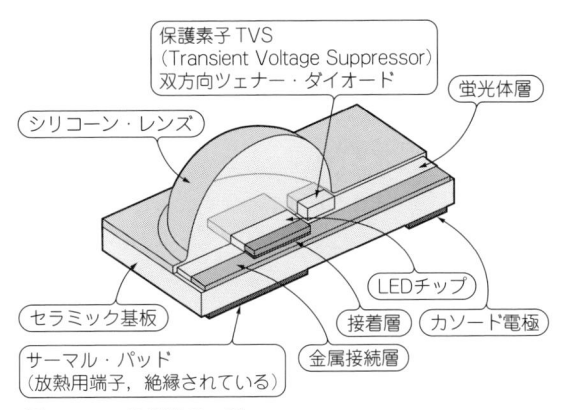

**〈図1〉LEDの構造の一例**
Luxeon Rebel（フィリップス・ルミレッズ）の構造．光を取り出すためのレンズと，熱を外部に伝えるためのセラミック基板や電極がある

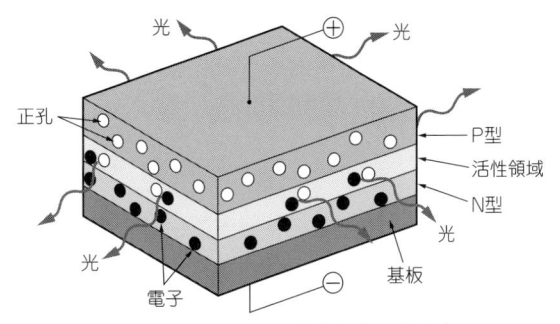

**〈図2〉PN接合に順方向電流を流すと光が発生する**

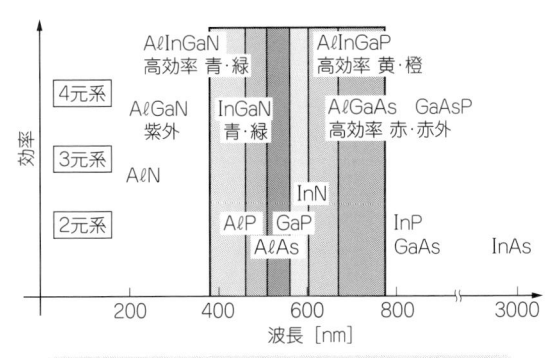

**〈図3〉LEDに使われる材料と色（発光波長）の関係**
特定の色に使われる材料の組み合わせは限られる

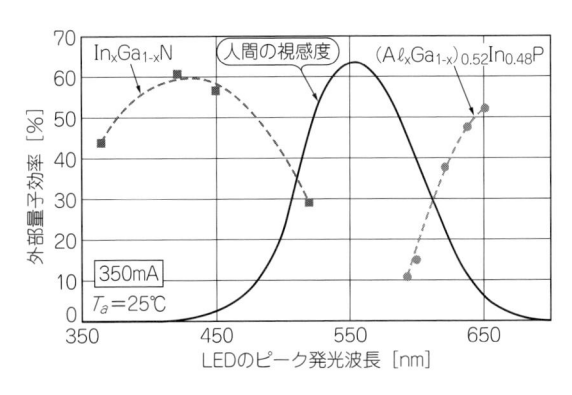

**〈図4〉発光波長を変えられる材料もあるが効率の良い波長は限られる**
550 nm付近の緑色に相当する部分で効率の良い材料はまだ見つかっていない

は集中させるためのレンズで，その奥に半導体チップが収められています．一般的にLEDといった場合は，半導体チップと接続用電極，レンズなどが一体になったこのパッケージのことを指しますが，パッケージに封入された半導体チップ単体（ベア・チップという）のことを指す場合もあります．後述しますが，高効率化には，半導体だけでなく，パッケージにも数々のノウハウがあります．

● **発光のメカニズム**

LEDの発光原理は，電子のもつエネルギーを直接，光エネルギーに変換するエレクトロルミネセンス（EL）効果で，半導体のPN接合部分が発光します．

電極から半導体に注入された電子と正孔は異なったエネルギー帯（伝導帯と価電子帯）を流れ，PN接合部付近にて禁制帯を越えて再結合します．

再結合の際にほぼ禁制帯幅（バンドギャップ，伝導帯と価電子帯の間隔）に相当するエネルギーが光子，すなわち光として放出されます（図2）．禁制帯幅で発光波長，つまり色が決まります．

発光色は用いる材料によって異なり，赤外線領域から可視光域，紫外線領域で発光するものまで製造できます．その電気特性は一般的なダイオードと同様に極性をもっており，カソード（−）に対し負電圧，アノード（＋）に正電圧を加えて使用します．

電圧が低い間は電圧を上げてもほとんど電流が増加せずに発光もしません．ある電圧を超えると電圧上昇に対する電流の増え方が増加して，電流量に応じて光を発するようになります．

● **色と材料の関係**

現在主流の照明用白色LEDは，蛍光体を用いて疑似白色を実現しています．

LED素子には青色LEDを用いて，その素子の上に載せた黄色蛍光体（YAG）を励起して蛍光を得ます．蛍光で得られた赤から緑に渡る光と，蛍光体を透過してきたLED素子の青色が合わさって，白色の発光を得ています．

このときの青色LEDの製造には，InGaN系の材料がよく使用されています．図3に化合物による発光色

の違いを示します.

**図4**は，InGaN系LEDとAℓInGaP系LEDの外部量子効率(External Quantum Efficiency)の波長依存性を図にしたものです．外部量子効率とは，投入電力に対する光出力の割合で，一般的なLEDの効率と考えてよいでしょう．

InGaN系LEDが明るい領域は，青紫から青色の領域に限られていて，緑色よりも長波長域では，発光効率が低下してしまいます．この原因は主に二つで，一つは低温成長による結晶品質の低下，もう一つは歪みInGaN量子井戸に発生する圧電分極電場により，井戸内の電子-正孔対の波動関数が分離してしまうことによります．

これに対してAℓInGaP系LEDの効率は，赤色からアンバー域までは高い値を保っていますが，黄色よりも短波長域では低下してしまいます．

双方共に緑色領域の効率が低いため，同領域は「グリーン・ギャップ」と呼ばれています．

LEDに使う発光材料はたくさんありますが，発光色によって決まってきます．材料と波長によって，投入電力に対する光出力の効率が異なるからです．

LEDの発光効率を高めるためには，LEDのチップからの光の取り出し効率の改善や，発光層の内部量子効率の向上が重要となります．

● **LEDのPN接合は多層構造になっている**

ここで，LEDの動作(エネルギー変換)について簡単に補足します．

一般に窒化物半導体(InGaAℓN系)においては，その組成を調整することによって，バンドギャップの広いものから狭いものまで意図的に窒化物半導体結晶をサファイアやSiCなどの異なる基板上に成膜できます．

このとき，InとGaの比率を変えることでバンドギャップを変えることができます．ただし，Inを増やせば増やすほど結晶性のよいInGaAℓN系の成膜は困難となることがわかっています．

LEDは半導体のPN接合構造で作られると前述しましたが，実は単純なPN接合型のダイオードではありません．

LEDは，PN接合に順バイアスを加え，電子を注入して活性領域内の正孔と再結合するとき発光します．しかし，半導体レーザと異なり，この活性領域内では光の増幅発振は行われません．端面から距離のあるところで発光しても，外部へ取り出すことが難しいという問題があります．

活性領域内で生成される光子の量を増やす，すなわち輝度を上げるためには，単純なPN二重構造…ホモ接合では実現できません．

例えば，活性領域をP型とN型の半導体からなる二つのクラッド層(制限層)でサンドイッチした，ダブルヘテロ接合と称される構造が使われます(**図5**)．活性領域のバンドギャップが，クラッド層(制限層)より小さくなるような材料を用いると，発光層である活性領域にキャリア(電子や正孔)が閉じ込められて，再結合の確率を高くできます．それにより，ホモ接合より高効率となります．

## 高効率化の技術

LEDの高効率化技術の例として，フィリップス・ルミレッズで実際に使われている技術を紹介します．

● **フリップチップ構造による光損失の低減**

InGaN系材料を使う青色や緑色LEDでは，フリップチップ技術によって，光の取り出し効率を向上させる方法があります．通常の半導体は，半導体素子と外部端子の間をボンディング・ワイヤで接続しますが，半導体素子を裏表逆に搭載することで，このボンディング・ワイヤを使わない構造です．

白色(青色)LEDの場合，半導体結晶を成長させるベースにサファイア基板が使われます．このサファイア基板を発光層の上層にし，発光面の下方向の電極には，反射率の高いAg(銀)を用います．

発光面の下方向に向かう光はこの電極で反射させ，LEDの表面に向かう光を増やし，さらに半透明電極，すなわち吸収の少ないサファイア側から光を出射させることで，取り出し効率が向上します．

このサファイア基板を除去して，さらに光の取り出し効率を向上させることもできます．発光層の上層に位置しているサファイア基板を除去することで，これを透過するときの光損失をなくす工夫です．

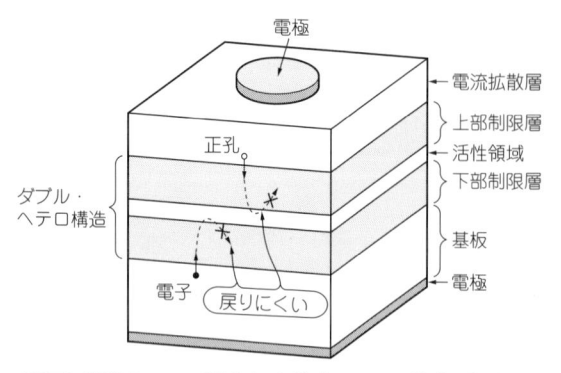

〈図5〉**実際のLEDで使われるダブルヘテロ構造の概念図**
PN接合の外側をさらにPとNで挟む

● **電流密度の最適化**

さらに，この光取り出し効率だけでなく，発光層に

**〈図6〉LEDの効率は電流密度が小さいところで最大になる**
素子のサイズを大きくするか，チップ数を増やすかして，電流密度を下げたほうが効率は上がる

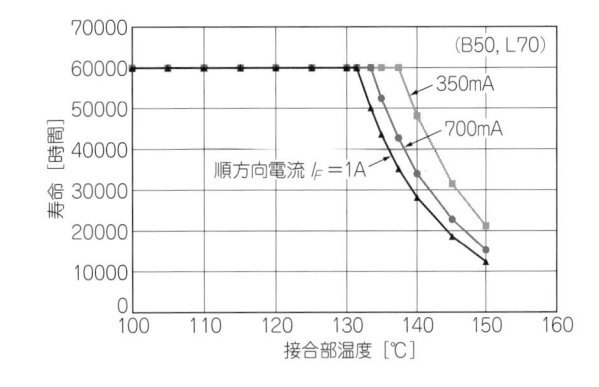

**〈図7〉LEDの寿命を示すグラフの例**
十分な放熱がされていれば数万時間の寿命が期待できる

おける内部量子効率も，LEDの発光効率の改善には重要です．

発光層にInGaNを用いたLEDの光出力には，一般的に電流密度依存性があります．

すなわち，電流密度を高めると光出力は向上しますが，投入電力に対する光出力の効率（内部量子効率）は低い電流密度でピークに達し，その後低下することが報告されています（図6）．

内部量子効率の低下を防止するためには，単純に電流密度を下げればよいことになります．例えば，1パッケージ当たりに使うチップの個数を増やす，あるいは大面積のチップを使うなどです．

## 寿命の長さ

LEDに使われる半導体素子そのものの寿命は半永久的ですが，ランプとしての寿命は主に組み立て材料やパッケージング材料の劣化で左右されます．LEDの高出力化は日進月歩で進み，続々と新製品がリリースされています．

● **使用につれて時間とともに明るさは落ちる**

LEDに使われる素子そのものの寿命が半永久的とはいっても，ランプの光束は時間と共に減衰していくことは事実です．図7は，この事実に基づき寿命を定義した一例です．

この図は，LUXEON Rebel（フィリップス・ルミレッズ）の寿命推定用グラフです．(B50, L70) というのは，光束（明るさ）が70 %になる素子が全体の50 %になると推定される時間です．

LEDにはばらつきがあるので，同一ロットのなかでも光束の減衰の仕方はそれぞれ異なります．そのため，このような統計的な方法で寿命を示しています．

横軸に接合部温度，縦軸に寿命をとり，駆動電流（$I_F$）ごとの推定寿命の目安を表しています．このグラフを用いることで，光学機器設計の熱設計，LEDの寿命予測を容易にできます．

実際のLED照明器具では，使用されているLEDの寿命を4万時間程度としている製品が多く見受けられます．その場合，1日当たり10時間点灯しても，約10年間使用できることになり，他の照明と比べて圧倒的に長い寿命をもつことになります．

（初出：「トランジスタ技術」2010年9月号）

# 照明用LEDの発熱と寿命

放熱の必要性から故障率の考え方まで　　汲川 雅一
Kumikawa Masaichi

白色LEDはその発光成分に赤外線をほとんど含まないため，従来光源(特に白熱電球)のように照射面への加熱があまりありません．

紫外線もほとんど含まないため，昆虫が寄ってこない，生鮮食料品の劣化を助長しない，展示商品などを変色させないので，重要文化財や貴重な展示物の保護に有効などといった特徴があります．

## LEDの効率

LEDは電圧を加えると発光する半導体素子で，ある種のエネルギー変換デバイスです．しかし，投入された電気エネルギー(電力)がすべて光エネルギーに変換されて光出力になるわけではありません．青色光励起の白色LEDの発効効率が100 lm/Wとなったとしても，そのエネルギー効率は25～30％であり，発光以外の70％以上のエネルギーは最終的にほとんど熱になっています(図1)．

一般にLED光源は照射面への加熱が少ないので，LED自身からの発熱による熱損失が少ないように誤解されることがあります．しかし，LED照明器具においては，放熱対策が重要な課題となっているのが現状です．

LEDの発光効率には，図2のように温度依存性があります．実際のLED照明器具では高温で使用するほど発光効率が低下するため，照明器具組み込み時のLEDの発光効率は，データシート上(例えば25℃)における値よりも低下することになります．

それ以外にも，電源回路での電力損失や器具内部での光ロスなどにより，結果的に器具全体の発光効率(照明器具としての効率)は，LED素子単体の効率より低下してしまいます．

## LEDの発熱と放熱

### ● 発熱を放置すると寿命が短くなる

高出力LEDは使用条件(入力電力，実装密度，実装形態など)によっては多量の熱が発生します．

LED素子のパフォーマンスを十分に引き出すためには，LEDの放熱設計を最適化する必要があります．放熱設計が不十分な場合は，LEDの寿命や光束の低下を招くことがあります．

LED素子の駆動は，ジャンクション温度($T_J$)と呼ばれる半導体のPN接合部の温度によって限界が決まります．決められている$T_J$の最高温度を超えて駆動すると，LED素子の寿命が著しく短くなります．

### ● ジャンクション温度の算出

$T_J$は次の基本熱方程式で算出できます．熱計算を

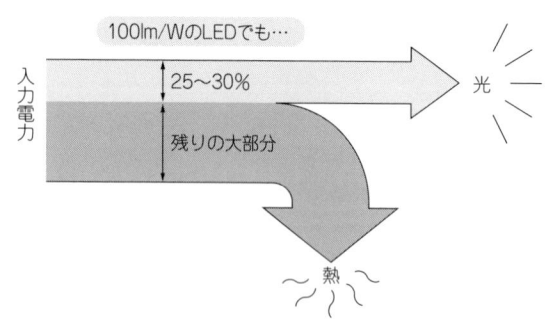

〈図1〉LEDに入力された電力の大部分がLEDで熱になる

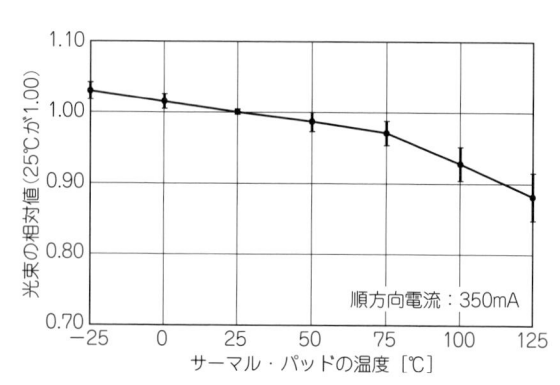

〈図2〉温度による光束の変化

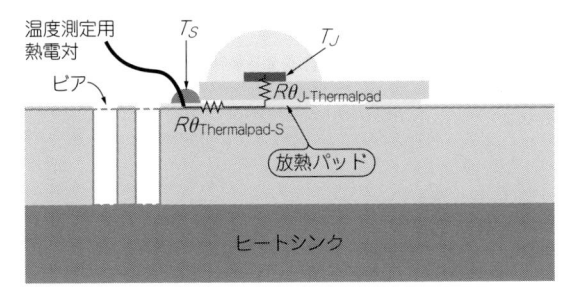

〈図3〉ジャンクション温度の測定方法

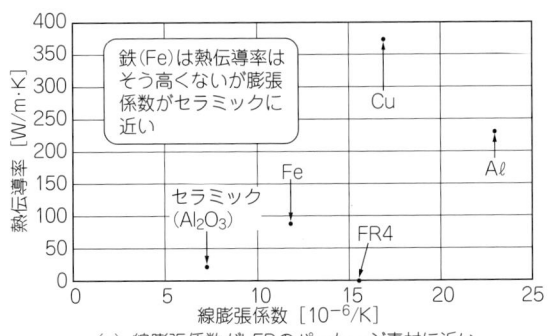

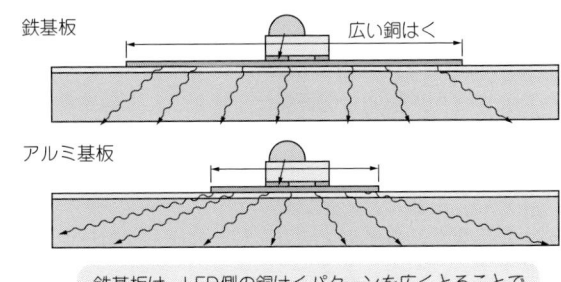

(a) 線膨張係数がLEDのパッケージ素材に近い

(b) 工夫すればアルミ基板と同等の熱抵抗を得られる

〈図4〉鉄製メタル・ベース基板の利用が増えている

決定する基本式を以下に定義します．

$$R_J = \frac{\Delta T_J}{P_D} \quad \cdots\cdots\cdots\cdots\cdots\cdots\cdots (1)$$

ただし，$R_J$：LEDのPN接合部から基準点（空気やヒートシンクなど）までの熱抵抗［℃/W］，
$\Delta T_J$：ジャンクション温度上昇分［℃］，
$\Delta T_J = T_J - T_{ref}$，$T_J$はジャンクション温度［℃］，$T_{ref}$は基準点の温度［℃］，
$P_D$：消費電力［W］（本来は光エネルギー変換分を除いた発熱量だが，便宜的に消費電力を用いる），
$P_D = I_F \times V_F$，$I_F$はLED順方向電流［A］，$V_F$はLED順方向電圧［V］

温度$T_S$の基準点があったとして，式(1)を書き直すと，次式になります．

$$T_J = T_S + R_J P_D \quad \cdots\cdots\cdots\cdots\cdots\cdots (2)$$

$P_D$はLEDに印加した電圧と電流から計算できます．$T_S$を測定し，$R_J$を定義できれば，ジャンクション温度$T_J$を計算できます．

熱電対を含めたFR4基板に実装されたLEDとそのFR4基板に装着されたアルミ・ヒートシンクの断面の例を図3に示します．

$R\theta_{J\text{-Thermalpad}}$は，接合部からLEDのサーマル・パッドまでの熱抵抗です．データシートには，$R\theta_{J\text{-}C}$として掲載されていて，例えばフィリップス・ルミレッズ製のLED LUXEON Rebelでは10℃/Wです．

$R\theta_{\text{Thermalpad-S}}$は，LEDのサーマル・パッドから熱電対を配置した検査部までの熱抵抗で，これはパターンによって異なるので実測が必要ですが，推奨パターンでの値を出しているLEDメーカもあります．

LED接合部からはんだ状態検査部までの放熱特性パラメータ$R_J$は，上記二つの熱抵抗の合計となります．

熱過渡テスタ（例えばMicReD T3ster）を使用して$T_J$を求め，温度計を使用して$T_S$を測定し，LEDの消費電力合計を得ることにより，放熱特性パラメータ$R_J$を算出することもできます．

● 金属製基板が放熱に効く

高出力LEDパッケージの最適な動作を得るには，ヒートシンクまでの熱抵抗経路を最適化する必要があります．そのため，MCPCB（メタル・コア・プリント回路基板）に実装することもあります．

一般に使われるFR4などの樹脂基板と比較してMCPCBは圧倒的に放熱特性に優れます．ただし高価です．基板の金属材料としては，放熱を考慮し，ヒートシンクを含めてアルミや銅が一般的によく使用されます．銅は高価なので，たいていの場合はアルミです．

しかし，高出力LEDのパッケージにはセラミックスが使われるようになり，セラミックスとの線膨張係数との相性を考慮して，MCPCBの基板材料に鉄も採用されるようになってきています（図4）．コストの点でもアルミより有利な場合があります．

鉄基板は，モータへの応用が多かったのですが，液

晶テレビ用LEDバックライトで採用が増えています．

# LEDのパッケージ

## ● 種類は多い

LEDは，素子として購入し自社でアセンブリして商品化する場合もありえますが，多くはLED素子がパッケージ化された製品を使用することが多いでしょう．このLEDパッケージの構造には，砲弾型や表面実装型などがあります．

砲弾型LEDパッケージは，リード・フレームと一体化形成したカップ内にLED素子が実装され，その周りをエポキシ樹脂で砲弾型にモールドしています．

表面実装型LEDパッケージにはさまざまな形状のものがあり，セラミックや樹脂などで成形したキャビティの中にLED素子を実装したもの，セラミック基板上に実装し，シリコンでレンズも形成してモールドしたものなどがあります．

## ● 寿命を縮める要素が多く含まれる

LEDパッケージの周囲温度の変化やLED素子の自己発熱によって温度変化があると，LEDパッケージ内部で部材の膨張率が異なるため，機械的ストレスが引き起こされます．全体的な製品の信頼性や寿命に悪影響を与える場合があります．

他にLEDパッケージに悪影響を与える因子としては，電極の腐食や反射膜にAgが使用されるときのAgの酸化を招く水分，エポキシ樹脂のレンズの白色化を招く紫外線などがあります．そのほか，LEDパッケージの封止技術に起因するものや，LEDパッケージの構成部材によるものなど，さまざまな因子があります．

LEDパッケージの信頼性に悪影響を与える因子には，動作開始後すぐに影響の出てくるものと，時間遅れになるものがあります．

# LEDの故障しにくさ

## ● パラメータ故障

LEDが所定の動作をできなくなることを故障と定義します．

このとき，LEDの寿命に関わるパラメータ故障と称されるものがあります．

パラメータ故障とは，データシート（仕様）の主要な電気的または光学的なパラメータが初期値から一定の量以上変化することをいいます．

LEDパッケージの動作開始後に，電気的および光学的パラメータが時間の経過とともに少しずつ変動することがあります．この小さな変動は異常ではなく，通常はLEDの動作に影響しません．こうした小さな変動は寿命とみなされます．

## ● 突発故障

一方，主要な電気的または光学的データシートのパラメータがLEDが実用にならないレベルにまで変化することがあります．突発的に起こることが多いので突発故障と称されます．

この突発故障は，従来光源のように破裂やガラス破損が起こるようなことはなく，ほとんどのLEDで，非発光（点灯しない）が起こります．

LEDパッケージの突発故障は，開回路…オープンまたは順方向電圧の大幅な増加を引き起こすことが多いのですが，短絡（ショート）が発生する場合もあります．

## ● 故障率の定義と統計的な考え方

動作時間単位あたりのLEDの突発故障のパーセントを故障率と定義します．

一般的に，電子部品の動作寿命は，**図5**のように三つの時間間隔に分けて考えます．通常，動作時間の初期に高い故障率が発生します．この期間はバーンイン期間または初期故障期間と呼ばれ，主に組み立て不良のあるLEDが故障することが多いです．

故障率曲線の二つ目の部分は耐用寿命期間と呼ばれ，この期間中の故障率は低く一定です．一般的に発生する故障は不定であり，更なる電気的テストなどにより予見し予防できるものではないとされています．

故障率曲線の三つ目の部分は磨耗期間と呼ばれ，この期間中の故障率は，最終的にLEDが故障するまで上昇する寿命末期です．

LEDの信頼性とは，デバイスが一定期間後も満足できる動作をしている可能性のことです．故障率が低く一定な故障率曲線の二つ目の部分，この耐用寿命期間中の故障率が定義されています．

▶故障率の算出に使われるMTTF

詳細な定義は専門書に譲るとして，故障までの平均時間MTTF（Mean Time To Failure）は，耐用寿命期

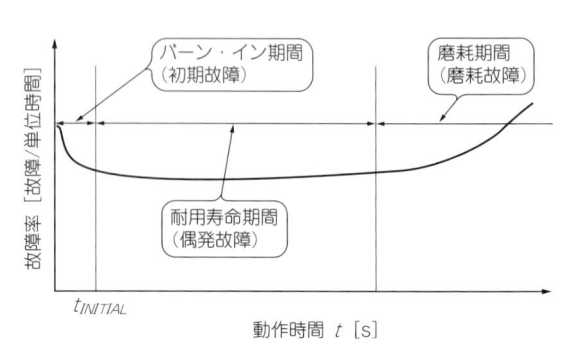

〈図5〉故障率の時間経過

間中の故障率の逆数として時間で示されます．

$MTTF$および故障率は動作寿命テストで測定できます．$MTTF$は，簡単に言うと，テストしたLEDの総数$M$に，テスト時間$H$を掛け，突発故障の総数$F$で割った値となります．

$$MTTF = \frac{M \times H}{F} \text{[時間]}$$

ただし，$M$：動作テストした総数[個]
　　　　$H$：動作テスト時間[時間]
　　　　$F$：突発故障の総数[個]

例えば，1000時間動作した100個のLEDに二つの故障がある場合，その$MTTF$は50000時間となります．

テスト期間中に故障が起きなかった場合もあり得ます．100個のLEDを1000時間作動させて故障が一つもなかった場合，可能性としては$MTTF$値がずっと高い場合も考えられますが，一つ故障が起きたと仮定して，$MTTF$は100000時間（十万時間）であると計算されます．

LEDパッケージに通常行われる動作寿命に関するテスト項目を表1に示します．

## 一般照明用LEDパッケージの規格化

一般照明用LEDの本格的な普及に合わせて㈳日本電球工業会（JELMA）は，㈳照明学会，㈳日本照明委員会，㈳日本照明器具工業会などの照明関連団体と協力し，IEC（国際電気標準会議）とも連携を図り，国際規格に整合したJIS原案作成に取り組んでいます．現在まで，一般照明用LEDに関して表2のようなJISおよびTS（標準仕様書）が制定されています．

最近，世界中で様々なLED照明製品が商品化され始め，それらの商品の性能評価も行われつつあります．例えば，米国エネルギー省（DOE）ではCALiPER（Commercially Available LED Product Evaluation and Reporting）プログラムを使って，各種のLED照明製品の性能評価を行っています．

（初出：「トランジスタ技術」2010年10月号）

〈表1〉信頼性確保のために行われているテスト内容の例

| ストレス・テスト | ストレス条件 | ストレス期間 |
|---|---|---|
| 高温動作寿命（HTOL） | 55℃または85℃，$I_F$ = 最大DC注 | 1000時間 |
| 室温動作寿命（RTOL） | 25℃または55℃，$I_F$ = 最大DC注 | 1000時間 |
| 低温動作寿命（LTOL） | －40℃，$I_F$ = 最大DC注 | 1000時間 |
| 高温高湿度動作寿命（WHTOL） | 85℃/60％相対湿度，$I_F$ = 最大DC注 | 1000時間 |
| 動力供給温度サイクル（PTMCL） | －40/85℃，等温放置時間18分，移行時間（2時間サイクル）42分，5分ON/5分OFF，$I_F$ = 最大DC注 | 200サイクル |
| 非動作温度サイクル（TMCL） | －40/120℃，等温放置時間30分/移行時間5分 | 200サイクル |
| 高温保管寿命（HTSL） | 110℃，非動作 | 1000時間 |
| 低温保管寿命（LTSL） | －40℃，非動作 | 1000時間 |
| 非動作温度衝撃（TMSK） | －40/110℃，等温放置時間20分/移行時間20秒未満 | 200サイクル |
| 機械的衝撃 | 1500$g$，0.5ミリ秒パルス，6軸ごとに衝撃5回 | － |
| 自然落下 | コンクリート面へ1.2mから3回 | － |
| 可変周波振動 | 10～2000～10 Hz（対数掃引または一様掃引），20$g$で約1分間，振幅1.5 mm，3倍/軸 | － |
| 可変周波振動 | 10～55～10 Hz，± 75mm，55～2000，10$g$，1オクターブ/分，3倍/軸 | － |
| ランダム振動 | 6$g_{RMS}$，10～2 kHz，10分軸 | － |
| ハンダ熱抵抗（SHR） | 260 ± 5℃，10秒 | － |
| ハンダ可用性 | 蒸気老化16時間，はんだ付け245℃ 5秒間 | － |
| リード強度 | 1ポンド，30秒 | － |
| リード疲労 | 1ポンド，屈曲3 × 45° | － |
| 塩気 | 35℃ | 48時間 |

注 ▶ データシートに記載された絶対最大定格のDC電流

〈表2〉LEDのJIS規格およびTS（標準仕様書）

| 規格番号 | 標題 |
|---|---|
| JIS C 8152 | 照明用白色発光ダイオード（LED）の測光方法 |
| TS C 8153（3年後にJIS化の予定） | 照明用白色LED装置性能要求事項 |
| JIS C 8147-2-13 | ランプ制御装置-第2-13部：LEDモジュール制御装置（安全）の個別要求事項 |
| JIS C 8153 | LEDモジュール用制御装置-性能要求事項 |
| JIS C 815 | 一般照明用LEDモジュール-安全仕様 |

- ●本書記載の社名，製品名について ── 本書に記載されている社名および製品名は，一般に開発メーカーの登録商標です．なお，本文中では ™, ®, © の各表示を明記していません．
- ●本書掲載記事の利用についてのご注意 ── 本書掲載記事は著作権法により保護され，また工業所有権が確立されている場合があります．したがって，記事として掲載された技術情報をもとに製品化をするには，著作権者および工業所有権者の許可が必要です．また，掲載された技術情報を利用することにより発生した損害などに関して，CQ出版社および著作権者ならびに工業所有権者は責任を負いかねますのでご了承ください．
- ●本書に関するご質問について ── 文章，数式などの記述上の不明点についてのご質問は，必ず往復はがきか返信用封筒を同封した封書でお願いいたします．勝手ながら，電話での質問にはお答えできません．ご質問は著者に回送し直接回答していただきますので，多少時間がかかります．また，本書の記載範囲を越えるご質問には応じられませんので，ご了承ください．
- ●本書の複製等について ── 本書のコピー，スキャン，デジタル化等の無断複製は著作権法上での例外を除き禁じられています．本書を代行業者等の第三者に依頼してスキャンやデジタル化することは，たとえ個人や家庭内の利用でも認められておりません．

[R]〈日本複写権センター委託出版物〉
本書の全部または一部を無断で複写複製(コピー)することは，著作権法上での例外を除き，禁じられています．本書からの複製を希望される場合は，日本複写権センター(TEL：03-3401-2382)にご連絡ください．

グリーン・エレクトロニクス No.7（トランジスタ技術 SPECIAL 増刊）

# D級パワー・アンプの回路設計

2012年1月1日　発行　　　　　　　　　　　　　　　　　　　　　　　　　　　　　　　©CQ出版㈱　2012
　　　　　　　　　　　　　　　　　　　　　　　　　　　　　　　　　　　　　　　（無断転載を禁じます）

編　集　　トランジスタ技術SPECIAL編集部
発行人　　寺　前　裕　司
発行所　　ＣＱ出版株式会社
　　　　　〒170-8461　東京都豊島区巣鴨1-14-2
　　　　　電話　出版部　03-5395-2123
　　　　　　　　販売部　03-5395-2141
　　　　　振替　00100-7-10665

定価は表四に表示してあります
乱丁，落丁本はお取り替えします

編集担当　清水　当
DTP　　　美和印刷株式会社
DTP・印刷・製本　三晃印刷株式会社
Printed in Japan